高职高专电子类专业"十二五"规划教材

电子技术实验与实训教程

DIANZIJISHUSHIYANYUSHIXUNJIAOCHENG

GAOZHIGAOZHUANDIANZILEIZHUANYESHIERWUGUIHUAJIAOCAI

主　编　陈　惠

副主编　刘娴芳　龙　剑　王朝红　成治平
　　　　高俊祥　高岳民

编　委　王朝红　龙　剑　成治平　刘　奕
　　　　李艳红　陈　惠　肖　炜　宋志刚
　　　　洪志刚　高岳民　高俊祥

主　审　刘任庆

中南大学出版社
www.csupress.com.cn

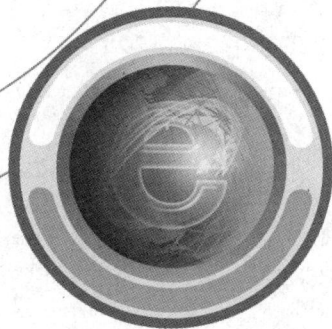

高职高专电子类 规划教材 精品课程 建设教材编委会

内 容 提 要

　　本书是电子技术实验与实训教材，全书共 4 篇：第一篇概述了电子技术基本技能，让学生掌握常用仪表的使用，学会识别和使用常用电子元器件，掌握手工焊接工艺。第 2 篇模拟电子技术实验提供了 10 个硬件实验和 7 个软件仿真实验。第三篇数字电子技术实验提供了 11 个硬件实验和 7 个软件仿真实验。硬件实验要求学生自己动手在实验装置上搭建实验电路，通过测试、故障检测、分析实验结果等训练，提高学生实践能力。软件实验重点培养学生的创新能力和计算机技能。第四篇首先系统阐述了电子电路设计、制作、调试的一般方法步骤，然后提供了 5 个模拟电子技术综合训练课题、5 个数字电子技术综合训练课题以及 2 个涵盖模拟电子技术和数字电子技术知识的综合实训课题，综合实训要求学生在教师指导下能独立设计、制作、调试电路，旨在培养学生运用所学理论知识解决实际问题的能力。附录介绍了两个计算机软真仿件 Multisim7 和 Maxplus Ⅱ 的使用方法以及表面安装技术的认知和全国大学生电子设计竞赛知识，扩充学生的知识面，供学生查阅。

　　本书可供高等工程专科、高等职业技术学院、成人高等学校电子、电气、通信、计算机及相关专业作为教材使用，也可供有关科技人员和相近专业的本科学生、自学考试者参考。

总　序

为落实《国务院关于大力发展职业教育的决定》的精神，教育部、财政部决定在十一五期间实施国家示范性高等职业教育院校建设计划，并重点建设 100 所高职院校，通过深化改革，促进高等职业教育与经济社会发展紧密结合，加强内涵建设，提高教育质量，增强服务经济社会的能力，提升我国高等职业教育的整体水平。示范院校建设，专业建设是核心。其中三项重点工作之一是："课程体系和教学内容改革，按照高技能人才培养的特点和规律，参照职业岗位要求，改革课程体系和教学内容，每个专业建设 3 ~ 5 门工学结合的优质核心课程和配套教材。"在十一五期间，"国家将启动 1000 门工学结合的精品课程，带动学校和地方加强课程建设。加强教材建设，重点建设好 3000 种左右国家规划教材，与行业企业共同开发紧密结合生产实际的实训教材，并确保优质教材进课堂"。

为了落实教育部、财政部有关要求，适应电子类高等职业教育教学改革与发展的形势，在湖南省教育厅职成处和湖南省教育科学研究院的支持、指导和帮助下，湖南省高等职业教育电子类专业教学研究会和中南大学出版社进行了广泛的调研，探索出版符合高职教育教学模式、教学方式、教学改革的新教材的路子。他们组织全国 30 多所高职院校的院系领导及骨干教师召开了多次教材建设研讨会，充分交流了教学改革、课程设置、教材建设的经验，把教学研究与教材建设结合起来，并对电子类专业高职教材的编写指导思想、教材定位、特色、名称、内容、篇幅进行了充分的论证，统一了思想，明确了思路。在此基础上，由湖南省高等职业教育电子类专业教学研究会牵头，成立了"湖南省电子类规划教材建设教材编委会"，组织编写出版高等职业教育电子类专业系列教材。编委会成员是由业内权威教授、专家、高级工程技术人员组成，该系列教材的作者都是具有丰富的教学经验、较高学术水平和实践经验的教授、专家及骨干教师、双师型教师。编委会通过推荐、招标、遴选确定了每本书的主编，并对每本书的编写大纲、内容进行了认真审定，还聘请了知名教授、专家担任教材主审，确保教材的高质量、权威性和专业性。

根据高职教育应用型人才培养目标的要求，这套教材既具有高等教育的知识内涵，又具有职业教育的职业能力内涵，主要体现了以下特点：

（1）以培养综合素质为基础，以提高能力为本位

本套教材把提高学生能力训练放在突出的位置，符合教育部电子类专业教学基本要求和人才培养目标，注重创新能力和综合素质培养，做到理论与实践的相结合。教材的编写注重技能性、实用性，加强实验、实训、实习等实践环节，力求把学生培养成为电子行业一线迫切需要的应用型人才。

（2）以社会需求为基本依据，以就业为导向

适应社会需求是职业教育生存和发展的前提，也是职业教育课程设置的基本出发点。本套教材以电子企业的工作需求为依据，探索和建立根据企业用人"订单"进行教育与培训的机制，明确职业岗位对核心技能和一般专业能力的要求，重点培养学生的技术运用能力和岗位工作能力。以真实的项目或任务为载体设计专业课教学内容，使教学内容既具针对性，又具适应性，充分体现工学结合，使学生具有较强的就业岗位适应能力。

（3）反映电子领域的新知识、新技术、新材料、新工艺、新设备、新方法

本套教材充分反映了电子行业内最新发展趋势和最新研究成果，体现了应用电子领域的新知识、新技术、新工艺、新方法。

（4）贯彻学历教育与职业资格证、技能证考试相结合的精神

本套教材把职业资格证、技能证考证的知识点与教材内容相结合，将实践教学体系与国家职业技能鉴定标准相结合，把电子制图（Protel）等工种技能考证的基本内容融入教材体系中，并安排了相应的考证训练题及考证模拟题，使学生在获得学分的同时，也能通过职业资格证考试。

（5）教材内容精练

本套教材以工程实践中"会用、管用"为目标，理论以"必需、够用"为度，对传统教材内容进行了精选、整合、优化，能更好地适应高职教改的需要。由于做了统一规划，相关教材之间内容安排合理，基础课与专业课有机衔接，全套教材具有系统性、科学性。

（6）教材体系立体化

为了方便老师教学和学生学习，本套教材提供了电子课件、电子教案、教学指导、学习指导、实训指导、题库、案例素材等教学资源支持服务平台。

教材的生命力在于质量，提高质量是永恒的主题。教材编委会及出版社将根据高职教育改革发展的形势及电子类专业技术发展的趋势，不断对教材进行修订、完善，精益求精，使之更好地适应高等职业教育人才培养的需要。

杨利军

2007 年 7 月于株洲

（序作者为湖南省高等职业教育电子类专业教学研究会会长、湖南铁道职业技术学院副院长、教授）

前　言

　　电子技术实验与综合实训是高等职业院校电子、电气、自动化、通信、计算机等电子类专业学生重要的实践性教学环节，其重要性不亚于电子技术理论课的学习，对巩固和加深课堂教学效果、培养和提高学生的工程技术素质、独立分析问题和解决问题的能力、创新能力和理论联系实际的能力都具有十分重要的作用。本书是依据教育部最新制定的《高职高专教育模拟电子技术基础课程教学基本要求》及《高职高专教育数字电子技术基础课程教学基本要求》，为适应当前高职教学改革的需要，在总结了多年来教学、科研和生产实践经验的基础上编写而成的。

　　为适应高等职业教育的培养目标是技术应用型人才的需要，本书在编写中突出了以下几个特点：

　　1. 以能力为本位，针对性强。首先注重基础知识、基本技能培养和训练，为此编写了电子技术基本技能、模拟电子技术实验和数字电子技术实验；其次注重培养学生独立分析问题和解决问题的能力，本教材编写了多个综合实训课题，由浅入深、由易到难、循序渐进、既有综合性又有趣味性，通过大量实践，使学生提高设计、装配、调试电路的能力。

　　2. 突出创新性。随着电子技术的飞速发展，电子设计自动化（EDA）技术为电子电路的设计、调试提供了高效、快捷的方法和手段。本教材力争紧跟科学发展前沿，把计算机仿真技术与传统实践模式有机结合起来，基础实验部分使用 Multisim7 软件，数字电子技术综合实训使用 Maxplus Ⅱ 软件，培养学生的创新能力和利用计算机仿真设计的能力。

　　3. 教材内容可选择性强。本教材是以电类各专业的需要为基础编写的，内容较全，能为教师和学生提供较大的信息量。同时教学内容的编排划分为三个层次，实现了从验证到设计再到综合性设计的教学模式，其难易程度满足了不同层次的教学要求，各院校可根据具体情况灵活安排教学内容。

　　4. 实用性强。教材中选编的大部分实验和课题都经过编写人员亲自操作检验，每个电路均给出了元器件参数，可直接引用。

　　本书由陈惠、洪志刚担任主编，高岳民、高俊祥、王朝红、刘奕、肖炜、宋志刚、成治平、龙剑、李艳玲等老师参编。其中湖南交通工程职业技术学院陈惠编写第 1 篇第 1、2、3 节、第 2 篇第 1 节、第 3 篇第 2 节，附录五，湖南科技职业技术学院洪志刚编写第 4 篇第 1 节、第 4 节、附录 4，湖南生物机电工程职业技术学院高岳民编写第 2 篇第 3 节、第 3 篇第 3 节，衡阳财经工业职业技术学院高俊祥编写第 2 篇第 6 节、附录 1、2，长沙航空职业技术学院王朝红编写了第 3 篇第 5 节、第 6 节，湖南科技职业技术学院刘奕编写了第 2 篇第 4 节、第 3 篇第 4 节，邵阳职业技术学院肖炜编写了第 4 篇第 3 节，湖南铁道科技职业技术学院宋志刚编写了第 2 篇第 2 节、第 3 篇第 1 节，湖南科技职业技术学院成治平编写了第 4 篇第 2 节课题 4、5，湖南交通工程职业技术学院龙剑编写了第 2 篇第 5 节。湖南机电职业技术学院李艳玲编写了

第 4 篇第 2 节中的课题 1、2、3，长沙航空职业技术学院欧阳红编写了第 1 篇第 4 节。全书由陈惠负责统稿。

在本书的出版过程中，得到了湖南省电子教学研究会、中南大学出版社和部分高职学院的大力支持、指导和帮助，编者在此表示衷心感谢。

由于编者水平有限，书中难免有疏漏和错误之处，恳请读者批评指正。

编　者

2007 年 6 月

目　　录

第 1 篇　电子技术基本技能

1.1　手工焊接工艺

电子产品装配过程中，焊接是连接各电子元器件及导线的主要手段。它利用加热手段，在两种金属的接触面，通过焊接材料的原子或分子的相互扩散作用，两种金属间形成一种永久的牢固结合。利用焊接方法进行连接而形成的接点叫焊点。电子元器件的焊接称为锡焊，它的焊料是铅锡合金，熔点比较低，是使用最早、适用范围最广的一种焊接方法。焊接的种类很多，本节主要介绍手工焊接工艺。

1.1.1　焊接工具

电烙铁是手工施焊的主要工具，选择合适的烙铁，并合理地使用它，是保证焊接质量的基础。由于结构用途的不同，有各式各样的烙铁，从烙铁的功率分，有 20 W，30 W，…，300 W 等；从加热方式分，有直热式、感应式、气体燃烧式等。

常用的电烙铁一般为直热式。直热式又可分为外热式、内热式和恒温式三类。直热式电烙铁主要由烙铁芯、烙铁头、手柄、接线柱等组成。典型电烙铁结构如图 1-1-1 所示。它的关键部件是烙铁芯，它是将镍铬电阻丝绕在云母、陶瓷等耐热、绝缘材料上构成的。烙铁头安装在烙铁芯的里面，称为外热式电烙铁；烙铁芯安装在烙铁头里面，称为内热式。它们的工作原理类似。在接通电源后，烙铁芯升温，烙铁头受热温度升高，达到工作温度后，就可进行焊接。由于内热式电烙铁的烙铁芯在烙铁头内部发热，因而具有发热快、热利用率高、重量轻、体积小、耗电省的特点，得到了普遍应用，电子产品的手工焊接多采用内热式电

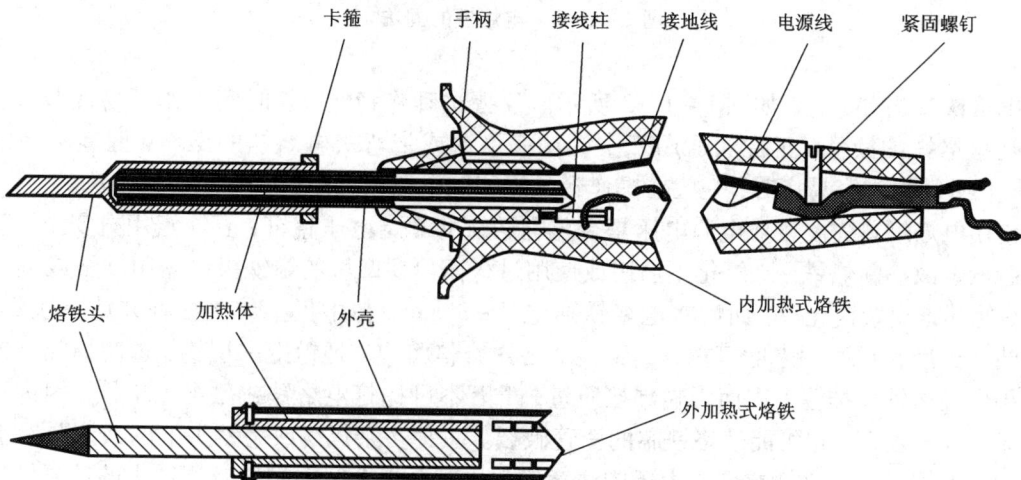

图 1-1-1　典型电烙铁的结构

烙铁。

　　烙铁头是用紫铜制作的，它的作用是储存热量和传导热量。为适应不同焊接物面的需要，烙铁头也有不同的形状，常见的有锥式、凿式和圆斜面式等，如图1-1-2所示。其中，圆斜面式是市售烙铁头的一般形式。选择烙铁头的依据是：应使它尖端的接触面积小于焊接处（焊盘）的面积。烙铁头接触面过大，会使过量的热量传导给焊接部位，损坏元器件及印制板。

　　电烙铁的种类及规格有很多种，而且被焊工件的大小又有所不同，因而合理地选用电烙铁的功率和种类，对提高焊接质量和效率有直接的关系。一般选择电烙铁主要从烙铁的种类、功率及

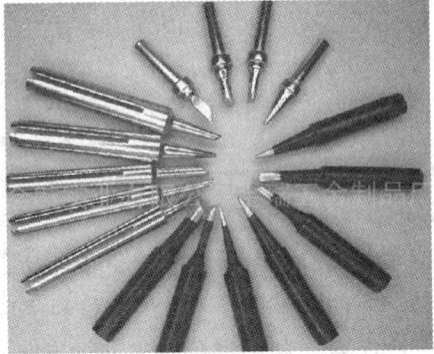

图1-1-2　常见烙铁头的形状

烙铁头的形状三个方面考虑。一般的焊接应首选内热式电烙铁；对于大型元器件及直径较粗的导线应考虑选用功率大的外热式电烙铁，对要求工作时间长，被焊元器件又少，则应考虑用恒温电烙铁。具体来说，采用小型元器件的普通印制电路板和IC电路板的焊接应选用20～25 W内热式电烙铁或30 W外热式电烙铁；焊接导线及圆轴电缆，应选用45～75 W外热式电烙铁或50 W内热式电烙铁；焊接较大的元器件，如输出变压器的引线脚，应选用100 W以上的电烙铁。

(a)正握法　　　　　　(b)反握法　　　　　　(c)握笔法

图1-1-3　电烙铁的握法

　　电烙铁拿法有三种，如图1-1-3所示。反握法动作稳定，长时间操作不易疲劳，适用于大功率烙铁的操作；正握法适用于中等功率烙铁或带弯头电烙铁的操作；握笔法易于掌握，但长时间操作容易疲劳，一般在操作台上焊印制电路板等焊件时多采用握笔法。

　　使用电烙铁首先要校对电源电压是否与电烙铁的额定电压相符，要注意用电安全，避免发生触电事故。新烙铁、已氧化不沾锡或使用过久而出现凹坑的烙铁头可先用砂纸或细锉刀打磨，使其露出紫铜光泽，而后将电烙铁通电2～3 min，在木板上放些松香并放一段焊锡，烙铁沾上锡后在松香中来回摩擦，直到整个烙铁修整面均匀地镀上一层锡，这叫搪锡。搪锡后如果出现烙铁头挂锡太多而影响焊接质量，千万不可摔打电烙铁或敲击电烙铁，因为这样可能导致人身伤害，也可能使烙铁芯的瓷管破裂。去掉多余焊锡或烙铁头上的残渣是在湿布或湿海绵上擦拭。电烙铁在使用中还应注意经常检查手柄上坚固螺钉及烙铁头的锁紧螺钉是否松动，若出现松动，易使电源线扭动、破损，引起烙铁芯引线短路。

1.1.2　焊料与焊剂

焊料是指易熔的金属及其合金，它的熔点低于被焊金属，而且要易于与被焊物金属表面形成合金。焊料的作用是将被焊物连接在一起。焊料按其组成成分，可分为锡铅焊料、银焊料和铜焊料；按照使用的环境温度又可分为高温焊料和低温焊料。在一般的电子产品装配中主要使用锡铅焊料，俗称焊锡。焊锡具有熔点低、导电性好、抗腐蚀性能好、附着力强以及一定的机械强度等特点，在焊接技术中得到了极其广泛的应用。焊锡通常是锡与另一种低熔点金属铅所组成的合金，为了提高焊锡的物理化学性能，有时还掺入少量的锑（Sb）、铋（Bi）、银（Ag）等金属。不同的配置就具有不同的焊接特性。在焊接时，应根据被焊金属材料的可焊性、焊接温度以及对焊点机械强度的要求进行综合考虑以选择合适的焊料。

焊料的形状有圆片、带状、球状和焊锡丝等几种，常用的焊锡丝有的在其内部还夹有固体焊剂松香，常见的焊锡丝直径有 4 mm、3 mm、2.5 mm、1.5 mm 等。

焊剂又称为助焊剂，一般是由活化剂、树脂、扩散剂、溶剂四部分组成，主要用于清除氧化膜，防止焊接面的氧化以及增加焊锡的流动性，减小表面张力，增加焊料的润湿能力。

助焊剂大致可分为有机焊剂、无机焊剂和树脂焊剂三大类。树脂焊剂的主要成分是松香，松香加热熔化后成弱酸性，可与金属氧化膜发生还原反应，生成的化合物悬浮在液态焊锡表面，也起到保护焊锡表面不被氧化的作用。焊接完毕恢复常温后，松香又变成固体，无腐蚀、无污染、绝缘性能好，所以以松香为主要成分的树脂焊剂成为专用型的助焊剂。

1.1.3　手工焊接技术

1. 焊接操作的基本步骤

（1）准备施焊。准备好焊锡丝和烙铁。注意烙铁头保持干净，可以沾上焊锡（搪锡）。

（2）加热焊件。将烙铁接触焊接点，加热整个焊件全体，使焊件均匀受热，烙铁头放在两焊件的连接处时间为 1~2 s。对于在印制板上焊接元器件，要注意烙铁头同时接触焊盘和元器件的引线。

（3）熔化焊料。当焊件加热到能熔化焊料的温度后将焊丝置于焊点，焊料开始熔化并润湿焊点。

（4）移开焊丝。当焊丝熔化一定量后，立即将焊丝向左上 45° 方向移开。

（5）移开烙铁。当焊锡完全润湿焊点后向右上 45° 方向移开烙铁，完成焊接。

上述过程，称为五步操作法，如图 1-1-4 所示。对于热容量较小的焊点，例如印制电路板上的小焊盘，可简化为三步操作，即上述步骤（2）和（3）合为一步；（4）和（5）合为一步，实际上细微区分还是五步，所以五步法有普遍性，是手工烙铁焊接的基本方法，上述整个过程只有 2~4 s，各步时间的控制、时序的准确掌握、动作的熟练协调对保证焊接质量至关重要，必须通过实践才能逐步掌握。

2. 焊接的操作要点

（1）焊剂的用量要合适。使用焊剂时，必须根据被焊件面积大小和表面状态适量施用。用量过少，焊料与焊件不能牢固地结合，降低了焊点的强度；用量过多，不但造成了浪费，而且造成焊后焊点周围出现残渣，使印制电路板的绝缘性能下降，同时还可能腐蚀元器件。较合适的焊剂量是能润湿被焊物的引线和焊盘即可。

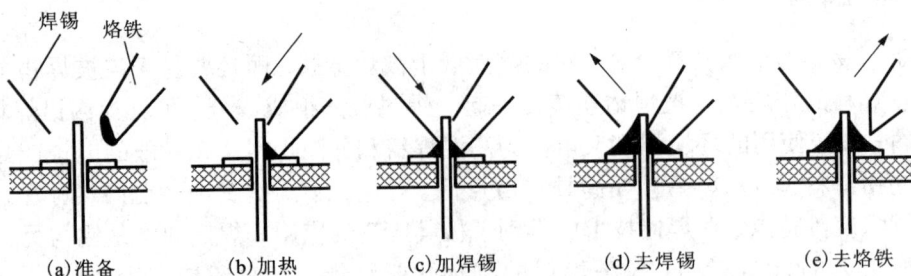

图 1-1-4　五步操作法

(2)把握好焊接的温度和时间。焊接温度如果过低,焊锡流动性差,容易凝固,形成虚焊。如果锡焊温度过高,将会造成焊锡流淌,焊点不易存锡,焊剂分解速度加快,使金属表面加速氧化,容易导致印制电路板上的焊盘脱落。当使用天然松香助焊剂时,锡焊温度过高容易造成虚焊。

锡焊时间的把握主要是根据被焊件是否完全被焊料所润湿的情况而定。通常焊点光亮、圆滑,说明烙铁头与焊点的接触时间恰当,如果焊点不亮并形成粗糙面,说明温度不够,时间太短,此时只要将烙铁头继续放在焊点上多停留些时间,便可改善焊点的粗糙程度。

(3)保持烙铁头清洁。焊接时烙铁头长期处于高温状态,又接触焊剂、焊料等,烙铁头的表面很容易氧化并形成一层黑色的杂质,这些杂质容易形成隔热层,使烙铁头失去加热作用,因此要随时将烙铁头的表面杂质层去除。

(4)焊接时要扶稳被焊物。在焊接过程中,特别是在焊锡凝固的过程中,不能晃动被焊元器件本身及其引线,否则将造成"冷焊",使焊点内部结构疏松,造成焊点强度降低,导电性能差。

(5)采用正确的方法撤离电烙铁。焊点形成后烙铁要及时向右上45°方向撤离。烙铁撤离时,轻轻旋转一下,可使焊点保留适当的焊料,同时,焊点成型美观、圆滑。

(6)不要使用过量的焊剂。适量的焊剂会提高焊点的质量。如过量使用松香焊剂时,当加热时间不足时,容易形成"夹渣"的缺陷。正常焊接时,如使用松香芯焊丝,基本上不需要再采用助焊剂。

(7)焊点的重焊。当焊点一次焊接不成功或上锡量不够时,要重新焊接。重新焊接时,必须等上次的焊料和本次的焊料同熔为一体时,才能把烙铁移开。

(8)焊接 MOS 型场效应管和集成电路。焊接 MOS 型场效应管和集成电路时,电烙铁外壳必须接地线或将烙铁电源插头拔下后焊接,防止电场击穿栅极损坏器件。

(9)焊接后的处理。焊接结束后,要检查电路有无漏焊、错焊、虚焊现象,并将焊点周围的焊剂清洗干净。

3. 焊点的质量要求和检查

焊接是电子产品制造中最主要的一个环节。据统计,现在电子设备仪器中有将近一半的故障是由于焊接不良引起的。因此焊接时要做到以下几点。

(1)可靠的电气连接。一个焊点要能稳定、可靠地通过一定的电流,必须具备足够的连接面积和稳定的组织。如果焊锡仅仅是堆积在焊件表面或只有少部分形成结合,那么在最初的测试和工作中也许不能发现，随着时间的推移和条件的改变，没有形成合金的表面就会被氧化，电路会出现时通时断或者不工作的现象，这种情况称为虚焊，而此时，电路焊点外表依然连接如初，给检查故障带来麻烦。

（2）焊点要具有足够的机械强度。为保证被焊件能经受震动或冲击，要求焊点要有足够的机械强度。而锡焊材料中的铅锡合金本身强度较低，要想增加强度就要有足够的连接面积。

（3）焊点表面要光滑、整齐。良好的外表不仅仅是外表美观的要求，而且是焊接高质量的体现。表面有金属光泽，说明焊接温度合适，生成了合金层。典型焊点外观要求形状为近似圆锥而表面微凹呈慢坡状；焊料的连接面呈半弓形凹面，焊料与焊件交界处平滑，接触角尽可能小；焊点表面有光泽且平滑，无裂纹、针孔、夹渣。典型焊点形状如图 1-1-5 所示。

焊接结束后，要对焊点进行检查。主要通过目测检查、手触检查和通电检查三种方法来发现问题。目测检查主要是根据焊点外观要求来评价焊点，常见焊点缺陷如图 1-1-6 所示。手触检查是指用手或镊子触摸、拉动元器件时，观察焊点的紧固程度。在确定外观和电路连接方面检查无误后，再通电检查，这是发现电路故障的重要手段，可检查出用目测检察、手触检查发现不了的虚焊、元器件损坏等问题。

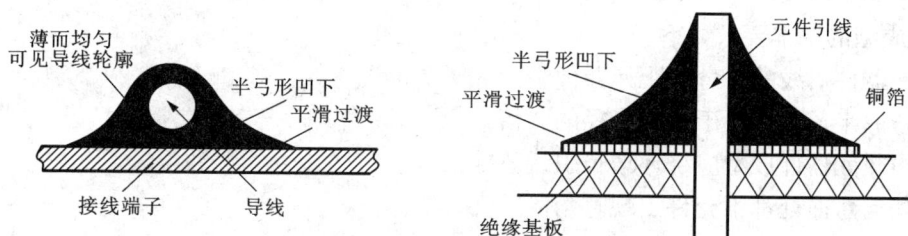

图 1-1-5　典型焊点形状

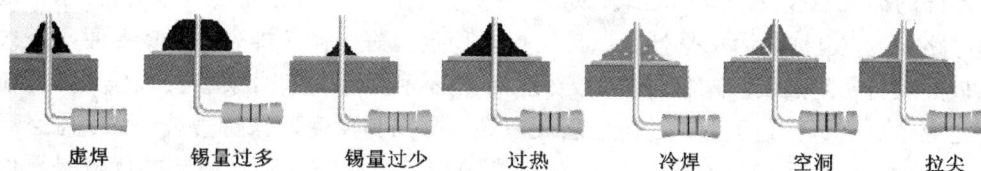

图 1-1-6　常见焊点缺陷

1.1.4　实用焊接工艺

印制电路板的组装是将电子元器件按一定的方向和秩序插装到印制基板上，并用紧固件或锡焊等方法将其固定的过程，它是整机组装的关键。尽管在现代生产中印制板的装焊已经实现了自动化，但在产品研制、维修等领域主要还是手工操作。下面介绍手工操作的主要步骤和工艺要求。

1. 元器件和导线的镀锡

为了提高焊接的质量和速度，避免虚焊等现象，应在装配前对焊接表面进行可焊性处理——镀锡，这是一道十分重要的工序，是电路可靠连接的保证。

如果拿到的元器件引脚和裸露导线的表面有杂质、氧化物等，可采用机械的方法把这类东西去除。一般使用小刀、镊子等工具，沿着引线方向，距离器件引线根部 2～4 mm 处向外刮，一边刮一边转动器件引线，直到彻底刮净。但注意不要把引线、导线等弄断，也不能把原来的涂层刮掉。然后可用沾锡的电烙铁沿着浸沾了助焊剂的引线加热，注意使引线上的镀层要薄且均匀。在一般的电子产品中，经常遇到多股导线的连接。由于多股导线的内部有多根细芯线，芯线较易弄断，所以用剥线钳剥去导线的绝缘层时注意不要伤线；其次需要把剥开的多股导线的线头按原来方向继续捻紧，使其成为一股再上锡，这样既增加了强度又预防线头散乱无法插入焊孔。

2. 元器件引线成型

引线成型工艺就是根据焊点之间的距离把元件引线做成需要的形状，使它能迅速而准确插入孔内。元器件间引线成型在工厂多采用模具，而手工操作只能用尖嘴钳或镊子加工，也可借助圆棒。所有元器件引线均不得从根部弯曲，如图 1－1－7 所示。

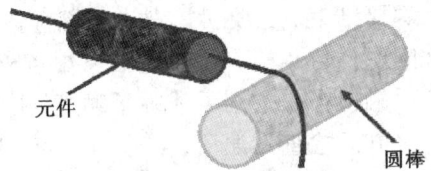

图 1－1－7　元器件引线的成型

引线成型的基本要求如下：

（1）元器件引线的打弯处距元器件端面大于 2 mm。

（2）弯曲半径不应小于引线直径的 2 倍。

（3）怕热元器件成型应绕环增长引线。

（4）任何弯曲处都不允许出现直角。

（5）成型后不允许有机械损伤。

3. 元器件的插装

元器件的插装一般有卧式和立式，如图 1－1－8 所示。卧式插装是将元器件水平地紧贴在印制电路板上，也称之为水平插装，其优点是稳定性好，容易排列，维修方便。卧式插装分为贴板插装与悬空插装。贴板插装稳定性好，但不利于散热，对某些安装位置不适应；悬空插装适应范围广，有利于散热，但插装较复杂，要控制高度以保持美观一致，悬空高度一般取 2～6 mm，电阻器、轴向电容器、二极管常采用卧式插装。立式插装的优点是元件密度大，拆卸方便，非轴向电容和三极管多采用这种方法。元器件插到印制电路板上的插孔后，其引线穿过焊盘还应留有 1～2 mm，这样才可以保证锡焊后的焊点有一定的机械强度。常用的处理方法有直插式、半打弯式和完全打弯式。直插式拆卸方便，但能承受的机械强度较小；半打弯式是将引脚弯成45°；全打弯式具有很高的机械强度，但拆卸困难。元器件的安装方法与印制电路板的设计有关，应视具体要求分别采用卧式和立式。晶体管在安装前一定要识别管脚，初学者最好在每个管脚上套上不同颜色的塑料套管，既可以防止短路，又便于识别。其中晶体管立式安装最为普遍，也有在特殊情况时采用倒立安装的。集成电路引脚多而且引脚间距又很小，装入电路板前，一定要弄清引脚的排列顺序，不能插错。变压器安装时将固定脚插入印制电路板的孔位，然后将其压倒并锡焊就可以了。对于较大的电源变压器要用螺钉固定在电路板上，螺钉上要加弹簧垫圈。较大的电容器可用弹性夹固定在电路板上。

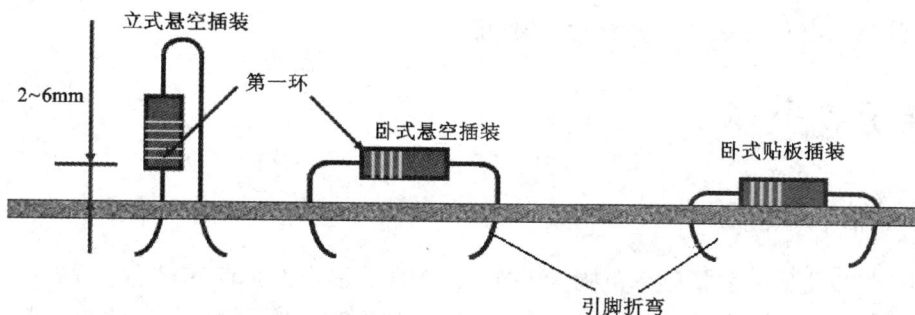

图 1 - 1 - 8　元器件的插装

4. 印制电路板的焊接

焊接印制板，除遵循锡焊基本要领外，还要求加热时应尽量使烙铁头同时接触印制板上的铜箔和元器件引线，以保证焊接质量。对较大的焊盘焊接时，使烙铁绕焊盘转动，以免长时间停留于一点，导致局部过热。对耐热性差的元器件应使用工具辅助散热。

5. 焊后处理

检查印制板上所有元器件引线的焊点，修补焊点缺陷，剪去多余的引线。

6. 拆焊

在焊接、维修过程中可能会出现把焊上去的元器件取下来更换的情况，称为拆焊。拆焊也是焊接工艺中一个重要的环节。在实际操作中，拆焊比焊接难度高。若拆焊的方法不当，极易造成焊盘脱落，元件损坏。

（1）拆焊方法

①分点拆焊法。对于一般卧式安装的电阻、电容等引脚不多的元器件，可采用电烙铁分点加热，逐点拔出。操作要领是将印制板竖起，一边用烙铁加热元器件的焊点，一边用镊子或尖嘴钳夹住元器件的引脚，轻轻地将其拉出来，如图 1 - 1 - 9 所示。在拆焊时要严格控制加热的温度和时间，温度太高或时间太长，极易将元器件烫坏或使焊盘起翘、剥离。同时拆焊时不要用力过猛，以免损坏元器件引脚。如果引线是弯折的，要用烙铁头撬直后才能拆除。

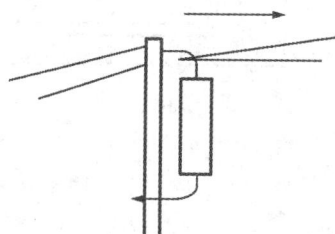

图 1 - 1 - 9　元器件的拆焊

②集中拆焊法。当需要拆下多个焊点且引线较硬的元器件时，可用镊子夹住元件中间部位，同时烙铁头用快速交替加热几个焊接点，待焊锡熔化后一次拔出。如果备有专用的烙铁头或拆焊专用热风枪等工具，对开关、集成电路、插头座等多接点的元器件，可同时加热熔化所有焊点后取出插孔，这样不易损伤元器件和印制电路板。

（2）拆焊后重新焊接的注意事项

①检查清理原焊点。首先认真检查是否因拆焊而造成相邻电路短接或开路，其次检查焊盘孔。如果被堵塞，应先用镊子尖端在加热的情况下，从铜箔面将孔穿通，再插进元器件引线或导线进行重焊。不能用元器件引线从印制板面捅穿孔，这样容易使铜箔与基板分离。

②重新焊接的元器件引线的弯折形状、安装的高度和方向都应尽量与原来保持一致，以免电路的分布参数发生变化，影响电路的性能。

1.2　电子常用仪表

1.2.1　低频信号发生器

低频信号发生器一般指频率范围为 1 Hz ~ 1 MHz，输出波形为正弦波、方波或其他波形的发生器，它广泛应用于集成电路的测试和研究，以及各种电子设备的调试和维修。

XD 系列低频信号发生器是国内常用的电子测量仪器，下面以 XD22 为例，介绍低频信号发生器的使用方法。

XD22 是一种多功能、宽频带的低频信号发生器，能产生 1 Hz ~ 1 MHz 的正弦波信号、脉冲信号和逻辑电平信号。其面板如图 1 - 2 - 1 所示。

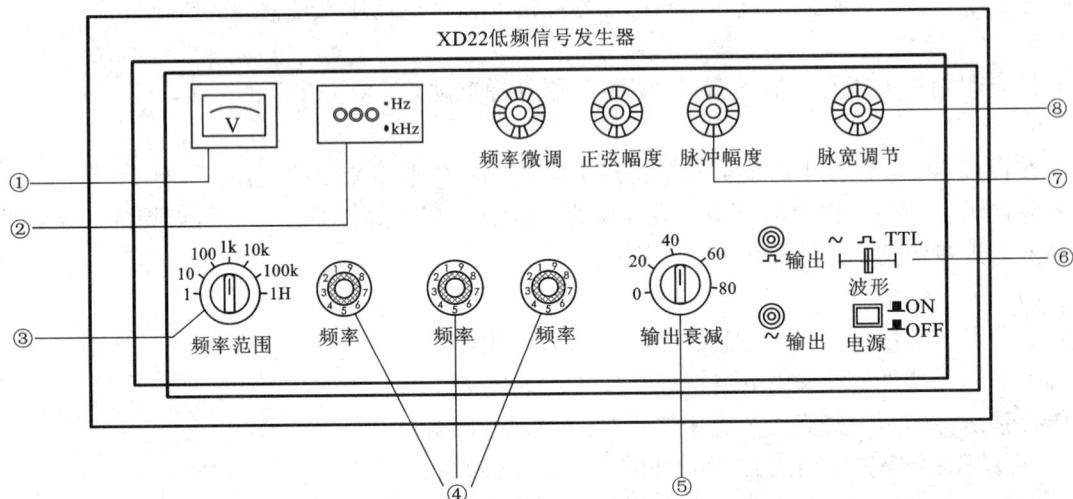

图 1 - 2 - 1　XD22 低频信号发生器的面板示意图

1. 面板主要旋钮及功能

（1）电压表和频率计。在图 1 - 2 - 1 中，①是电压表，在"输出衰减 dB"旋钮置于"0"时，直接显示输出的电压值。当有衰减时，输出电压小于显示值。如"输出衰减 dB"旋钮置于"20"时，输出电压是显示值的十分之一，置于"40"时是显示电压的百分之一。②是频率计，用三位 LED 数码管显示频率，一位 LED 显示频率单位。

（2）波形选择部分。⑥是波形转换开关 S，可分别输出正弦波、方波和 TTL 三种信号。⑦脉冲幅度和⑧脉宽调节旋钮是针对方波信号的，旋转"脉宽调节"旋钮可以得到不同宽度的脉冲信号。

（3）频率选择和调节部分。XD22 将输出信号的频率分为六个波段，由波段旋钮③选择，3 个频率调节旋钮，其挡位分别是×1 挡、×0.1 挡和×0.01 挡。④是频率细调。

（4）输出幅度调节部分。输出衰减旋钮⑤分为六挡，置于"0"挡时表明输出电压不衰减，置于其他挡位时可以使输出产生 20 dB、40 dB、60 dB、80 dB 的衰减。正弦幅度旋钮可以连续调节输出电压的大小。

2．使用方法

（1）开机准备。将正弦幅度旋钮逆时针旋到底，防止开机时起振幅度超过正常值时打弯表针。

（2）打开电源开关。接通电源，指示灯亮，预热 10 min，使仪器正常工作。

（3）选择输出信号的波形。当转换开关 S 置于左边时，左下方的输出孔输出正弦波信号；当转换开关 S 置于中间或右边时，其左方的输出孔输出脉冲信号或逻辑信号。

（4）频率调节。根据使用的频率范围，先将波段开关旋到要求的位置，然后再调节 3 个"频率调节"旋钮，按十进制原则调到所需要的频率，频率值由数码管显示。

（5）输出电压调节。正弦波信号的输出电压，可通过"输出衰减"和"正弦幅度"旋钮，根据实际需要进行调节，当衰减旋钮置于"0"时，输出电压在 1～5 V 范围内，可以从本机电压表直接读数。如果衰减旋钮置于其他挡位时，这时实际输出电压应为本机电压表指示值再乘以电压衰减倍数，不过在实际应用中通常用交流毫伏表测量。

1.2.2　万用表

万用表又称多用表，是一种可测量多种电量的多量程便携式仪表。它具有使用简单、测试范围广、携带方便、价格低等优点，因此应用极为广泛。

万用表主要分指针式和数字式两种，它们的型号繁多、功能和特点各异，现以 MF50 型指针式万用表和 DT－890B 型数字式万用表为例介绍万用表的使用方法，其他型号万用表的使用可以此为参考。

1．MF50 型指针式万用表

MF50 型万用表是一种高灵敏度、多量程的磁电系整流式仪表，共有 19 挡基本量限和 6 个附加量程，能直测直流电流、直流电压、交流电压、电阻以及音频电平、晶体管直流电流放大倍数 h_{FE}、L_I、L_V、电容、电感等。其面板如图 1－2－2 所示。

（1）主要旋钮作用。MF50 型万用表面板上左半部是指示部分和插座，右半部分主要是功能转换开关。下面对主要旋钮介绍如下：

①机械调零旋钮。表头的中间是机械调零旋钮，通常调节这个旋钮可使表上的指针与零线对齐，一般出厂时已经调好，不需要频繁调节。

②电阻挡调零旋钮。测量电阻时，无论选择哪一挡旋钮，都要使指针指在"0 Ω"处。

③转换开关。改变测量的种类和量程范围。

④"＋"和"＊"插孔。两个端子分别用来连接红表笔和黑表笔，红表笔表示输入表内的是正极性信号，黑表笔表示输入表内的是负极性信号。但在用来测电阻时，黑表笔接表内电源正极，红表笔接负极。

⑤表盘。MF50 型表盘共有 8 条刻度线，不同的刻度线对应相应的测量电量。

（2）使用方法。

①使用前应首先检查指针是否指在机械零位上，若不指在零位，可调整机械调零螺丝，使指针指示在零位上。万用表有红色、黑色两只表笔，使用时应插在表的下方标有"＋"和

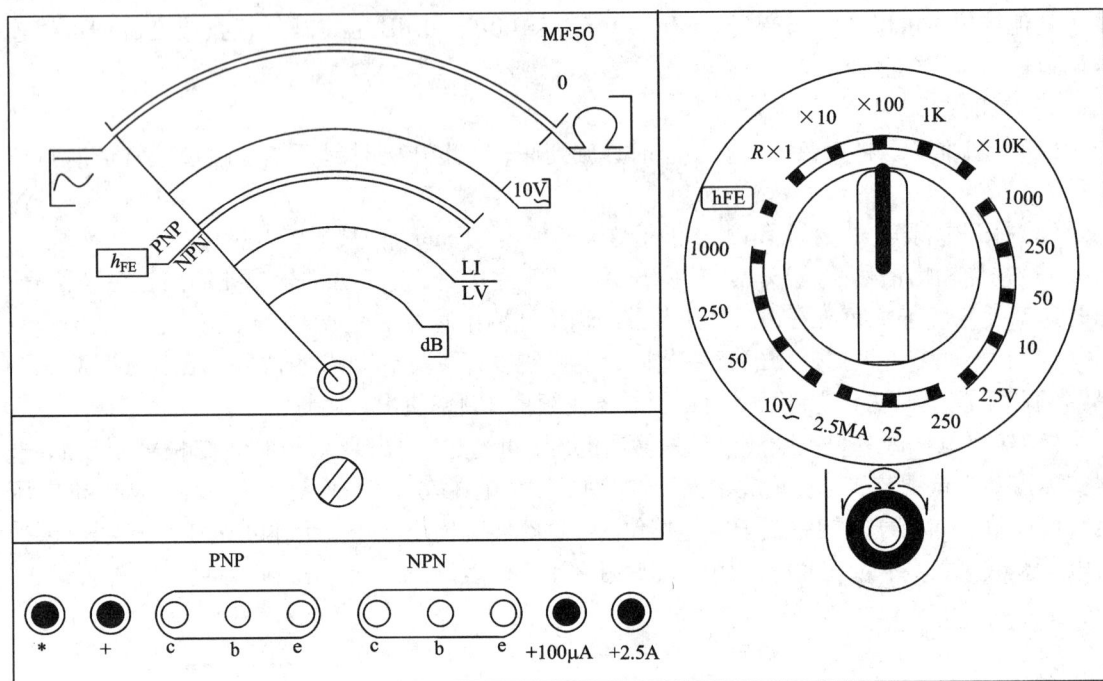

图 1 - 2 - 2 　 MF50 型指针式万用表面板示意图

"*"的两个插孔内,红表笔插入"+"插孔,黑表笔插入"*"插孔。

②电压测量。先将转换开关转到电压挡"V̱"或"V"的位置上,再将表笔跨接在被测电路两端。当不能预计被测电压时,可将转换旋钮旋在最大量程位置上,然后再根据指示值的大约数值,再选择合适的量程,使指针得到最大偏转。测量直流电压时,正负极性必须正确,红表笔应接被测电路的高电位端,黑表笔接低电位端。测量直流电压和交流电压 50 ~ 1000 V 读数见第二条刻度线,测量交流电压 10 V 时见第三条刻度线。

③直流电流测量。先将转换开关转到直流电流挡mA的位置上,再将被测表笔串接于被测电路中。当不能预计被测电流时,可将功能转换开关旋在最大量程位置上,然后根据指示值的大约数值再选择合适量程,使指针得到最大偏转。测量时,注意红、黑表笔的极性不能接错,应按电流从正到负的方向,即由红表笔流入,黑表笔流出。使用"100 μA"或 2.5 A 挡,将黑表笔插入"*"插孔内,红表笔插在"+ 100 μA"或"+ 2.5 A"的插孔内。转换开关应转到"250 mA"挡位或除电阻、h_{FE}挡以外的其他挡上。

④直流电阻的测量。先将功能转换开关转到电阻挡的位置上,然后调整欧姆零点。具体操作是:将两表笔短接,看指针是否指在 Ω 刻度线 0 的位置上,若不指零,应调节欧姆调零旋钮,使指针指在零点。如调不到零,说明电池电压不足,应更换新电池。测量时,用红、黑两表笔接在被测电阻两端进行测量。为了提高测量的准确度,选择倍率时应使表针指在欧姆刻度的中间位置附近为宜。测量电阻值由表盘欧姆刻度线读数和倍率挡共同决定。被测电阻值等于表盘欧姆读数乘倍率挡。测量电阻时,一定要断开电源,决不能带电测量电阻;电路中有电容时,应先放电。此外测量电阻时,应注意两手不应同时触及电阻两端,因为这样等

于在被测电阻两端并上人体电阻,使测得值变小,在测高电阻时误差更大。测量接在电路中的电阻时,须断开电阻的一端或与被测电阻相并联的所有电路。

⑤音频电平的测量。测量方法与交流电压相同,转动开关至相应的交流电压挡。刻度上的 dB 值是 10 V 的,测量范围为 -10 ~ +22 dB,如果读数大于 +22 dB 时,需换 50 V、250 V 或 1000 V。用这些挡位测 dB 时,须把读数加上各挡位的校正值。当音频电压同时有直流电压存在时,应在表笔一端串联一只 0.1 μF 以上、耐压值为 400 V 以上的电容器,用来隔断直流电压。

⑥晶体管 h_{FE} 测定。测量 h_{FE} 时,应把功能转换开关转到"R×1"挡,调好欧姆零位,再把开关转到 h_{FE} 处,把晶体管 c、b、e 极插入万用表上的 c、b、e 插孔内,这时在 h_{FE} 刻度上即可读出 h_{FE} 的大小,PNP 管看第四条刻度线,NPN 管看第五条刻度线。

⑦电感和电容的测量。转动开关至交流电压位置,被测电容(或电感)串接于任一表笔,而后跨接于交流电压电路中进行测量,电容测量原理如图 1-2-3 所示,所测量的电感和电容的大小是从万用表测得该挡电压的数值再查表所得。注意不同大小的电容和电感,选择万用表开关的位置和所串联的电源电压值不同。

(3)使用注意事项。

①使用万用表测量电压电流时,手不要接触测试棒的金属部分以保证人身安全。

图 1-2-3　电容的测量

②测量高电压或大电流时,应在切断电源的情况下,变换量程。

③万用表使用完毕时,应将转换开关旋到交流最高电压挡,防止下次使用时因忘记合理选挡而误测电压,将表损坏。若万用表长期不用,应取出内部电池,以防电池渗液损坏电表。

2. DT-890B 型数字万用表

DT-890B 是全面改良的 $3\frac{1}{2}$ 位手持式数字万用表第三代产品,可以用来测量直流电压、电流、交流电压、电流、电阻、电容、通导、二极管及 h_{FE} 等。

(1)各主要旋钮的作用。

DT-890B 型数字万用表的面板如图 1-2-4 所示。在其上半部有一个数字显示屏,下半部有 4 个输入插孔,中间是功能选择开关,在 NPN 和 PNP 标志下面有 8 个孔是 h_{FE} 插孔;CAP 标志下的两个插孔是电容测试插座。显示屏的左下端是电源开关。各主要开关的作用如下。

①量程旋转开关。所有测量种类和量程都由此旋转开关来设定。当被测信号值未知时,应将量程开关置于最大挡位,然后根据实际情况逐渐减小量程,直到满意为止。

②显示屏。能显示 $3\frac{1}{2}$ 的位数和多种提示符号,即满量程值为 ±2000,实际显示最大值为 ±1999,其中最高位只显示 0 或 1,而后三位的每一位可显示 0 ~ 9。若将满量程的最高位作为分母,将实际显示最大值最高位的 1 作为分子,则显示屏的显示位数可表示为 $3\frac{1}{2}$ 位。

③输入插孔。将黑表笔插入"COM"孔。当测量交、直流电压、电阻、二极管时,红表笔

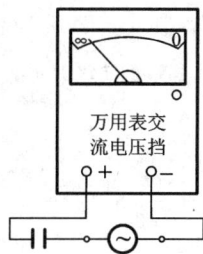

插入"V/Ω"孔，当测量电流小于 200 mA 时，将红表笔插入"A"插孔；当测量电流大小在 200 mA ~ 10 A 之间时，红表笔插入"10 A"孔。

（2）使用方法。

①直流（DC）和交流（AC）电压测量。将黑表笔插入"COM"插孔中，红表笔插入"V/Ω" 中，将功能量程开关置于 DCV（直流电压）或 ACV（交流电压）相应的位置上，并将测试表笔 并接到待测电源或负载上。如果显示器只显示"1"，表示过量程，此时应将功能量程开关置 于更高量程。如果显示"!"，表示直流电压不要输入超过 1000 V，交流电压测量不要超过 700 V，否则有损坏内部线路的可能，当输入端开路时，显示器可能有数字出现，尤其在 200 mV 和 2 V 挡上，这是正常的，但若将二测试表笔短路，显示器应回到零。

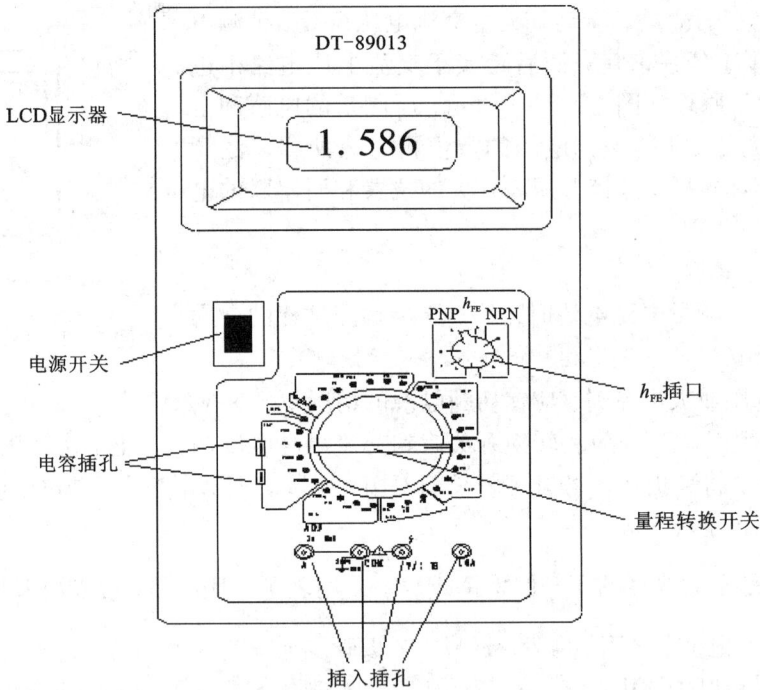

图 1 - 2 - 4   DT - 890B 型数字式万用表的面板示意图

②直流（DC）和交流（AC）电流测量。将黑表笔插入"COM"插孔，当测量电流最大值为 200 mA 以下的电流时，红表笔插入"A"插孔；当测量 200 mA ~ 10 A 之间的电流时，红表笔 插入"10 A"插孔。同时将功能量程开关置于 DCA（直流电流）或 ACA（交流电流）相应的位置 上，并将测试表笔串联接入到待测电路中。

注意电流测量是用保险丝保护，如误插入交流电，保险丝会熔断而保护内部电路，更换 时要换上 200 mA/250 mA 的保险丝。

③电阻的测量。将黑表笔插入"COM"插孔，红表笔插入"V/Ω"插口中，功能量程开关置 于 OHM（欧姆）相应的位置上，将测试表笔并接到待测电阻上。注意用 200 MΩ 量程进行测 量时，两测试表笔短路时读数为 1.0，出现了一个固定的偏移值，测量时应从读数中减去，如 测量电阻 100 MΩ 时，显示值为 101.0，正确的阻值是显示值减去 1.0。同时高电阻测量时，

应将电阻直接插入"V/Ω"和"COM"中,以免长线感应干扰信号而使读数不稳。

④电容测试。将被测电容插入电容插座中,将功能量程开关置于 CAP(电容)的相应位置上,即得电容值。注意仪器本身虽然对电容挡进行了保护,但仍需将待测电容先放电然后进行测试。另外连接待测电容之前,每次转换量程时复零需要时间,但不必理会是否回零,可插入被测电容,若有漂移读数存在,不会影响精度。

⑤晶体管 h_{FE} 挡测试。确定晶体管是 NPN 或 PNP 型后,将基极、集电极、发射极分别插入到相应的"B"、"C"、"E"插孔内,即得 h_{FE} 参数。测试条件 $U_{CE} \approx 3$ V, $I_B \approx 10$ mA。

⑥二极管的测试。将红表笔插入"V/Ω"插口中,黑表笔插入"COM"中,将功能量程开关置于二极管测试及蜂鸣器挡。当红表笔接二极管正极,黑表笔接二极管负极上,显示器即显示二极管的正向导通压降的近似值(mV)。如测试笔反接,显示器应显示量程状态"1",否则表示此二极管反向漏电流大。在测量通断状态时,如被测量点间的电阻低于 30 Ω 时,内置蜂鸣器发声表示导通状态。

(3)注意事项。

①在使用前应先检查电池是否充足,当显示器出现"LOBAT"或"←"时表明电池电压不足,应及时更换。

②数字万用表测量电阻的原理与指针式万用表不同,其红表笔接内部电池的正极。

③读数应在显示稳定后读数,若显示数字一直在一个范围内变化,则应取中间值。

1.2.3　交流毫伏表

交流毫伏表是以测量交流毫伏级信号为基础的多量程电表,其用途和万用表的交流电压挡基本一致。但和普通万用表相比,具有输入阻抗高的优点。万用表的电压挡内阻一般不高,测电压时不可避免因分流而产生较大的测量误差;交流毫伏表一般输入电阻至少为 500 kΩ,仪表接入被测电路后,对电路的影响小。其次毫伏表灵敏度高,最低电压可测到微伏级,而万用表只能测零点几伏以上的交流电压。毫伏表频率范围宽。适用频率约为几 Hz 到几 GHz,而万用表的工作频率低,频率一般不超过几千 Hz。另外,毫伏表电压测量范围很宽,量程从几百 μV 级到几百 V 十几个挡位。

下面以 SX2172 型交流毫伏表为例,介绍其使用方法。该交流毫伏表是放大—检波式交流电压测量仪表,具有高灵敏度、高输入阻抗以及高稳定性等特点。仪器面板如图 1 - 2 - 5 所示。

1. **各主要旋钮功能**

①机械调零螺丝。当仪表没有接通电源时表针不指零,调节此螺丝。

②指示灯。灯亮表示电源接通。

③输入插孔。被测信号电压输入。

④量程开关。用于选择所需的测量电压范围。

⑤输出端。可以作为一个宽频率、高增益的放大器,由输出端和接地端间输出。

2. **使用方法及注意事项**

①接通电源前,对表头进行机械零点的调整。

②将量程开关置于所需测量的范围。若不知道被测电压的大小,应先将量程开关置于最大挡,然后逐挡下降,直到尽可能使指针指示满刻度值,以保证读数准确。

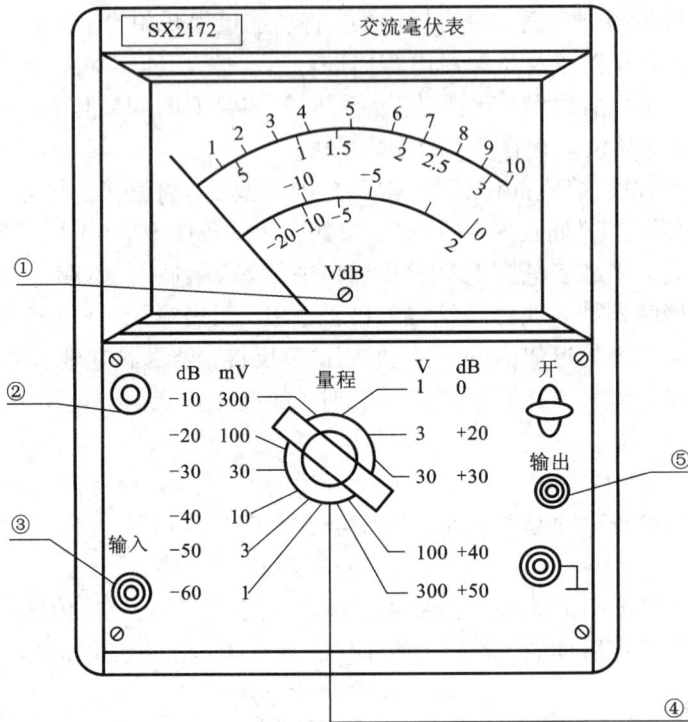

图 1 - 2 - 5　SX2172 型交流毫伏表面板示意图

③根据量程开关的位置,按对应的刻度线读数。

④测量完毕后,应将量程开关置于最大量程挡位上,以免外界感应信号可能使指针偏转超量程而造成表头损坏。

1.2.4　示波器

电子示波器简称示波器,它是一种用荧光屏显示电量随时间变化过程的电子测量仪表。示波器不仅能观测各种电信号的动态过程,而且还可以测量各种电信号的电压、电流、周期、频率、相位、失真度等参量。它如果配上传感器还可以对压力、温度、速度、振动、光、声、磁等非电量进行测量,因此用途非常广泛。示波器的种类、型号繁多,根据其用途和特点,大致可分为通用示波器、多束多踪示波器、取样示波器、专用示波器、逻辑示波器等,下面以 MOS - 620CH 双踪示波器为例,介绍示波器的使用方法。

1. 前面板上的旋钮

MOS - 620CH 双踪示波器具有两个独立的 Y 通道可同时测量两个信号。Y 放大器频带宽度为 0 ~ 20 MHz,最大灵敏度为 5 mV/div,最大扫描速度为 0.2 μs/div;并且具有交替触发功能,可以观察两个频率不同的信号波形。当设定在 X—Y 位置时,该仪器可作为 X—Y 示波器,CH_1 为水平轴,CH_2 为垂直轴。MOS - 620CH 的前面板如图 1 - 2 - 6 所示。

(1)电源及示波管电路。

电源(power)——⑥:按下此开关,发光二极管⑤发光。

型号:MOS-620CH

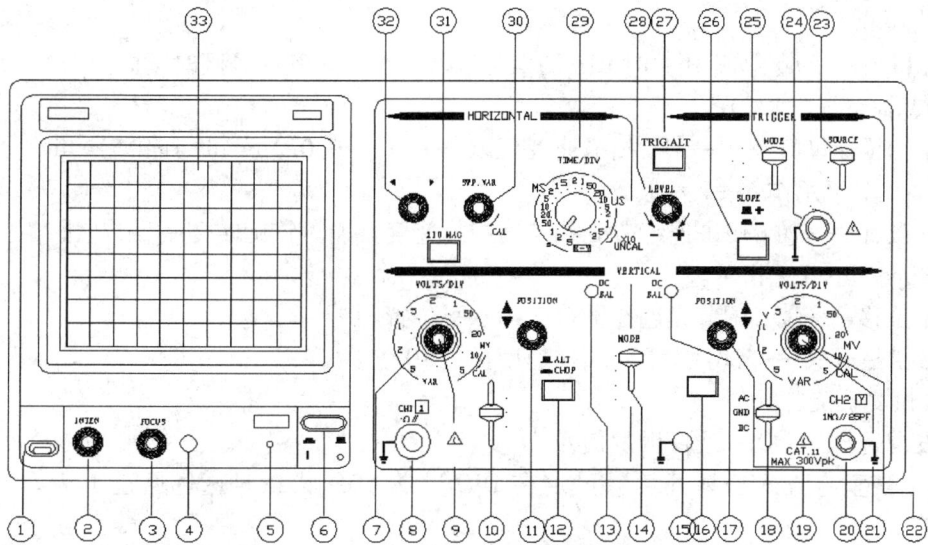

图 1 – 2 – 6　MOS – 620CH 示波器前面板示意图

亮度——②：调节轨迹或亮点的亮度。

聚焦——③：调节轨迹或亮点聚焦。

轨迹旋转——④：用来调整水平轨迹与刻度线的平行。

滤色片——㉝：使波形看起来更加清晰。

（2）Y 轴系统。

$CH_1(X)$ 输入——⑧：Y_1 的垂直输入端，在 $X—Y$ 模式下，作为 X 轴输入端。

$CH_2(Y)$ 输入——⑳：Y_2 的垂直输入端，在 $X—Y$ 模式下，作为 Y 轴输入端。

AC – GND – DC——⑩和⑱：选择垂直轴输入信号的输入方式。

AC：交流耦合。一般在观察信号时常用。

GND：输入信号与放大器断开，同时放大器输入端接地。

DC：直流耦合。当观察带直流成分的信号或测量直流电压时使用。（一般观察交流信号时也可用此挡。）

垂直衰减开关——⑦和㉒：调节垂直灵敏度从 5 mV/div ~ 5 V/div 分 10 挡。

垂直微调——⑨和㉑：连续改变电压的灵敏度，可调至面板指示值的 2.5 倍。当该微调顺时针旋到底为校准位置时，灵敏度为面板上指示值。

垂直方式——⑭：选择 Y 轴系统的工作方式。

CH_1 或 CH_2：通道 1 或通道 2 单独显示。

DUAL：两个通道同时显示。

ADD：显示两个通道的代数和 $CH_1 + CH_2$，按下 CH_2 INV⑯按钮，为代数差 $CH_1 - CH_2$。

DC BAL——⑬和⑰：两个垂直衰减器的平衡调试。

垂直位移——⑪和⑲：调节光迹在屏幕中的垂直位置。

ALT/CHOP——⑫：在双踪显示时，放开此键，表示 CH₁ 和 CH₂ 交替工作，适用于较高频率信号的双踪显示。当此键按下时，CH₁ 和 CH₂ 同时断续显示，适用于较低频率信号的双踪显示。

CH₂ INV——⑯：按此开关时 CH₂ 的信号以及 CH₂ 的触发信号同时反向。

（3）X 轴系统（时基）。

水平扫描速度开关——㉙：扫描速度可以分 20 挡，从 $0.2 \mu s/div$ 到 $0.5 s/div$。当设置到 X—Y 位置时，可用作 X—Y 示波器。

水平微旋——㉚：用来连续改变和校准扫描速度。逆时针旋转到底为"校准"位置，扫描速度由 Time/div 开关指示。

水平位移——㉜：调节光迹在屏幕上的水平位置。

扫描扩展开关——㉛：按下时扫描速度扩展 10 倍。

（4）触发系统。

触发源选择——㉓：选择触发信号。

CH₁：当垂直方式选择开关⑭设定在 DUAL 或 ADD 状态时选择通道 1 为内部触发信号源。

CH₂：当垂直方式选择开关⑭设定在 DUAL 或 ADD 状态时选择通道 2 为内部触发信号源。

LINE：选择交流电源作为触发信号。

EXT：从㉔接入外触发信号作为触发信号源。

外触发输入端子——㉔：外触发信号的输入端。

TRIG·ALT——㉗：当垂直方式选择开关⑭设定在 DUAL 或 ADD 状态，而且触发源开关㉓选在通道 1 或通道 2 上，按下㉗时，交替选择通道 1 和通道 2 作为内触发信号源。

触发方式——㉕：选择触发信号和触发电路的耦合方式。

AUTO（自动）：扫描电路处于自激状态，没有触发信号扫描电路仍能自动进行。

NORM（常态）：扫描电路处于触发状态，没有触发信号扫描就会停止。

TV—V：电路处于电视场同步状态。

TV—H：电路处于电视行同步状态。

极性——㉖：触发信号的极性选择。"＋"上升沿触发，"－"下降沿触发。

触发电平——㉘：调节和确定扫描触发点在触发信号源的位置。调该旋钮，可使波形稳定显示。

（5）其他旋钮。

CAL——①：提供 1 kHz、$2V_{PP}$ 的方波信号作为本机 Y 轴和 X 轴校准用。

GND——⑮：示波器外壳接地端。

2．基本使用方法

①首先检查电压是否与当地电网一致，然后将有关控制元件按表 1－2－1 所示位置设置，用探头将校正信号（$2V_{PP}$、频率 1 kHz）输入到 CH₁ 输入端。按下电源开关，指示灯亮。约 20 s 后，屏幕出现基线光迹，若 60 s 后，还没有出现基线光迹，重新检查开关和控制旋钮的位置。

②调节"亮度"、"聚焦",使光迹亮度适中,且最清晰。通常基线光迹与水平坐标线平行,如出现不平,用螺丝刀调节"轨迹旋转",使光迹和水平线平行。

③将 AC - GND - DC 开关置于"AC"状态,一个如图 1 - 2 - 7 所示的方波将会出现在屏幕上。波形显示的幅度值应为 V_{PP} = 0.5 mV/div × 4 = 2 V,周期 T = 0.5 ms/div × 2 = 1 ms,这样就完成了仪器的自校。

④用探头输入信号到 CH_1 通道,调节"垂直衰减"开关、"扫描速度"、"触发电平"等旋钮,使显示出来的波形稳定,幅度适中,周期适中。

⑤调节"水平位移"与"垂直位移"旋钮,使得波形的幅度与时间容易读出。

⑥改变垂直方式到 CH_2 状态,输入信号进入通道 2 观察。通道 2 与通道 1 的操作程序相同。改变垂直方式到 DUAL 状态,两个通道同时显示。释放"ALT/CHOP"开关,CH_1 和 CH_2 的信号交替地显示在屏幕上,此设定适用于观察扫描时间较短的两路信号。按下"ALT/CHOP"开关,CH_1 和 CH_2 的信号以 250kHz 的速度独立地显示在屏幕上,此设定用于观察扫描时间较长的两路信号。

在进行双通道操作时,必须通过触发信号源的开关来选择通道 1 或通道 2 的信号作为触发信号。如果 CH_1 与 CH_2 的信号同步,两个波形都会稳定显示出来。反之,则仅有触发信号源的信号可以稳定地显示出来,如果 TRIG/ALT 开关按下,则两个波形都会同时稳定地显示出来。改变垂直方式到"ADD"状态,可以显示 CH_1 与 CH_2 信号的代数和,若 CH_2"INV"开关被按下则为代数差。为了得到精确的代数和,两个通道的衰减开关位置必须一致,垂直位置开关由于垂直放大器的线性变化,最好将该旋钮设置在中间位置。

表 1 - 2 - 1　开关及控制旋钮位置

开关旋钮	位置
亮度	居中
聚焦	居中
垂直方式	CH_1
垂直位置	居中
垂直衰减	0.5V/div
垂直微调	CAL(校正位置)
AC - GND - DC	GND
扫描速度	0.5ms/div
水平微调	CAL(校正位置)
水平位置	居中
触发源	通道
极性	+
触发方式	自动

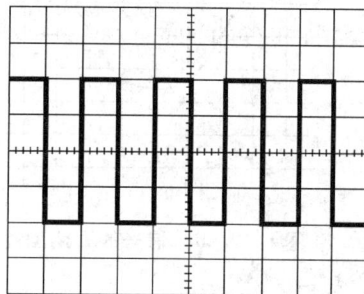

图 1 - 2 - 7　示波器校准信号

3. 实际测量应用

用示波器可以对被测波形进行电压、周期和相位等测量,进行电压测量时一般要把"垂直微调"开关顺时针方向转至"校准"位置。

(1)直流电压的测量。首先将触发方式开在"自动"状态,垂直输入信号方式置于"GND"状态,"垂直衰减"开关旋到合适的位置,此时屏幕上将出现一条水平扫描基线,调节垂直位移开关,使扫描线落在便于观察的水平刻度线上。接入被测直流电压,将垂直输入信号方式选择开关置于"DC"状态,可以观察到水平扫描线在 Y 轴方向上产生位移 H,如果向上移动说明被测电压是正电压，向下位移是负电压。读出水平扫描线的位移 H（格），则被测电压可由下式算出 $U = $ 垂直灵敏度（V/div）$\times H$（div），加上探极衰减后，被测电压 $U = n \times$ 垂直灵敏度（V/div $\times H$（div），n 为探极衰减比。

（2）交流电压的测量。将 Y 轴输入耦合开关"AC—GND—DC"置于"AC"处，若信号频率较低时，应置于"DC"处。同时将"垂直衰减"开关旋到合适的挡位上，从屏幕上读出整个波形所占 Y 轴方向上的高度 H，则交流电压值可由下式算出：

$$V_{PP} = \text{垂直灵敏度（V/div）} \times H(\text{div})$$

（3）信号周期的测量。首先将"水平扫描速度"开关旋到合适的位置，"水平微调"开关置于"标准"位置，找出相同两点间的时间间隔距离 D（div），如图 1 - 2 - 8 所示，然后根据公式 $T = $ 扫描速度（t/div）$\times D$（div），可计算出被测信号的周期 T。若将扫描扩展开关按下，相当于扫描速度加快 10 倍，其计算公式为 $T = $ 扫描速度（t/div）$\times D$（div）$\times 1/10$。

（4）相位的测量。从 CH_1 和 CH_2 输入两个信号，将"垂直方式"开关置于"DUAL"状态，调节"水平扫描速度"、"水平微调"等旋钮，使其中一个信号波形的周期在水平方向上为 8 格，如图 1 - 2 - 9 所示，这样屏幕上每一格对应的相位角为 45°，从屏幕上读出两波形在水平轴的间隔 L（div），根据公式 φ（相位差）$= L$（div）$\times 45°/\text{div}$，可计算出两个同频率信号之间的相位差。

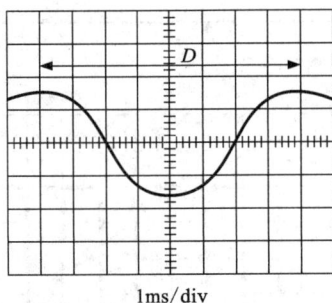

1ms/div

图 1 - 2 - 8　信号的周期测量

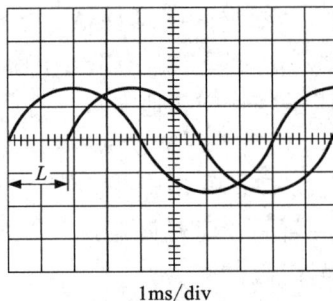

1ms/div

图 1 - 2 - 9　信号的相位差的测量

1.3　常用电子元器件

1.3.1　电阻器

电阻器是电气、电子设备中应用最广泛的基本元器件之一，在电路中常用于控制和调节电路中的电流和电压，还可以作为消耗电能的负载等。

1. 电阻器的分类

电阻器有不同的分类方法，按结构可分为固定电阻器和可变电阻器两大类。固定电阻器的阻值是固定的，一经制成后不再改变，可变电阻器的阻值可在一定范围内调节。

（1）固定式电阻器。固定式电阻器一般称为"电阻"。由于制作材料和工艺不同，可分为合成电阻器、薄膜电阻器、线绕电阻器以及特殊电阻器四种类型。常用固定式电阻器的特点如表 1 - 3 - 1 所示。

表 1 – 3 – 1　常用固定式电阻器的结构和特点

名　称	结　构	特　点
合成电阻器（实芯电阻器）	由石墨和炭墨等导电材料及石棉等不良导体材料混合加入黏结剂后压制而成	成本低、阻值误差大、稳定性差，现在已不常用
薄膜电阻器	在一个绝缘体（圆柱形瓷棒或硬玻璃）上真空溅射、蒸发一层导电薄膜或通过化学热分解沉积一层导电膜而制成。常用的薄膜有碳膜和金属膜，分别称为碳膜电阻器和金属膜电阻器	碳膜电阻器高频特性好、阻值稳定性较好、成本低，常用在家电产品，金属膜电阻器耐高温性能好、温度系数小、成本高，常用于要求较高的仪器设备电路中
线绕电阻器	在绝缘体上用高电阻率的金属线绕制而成	耐高温、精度高、功率范围大、噪声小，常用于功率要求较大或精度要求高的低频电路中，但电感较大不宜用于高频电路中

　　（2）可变式电阻器。可变式电阻器分为滑线式变阻器和电位器，其中应用最广泛的是电位器。电位器是一种可以人为地将阻值连续调整变化的电阻器，一般具有两个固定端头和一个滑动触头，滑动触头运动使其阻值在标称电阻值范围内变化。在电路中，电位器常用于调节某点的电位。

　　电位器按电阻材料分为合成型（实芯）、合金型（线绕）、薄膜型三大类；按结构可分为单圈、多圈，单联、多联，带开关、不带开关等；按调节方式可分为旋转式、直滑式；按用途可分为普通电位器、精密电位器、功率电位器、微调电位器和专用电位器等。

　　电位器在调节时，根据其阻值随转轴的旋转角度而变化的规律又可分为直线式、对数式、指数式电位器。

　　①直线式电位器。电位器的调节量与阻值的变化量呈线性关系，用字母 X 表示，这种电位器适用于分压、偏流的调整。

　　②对数式电位器。电位器的调节量与阻值的变化量呈对数关系，用字母 D 表示，适用于音响等音调控制电路。

　　③指数式电位器。电位器的调节量与阻值的变化呈指数关系，用字母 Z 表示，适用于收音机、音响等的音量控制电路。

　　2. 电阻器的主要参数

　　电阻器的主要参数有标称阻值、允许误差、额定功率、最大工作电压、温度系数、噪声系数及高频特性等，使用中一般主要考虑标称阻值、误差、额定功率等参数。

　　（1）标称阻值和允许误差。电阻器的标称阻值是指在电阻体上所标注的阻值，电阻器的阻值单位为欧姆，用 Ω 表示。电阻器标称阻值和实测值之间允许的最大偏差范围叫做电阻器的允许误差。通常电阻器允许误差分为三级：Ⅰ级误差为 ±5%；Ⅱ级误差为 ±10%；Ⅲ级误差为 ±20%。为了便于生产和使用，国家规定了标称值系列。常用电阻器按照误差等级分为三个系列，即 E24、E12、E6，分别对应 ±5%，±10%，±20% 三个误差等级（见表 1 – 3 – 2）。这三个系列分别有 24 个、12 个、6 个标称值。高精度电阻器也按误差等级分为三个系列，即 E48、E96、E192，分别对应 ±2%、±1%、±0.5% 三个误差等级。

表 1 – 3 – 2　E24 ~ E6 标称值系列及精度

系　列	允许偏差	标　称　容　量　值												
E24	±5%	1.0	1.1	1.3	1.6	2.0	2.4	3.0	3.6	4.3	5.1	6.2	7.5	9.1
			1.2	1.5	1.8	2.2	2.7	3.3	3.9	4.7	5.6	6.8	8.2	
E12	±10%	1.0	1.2	1.5	1.8	2.2	2.7	3.3	3.9	4.7	5.6	6.8	8.2	
E6	±20%	1.0		1.5		2.2		3.3		4.7		6.8		

　　电阻器的标称阻值为表 1 – 3 – 2 中所列数值的 10^n 倍，其中 n 为正整数、负整数或零，例如以 E24 系列 1.0 标称值为例，电阻器的标称阻值可为 1 Ω、10 Ω、100 Ω、1 kΩ、10 kΩ、1 MΩ、10 MΩ 等，其余各系列以此类推。

　　(2)额定功率。电阻器通过电流时，会将电能转化为热能，温度过高会损坏电阻器，额定功率是指电阻器长期连续工作而不改变性能的允许功率。电阻器一般有两种标志方法，一是 2W 以上的电阻，直接用数字印在电阻体上；二是 2W 以下的电阻，以自身体积大小来表示功率。在电路图上表示电阻功率时，采用的符号如图 1 – 3 – 1 所示。

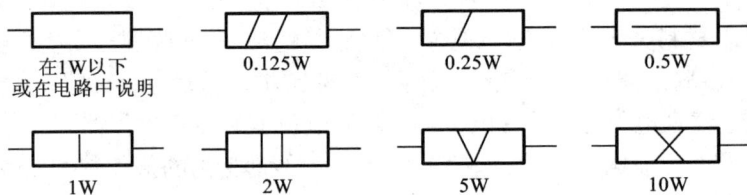

图 1 – 3 – 1　电阻的功率表示

3. 电阻器的型号命名法

国产电阻器由三部分或四部分组成。

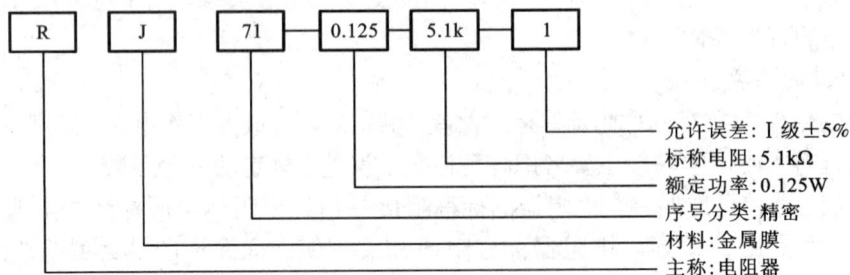

图 1 – 3 – 2　电阻器的型号命名

表 1 - 3 - 3　电阻器型号表示意义

主　　称		导 体 材 料		分　　类			
符号	意义	符号	意义	符号	意义	符号	意义
R	电阻器	T	碳　膜	C	超小型	1.2	普　通
W	电位器	H	合成膜	X	小　型	3	超高频
		J	金属膜	L	测　量	4.5	高　阻
		Y	金属氧化膜	J	精　密	7	精　密
		S	有机实芯	G	高功率	8	高　压
		N	无机实芯	T	可　调	10	卧　式
		I	玻璃釉膜			11	立　式
		X	线　绕			12	无感式

第一部分：由三个分类组成，用字母表示产品的主称、导体材料、分类以及序号。个别分类也有用数字表示的，参见表 1 - 3 - 3。

第二部分：用数字表示额定功率的大小，单位为 W。

第三部分：表示标称阻值的大小，单位为 Ω。

第四部分：表示允许误差的大小。

4. 标称阻值和允许误差的标注方法

（1）直标法。直标法是将电阻的阻值和误差直接用数字或字母印在电阻上，如图 1 - 3 - 3 所示。若电阻值表面未标出其允许偏差则表示允许偏差为 ±20%，未标出阻值单位则其单位为欧姆。

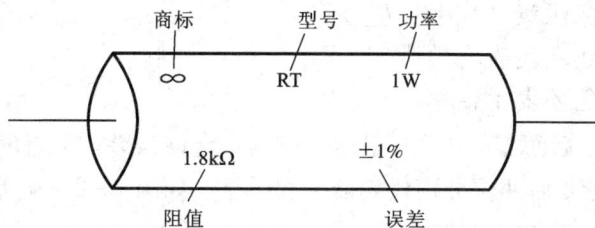

图 1 - 3 - 3　电阻的直标法

（2）文字符号法。文字符号法是用阿拉伯数字和文字符号两者有规律的组合表示标称阻值和允许误差。阻值单位用文字符号表示，即 R、K、M、G、T 分别表示欧姆、千欧、兆欧、吉欧姆、太欧姆。阻值的整数部分写在阻值单位标志符号前面，阻值的小数部分写在阻值单位标志符号后面；阻值单位、符号位置代表标称阻值有效数字中小数点所在位置；允许误差一般用 J、K、M 表示，其对应的误差等级为 ±5%、±10%、±20%。如用文字符号法标注的 1R5J，表示电阻值为 1.5 Ω，允许误差为 ±5%；2K7M 表示阻值为 2.7 kΩ，允许误差为 ±20%；5K1K 表示阻值为 5.1 kΩ，允许误差为 ±10%。

（3）数码法。数码法用三位阿拉伯数字表示，前两位表示阻值的有效数值，第三位数表示有效数值后面零的个数，单位为欧姆。其允许误差通常用文字符号表示。当阻值小于 10 Ω 时，以"×R×"表示，将 R 看作小数点。如 102 表示该电阻的阻值为 10×10^2 Ω，510 表示 51 Ω，6R8 表示 6.8 Ω。

（4）色标法。色标法是用不同颜色的色带或点在电阻器表面标出标称阻值和偏差值。其颜色规定见表 1 - 3 - 4。

表 1 - 3 - 4　色标的表示意义

颜色	有效数字	乘数	允许偏差(%)	颜色	有效数字	乘数	允许偏差(%)
棕色	1	10^1	±1	灰色	8	10^8	—
红色	2	10^2	±2	白色	9	10^9	+50 ~ -20
橙色	3	10^3	—	黑色	0	10^0	—
黄色	4	10^4	—	银色	—	10^{-2}	±10
绿色	5	10^5	±0.5	金色	—	10^{-1}	±5
蓝色	6	10^6	±0.2	无色	—	—	±20
紫色	7	10^7	±0.1				

　　色标法分为 4 圈色环表示法和 5 圈色环表示法。4 圈色环法一般用于标注系列中的 E6、E12、E24 电阻器。五圈色环法一般用于 E48、E96、E192 系列电阻器。4 圈色环标注意义如下：左边前两位数字代表有效数字，第三位色环表示倍率，即有效

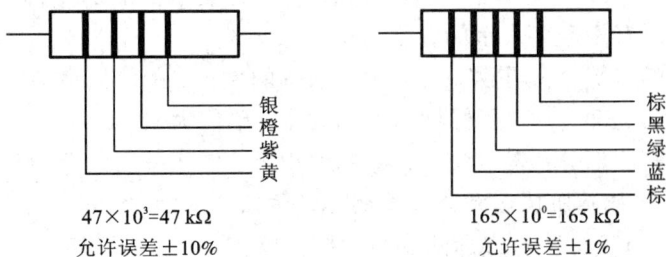

$47 \times 10^3 = 47 \text{ k}\Omega$
允许误差±10%

$165 \times 10^0 = 165 \text{ k}\Omega$
允许误差±1%

图 1 - 3 - 4　电阻器的色环法表示

值数字后面零的个数，最后一位表示允许误差。5 圈色环标注意义如下：左边前三位代表有效数字，后两位分别代表倍率和误差。如图 1 - 3 - 4 所示。

　　5. 电阻器的测试

　　(1)电阻器的测量。测量电阻器的方法很多，可以用万用表的欧姆挡以及电阻电桥直接测量，也可采用间接测量法，即先通过测量电阻器两端的电压 U 以及流过电阻器的电流 I，然后根据欧姆定律 $R = U/I$，求出电阻值。当测量精度要求不高时，可直接用万用表的欧姆挡测量，见图 1 - 2 - 2。当测量精度要求较高时，通常采用电阻电桥来测量电阻，读者可自行查阅电阻电桥的使用。

　　(2)电位器的检测。

　　①直观检查。首先转动旋柄，看看旋柄是否平滑，开关是否灵活，听听开关触点弹动发生的响声是否清脆以及电位器内部接触点和电阻体摩擦的声音。如有"沙沙"声，说明质量不好。

　　②测量电位器的标称电阻。用万用表的"Ω"挡测量电位器的两个固定端电阻，并与标称值进行核对。如果万用表测量时表针不动或阻值相差很多，说明电位器已损坏；如果表针跳动，说明电位器内部接触不良。

　　③检测电位器的活动臂与电阻片的接触是否良好。用万用表的红、黑表笔分别接在电位

器的滑动端与固定端之间，移动滑动端，阻值应从最小值到最大值之间连续变化。测量中最小值越小，最大值越接近标称值，万用表指针越平稳移动，说明电位器质量越好。

④测试开关。对带开关的电位器，还应检查开关部分。当开关接通时，用万用表"$R \times 1$"挡检测，阻值应为零或接近于零；当开关断开时，用万用表"$R \times 10 \text{ k}$"挡检测，阻值应为∞。

6. 电阻器的选用

（1）普通电阻器的选用。

①型号的选取。通用型电阻器种类多，规格齐全，价格便宜，作为民用或一般用途应优先选用通用型电阻器。

②主要参数的选择。电阻器的主要参数是指电阻器的标称电阻和额定功率。电阻值应根据电路实际需要选择系列表中近似的标称值。所选用电阻器的额定功率值应高于电路工作中实际值的 $0.5 \sim 1$ 倍。

③不同温度特性的电阻器的选用。电阻器的温度特性直接影响电路工作的稳定性。实际应用中，应考虑温度系数对电路工作的影响。同时根据电路特点来选择不同温度特性的电阻器。

④高频电路中电阻器的选用。应选用分布参数小的电阻器，如碳膜电阻器、金属膜电阻器以及分布参数很小的非线绕电阻器，不宜选用分布参数大的线绕电阻器。

（2）电位器的选用。

①根据使用要求不同选用不同类型的电位器。在普通电子仪表或电路中做一般调节时，应优先采用碳膜电位器，其特点是种类型号多，阻值范围广，价格便宜，以及分辨率高，耐磨性好，但稳定性差。要求不高的场合可选用这种电位器。

②根据电路对参数的要求选用电位器。

1.3.2　电容器

电容器是组成电子电路的基本元件，在电路中的使用频率仅次于电阻器。利用电容器隔直流、通交流的能力以及电容器充放电特性，可以用来隔直流、耦合交流、旁路交流以及组成定时电路、滤波电路、锯齿波产生电路等。

1. 电容器的分类

（1）按结构分类。

①固定电容器。固定电容器是指电容器一经制成后，其电容量不再改变的电容器。固定电容器有无极性电容器和有极性电容器两种。无极性电容器是指电容的两个金属电极没有正负极之分，使用时可交换连接，而有极性电容器的两极分正负极，使用时一定要将正极接电路的高电位，负极接电路的低电位，否则会损坏电容器。

②微调电容器（半可调电容器）。微调电容器是电容量较小的圆片形电容器。常以空气、云母或陶瓷作为介质，一个圆片是固定的，另一个圆片可移动，使得电容器容量可在小范围内变化。调节范围为几十 pF，在电路中主要用作补偿和校正。

③可调电容器。可调电容器的电容量在一定范围内可调节，通常调节范围为几百 pF。可调电容器种类很多，按结构可分为"单联"和"双联"。可调电容器一般由若干片形状相同的金属片分别连接成一组定片和一组动片，动片可以通过转轴转动，以改变动片插入定片的面积，从而使电容器容量可在一定范围内连续变化。定片和动片间一般使用空气、有机薄膜

作介质。其中空气介质电容器损耗小，使用寿命长，电性能好，但体积大。由固体构成的电容器体积小，但使用寿命短，这种电容器常用于调节电路中。

（2）按电容器介质材料分类。常见的电容器按其介质的不同，有纸介电容器、油浸纸介电容器、瓷介电容器、金属化纸介电容器、聚苯乙稀电容器、云母电容器、铝电解电容器、钽铌电解电容器。

几种常用的电容器的性能特点如表 1 – 3 – 5 所示。

表 1 – 3 – 5　常用的电容器的特点

种　类	特　　　点	用　　途
纸介电容器	用两个金属箔作电极，用浸蜡的纸作介质。其体积小，电容量大，成本低，但稳定性差，损耗大	广泛应用于无线电，家电，不宜在高频电路中使用
油浸纸介电容器	将纸介电容器浸在变压器油中，提高耐压值，其电容量大，体积大	
金属化纸介电容器	在电容纸上覆上一层金属膜代替金属箔，其性能类似于纸介电容器，但体积小，内部纸介质击穿后有自愈作用	
瓷介电容器	用高介电常数低损耗的陶瓷材料作介质，其体积小，损耗小，耐热性、绝缘性好，但机械强度差	适用于高频、高压、旁路和耦合电路
聚苯乙烯电容器	用聚苯乙烯作介质，其体积小，耐压高，绝缘电阻大，稳定性好，损耗小，但耐热性差	应用广泛，如谐振回路、滤波和耦合回路等
云母电容器	用云母作介质，其绝缘电阻大，稳定性好，精度高，但体积大，容量小	适用于高频电路
铝电解电容器	用铝圆筒做负极，里面装有液体电解质，用插入的铝带做正极，氧化膜做介质。其容量大，漏电也大，稳定性差，有正、负极	适用于电源滤波或低频电路中
钽铌电解电容器	用金属钽或者铌做正极，稀硫酸做负极，氧化膜做介质。其体积小，容量大，稳定性好，耐高温，寿命长，绝缘电阻大	较高要求的设备

2. 电容器的主要参数

（1）电容器标称容量和允许误差。标称电容量是指在电容器上标注的电容量，电容器单位为法拉，用 F 表示。我国固定电容器标称电容量系列为 E24、E12、E6 系列。电容器的标称值为表 1 – 3 – 2 中所列值的 10^n 倍，n 为正整数、负整数或零。电容器实际电容量对于标称电容量的最大允许偏差范围称为允许误差。常用的固定电容器的允许误差分为 8 级，Ⅰ级误差为 ±5%；Ⅱ级误差为 ±10%；Ⅲ级误差为 ±20%，而电解电容器误差允许达 +100%、−30%。

（2）额定工作电压。电容器在规定的工作温度下长期可靠工作时所能承受的最高电压，也称为电容器的耐压值。电容在使用时一定不能超过其耐压值，否则就会造成电容器损坏。如果电容器用在交流电路里，则应注意所加的交流电压的最大值不能超过耐压值。额定工作电压的大小与介质的种类和厚度有关。常用固定式电容器的直流工作电压系列为 6.3V、10V、16V、25V、40V、63V、100V、160V、250V 和 400V。电容器的额定工作电压一般都直接标注在电容器表面。部分小型电解电容器额定电压也采用色标法。如用红色表示额定工作电压为 10V，其色标一般标于电容器正极引线的根部。

（3）绝缘电阻。绝缘电阻是指加在电容器上的直流电压与通过它的漏电流之比。它是表示电容器绝缘性能好坏的一个重要参数。其绝缘电阻的大小取决于介质绝缘性能的好坏以及电容器的结构、制造工艺。绝缘电阻越小，说明漏电越严重，电容漏电会引起能量损耗，这不仅影响电容的寿命，而且会影响电路的正常工作，因此，绝缘电阻越大越好。

（4）介质损耗。理想的电容器应该没有能量损耗，但实际上在电容器两端加交流电压时要产生功率损耗，产生损耗的原因是由于电容器绝缘电阻造成的，一般用损耗功率和电容器的无功功率之比即损耗角的正切值 tgδ 来表示，在同等容量、同等工作条件下，损耗角越大，表示电容器的损耗也越大。

3. 电容器的型号命名法

电容器的产品型号由下列四部分组成，如图 1-3-5 所示。

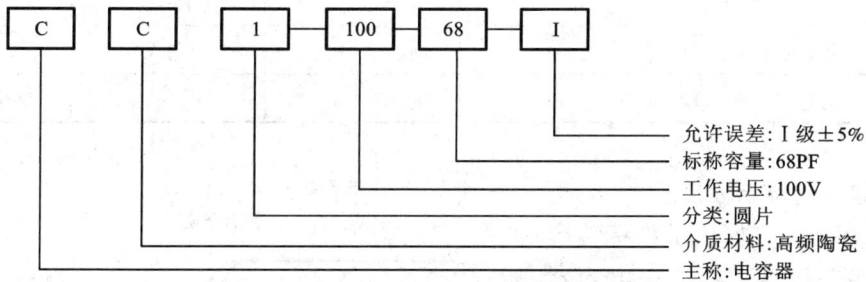

图 1-3-5　电容器的型号命名

第一部分：由三个分类组成，用字母 C 表示电容器主称；用字母表示产品的绝缘介质材料及分类，见表 1-3-6。有部分分类用数码表示。

第二部分：用数字表示额定直流工作电压的大小。

第三部分：表示标称容量的大小。

第四部分：表示偏差的大小。

表 1-3-6　电容器型号中符号的意义

介 质 材 料		分　类				
符号	意　义	符号	意　义			
			瓷介电容器	云母电容器	电解电容器	有机电容器
C	高频陶瓷	1	圆片	非密封	箔式	非密封
T	低频陶瓷	2	管形	非密封	箔式	非密封
Y	云母	3	密封	密封	烧结粉、液体	密封
Z	纸	4	密封	密封	烧结粉、固体	密封
J	金属化纸	5	穿心			穿心
I	玻璃釉	6	支柱			

介 质 材 料		分	类		
符号	意　义	符号	意　义		
			瓷介电容器	云母电容器	电解电容器	有机电容器

符号	意　义	符号	瓷介电容器	云母电容器	电解电容器	有机电容器
L	涤纶薄膜	7			无极式	
B	聚苯乙烯薄膜	8	高压	高压		高压
BB	聚丙烯薄膜	9			特殊	特殊
O	玻璃膜	G	高功率			
Q	漆膜	W	微调			
H	纸膜复合					
D	铝电解	10			卧式	卧式
A	钽电解	11			立式	立式
N	铌电解	12				无感式

4. 电容器的标示方法

（1）直标法。直标法是将标称容量和允许误差值直接标注在电容器上，如图 1 - 3 - 6 所示。有时电容器上不标注单位。其识别的方法为：凡容量大于 1 的无极性的电容器，其容量单位为 pF；凡容量小于 1 的电容器，其容量单位为 μF；凡有极性电容

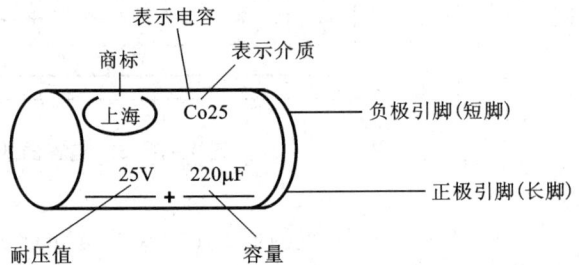

图 1 - 3 - 6　电容器的直标法

器，容量单位是 μF。如 100 表示容量为 100 pF，0.01 表示容量为 0.01 μF，电解电容器如标注 407 表示 4.7 μF。

（2）文字符号法。通常用表示数量的字母 $m(10^{-3})$、$\mu(10^{-6})$、$n(10^{-9})$ 和 $p(10^{-12})$ 加上数字组合表示。一般容量整数部分标注在容量单位标志符号前面，容量小数部分标注在单位标志符号后面。容量单位符号所在位置就是小数点位置，如 4n7 表示 4700 pF，47n 表示 47×10^{-3} μF。若在数字前标注 R 字样，则容量为零点几微法，如 R47 表示容量为 0.47 μF。

（3）数码表示法。一般用三位数字表示电容器容量的大小，其单位为 pF，其中前两位为电容量的有效值数字，第三位表示倍乘数，即乘以 10^i，i 是第三位数字。如 103 表示 10×10^3 pF = 10000 pF = 0.1 μF，223 代表 22×10^3 pF = 220000 pF = 0.22 μF。

（4）色标法。电容器色标法原则与电阻器相同，颜色意义也与电阻器基本相同。颜色涂于电容器一端或从顶部向引线侧排列，色码一般只有三环。前两环为有效数字，第三环为倍率，单位为 pF。

5. 电容器的简易检测

测量电容器的电容量可用电容表或万用表的电容挡。通常情况下，电路对电容量的精度要求不高，因此无需测量实际电容量。一般我们利用万用表的欧姆挡可以简单测量出电容器

优劣情况，粗略地判断其漏电容量衰减或失效的情况。

首先将用万用表置于"$R \times 1$ k"或"$R \times 100$"挡，黑表笔接电容器的正极，红表笔接电容器的负极，在刚接触时，由于此时电容器的充电电流最大，因此万用表表头指针偏转角度最大，随着充电电流减小，指针逐渐向 $R = \infty$ 方向返回，最后稳定。若表针摆动大，且返回慢，返回位置接近 ∞，说明电容器电容量大，且电容量正常；若表针摆动虽大，但返回时，万用表显示的欧姆值较小，说明该电容漏电流较大，漏电电阻相对较小；若表针不动，始终指在 $R = \infty$ 处，则意味着电容器内部断路或已失效；若表针摆动很大接近 $0 \ \Omega$，则表明电容器内部短路。

另外，当需要对电容器再一次测量时，必须将其放电后方可进行。

6. 电容器的选择和使用

（1）选用电容器的原则。

①首先要满足电路对电容器主要参数的要求。一般应根据需要，合理选择标称容量和误差等级。其次选择的电容器的额定工作电压应高于电容器两端实际电压的 1～2 倍。另外优先选用绝缘电阻大，介质损耗小的电容器。注意在选用高频电路的电容器时，还要考虑电容器的频率特性。一般优先选用高频特性好的云母电容器以及某些瓷介电容器。

②根据电路要求选择合适的类型。一般的耦合、旁路，可选用纸介电容器，在电源滤波和退耦电路中，应选用电解电容器；应用在高压环境下的电容器，则云母电容器、高压瓷介电容器符合其要求。

③从电容器的外表面和形状来考虑。不同电容器具有不同的形状。选用时，必须根据安装位置及空间大小来选择电容器的形状。

（2）电容器的使用常识。

①电容器在使用前，必须进行检查。首先检查外观，查看型号、规格、是否表面有损伤等。其次用万用表，检查电容器性能的好坏。

②电解电容器在使用时必须注意极性，正极接高电位，负极接低电位，并且不宜工作在交流电路中，但可在脉动电路中使用。

③使用可调电容器前，可以旋转动片，用欧姆表测量定、动片间是否短路。

1.3.3 电感器

电感器是根据电磁感应原理制成的器件，其用途非常广泛，是电子电路中主要的元件之一，在无线电元件中电感器分为两大类。一类是应用自感作用的线圈，另一类是应用互感作用的变压器。

1. 电感线圈

电感线圈有阻交流、通直流的作用，可以在交流电路中起阻流、降压、负载等作用，与电容器配合可用于调谐、振荡、耦合、滤波、分频等电路中。

电感线圈一般由骨架、绕组、磁芯或铁芯、屏蔽罩、封装材料等组成。一些体积较大的固定式电感器大多是漆包线环绕在骨架上，再将磁芯或铁芯等装入骨架的内腔，以提高其电感量。小型电感器一般不使用骨架，而是直接将漆包线绕在磁芯上。空心电感器不采用磁芯骨架和屏蔽罩等，而是先在模具上绕好再取下模具，并将线圈各圈之间拉开一定距离。

（1）电感线圈的分类。

①按结构分类。电感线圈按结构分类可分为固定电感器和可调电感器。

固定电感器：固定电感器一般是将漆包线或纱包线绕制在磁芯上，用环氧树脂或塑料封装。它具有体积小、重量轻、机械强度高、防潮性能好等优点，可广泛用于滤波、振荡、延迟等电路中，这种电感器的电感量常用直标法和色标法表示，有立式和卧式两种，国产系列分别为 LG$_2$、LG$_1$。工作频率在 10 kHz~200 MHz。

可调电感器：可调电感器是在空芯线圈中插入位置可变的磁芯材料而构成的，当旋动磁芯时，改变了磁芯在线圈中的相对位置，即改变了电感量。可调电感器广泛用于无线电接收设备和高频调谐电路中。

②按磁芯材料分类。电感器按磁芯材料可分为空心电感器、铁芯电感器、磁芯电感器。

③按用途分类。电感器按用途可分为高频扼流圈、低频扼流圈、电视机专用线圈等。高频扼流圈是在空芯线圈中插入磁芯组成，主要用来"通低频，阻高频"。低频扼流圈是在空芯线圈中插入硅钢片等铁芯材料组成，用来"通直流，阻交流"。电视偏转线圈包括行偏转和场偏转线圈，它们均套在显像管的管颈上，用来控制电子束的扫描运动方向。

（2）电感线圈的主要参数。

①电感量及精度。电感线圈的电感量 L，也称为自感系数或自感，是表示线圈自感应能力的物理量，单位是亨，用 H 表示。电感量 L 的大小，主要决定于线圈匝数、线圈直径、绕制方法以及芯子介质材料。电感器标称系列一般按 E12 系列标称。一般固定电感器误差为 Ⅰ级、Ⅱ级、Ⅲ级，分别表示误差为 ±5%、±10%、±20%，振荡线圈精度要求较高，其误差为 ±0.2%~±0.5%。

②线圈的品质因数 Q。线圈的品质因数 Q 也叫优值或 Q 值，是表示线圈质量的重要参数，其大小反映了线圈损耗的大小、质量的高低。线圈的 Q 值与线圈的绕法、线径、股数以及工作频率有关。

③分布电容。由于绝缘的线圈相当于电容器的两极，因此电感上就分布着许多的小电容，称为分布电容。分布电容的存在使线圈的 Q 值减小，稳定性变差。因此应通过各种方法来减小分布电容。

④额定电流。额定电流是指允许通过电感元件的最大电流值。若电路电流大于额定电流，电感器就会发热导致损坏。额定电流大小与绕制线圈的线径粗细有关。国产色码电感器通常在电感器上印制不同的字母来表示额定电流，字母 A、B、C、D、E 分别表示最大工作电流为 10 mA、150 mA、300 mA、700 mA、1600 mA。

（3）电感器的命名方法。电阻器和电容器都是标准元件，电感器除了少数可采用现成产品外，通常为非标准件，需根据电路要求自行设计、制作。

电感器的命名由名称、特征、型号和序号四部分组成，由于各厂家对固定电感器产品型号的命名方法并不统一，使用者需要时要查阅相关资料或向商家咨询。

（4）电感器的标注方法。固定电感线圈的标称电感量可用直标法和色环法表示。色环电感器一般采用四色环标注法，与电阻器色环标注法类似。读者可参考 1.3.1。

（5）电感器的简单测试。相对于电阻器、电容器的测量来说，电感参数的测量比较复杂，一般常用谐振法和交流电桥法。这里仅仅介绍电感器的一般检查。

①外观检查。看线圈引线是否断裂、脱焊，绝缘材料是否烧焦和表面是否破损等。

②使用万用表的欧姆挡简单测量电感。首先将万用表置于"$R \times 1K$"挡，调零后将万用表的红黑表笔任意接电感器的两个引脚。一般电感线圈的直流电阻值很小，大约为零点几欧至几欧，低频扼流圈的电感量大，其线圈圈数相对较多，因此直流电阻相对较大，大约为几百

至几千欧。当万用表表针不动，停在∞上，说明电感器开路；当表针指示电阻很大，表明线圈多股线中有几股断线；当表针指示电阻值为零，说明电感器内部短路。

③绝缘检查。将万用表置于"$R \times 10$ k"挡，测量线圈引线与铁芯或金属屏蔽罩之间的电阻，阻值若为无穷大，说明该电感器绝缘良好，否则说明绝缘不良。

（6）电感线圈的选用。

①按工作频率的要求选择不同材料构成的磁芯线圈。用于音频段的一般是由硅钢片或坡莫合金构成磁芯的线圈。工作在几百千赫到几兆赫之间的线圈一般采用铁氧体芯，并且用多股绝缘线绕制而成。工作在 100 MΩ 以上时一般不能选用铁氧体芯，只能用空芯线圈。

②根据电路的要求选用不同骨架的线圈。因为线圈骨架的材料与线圈的损耗有关，对于要求不高的场合，可选用塑料、胶木和纸做骨架的电感器，对于高频电路的线圈，应选用高频瓷做骨架的电感器。

2. 变压器

（1）变压器概述。变压器主要用来变换电压、电流或阻抗，通常由铁芯（磁芯）绕组、线圈、骨架三部分构成。为了增加磁通量，根据不同用途，铁芯材料选用硅钢片、铁氧体等，绕组主要是采用高强度漆包线、纱包线或扁铜线。

变压器的种类繁多，根据线圈之间的耦合材料不同，可分为空心变压器、磁芯变压器和铁芯变压器。根据用途不同可分为电源变压器、音频变压器、耦合变压器、自耦变压器、隔离变压器及脉冲变压器等。根据工作频率的不同可将其分为低频变压器、中频变压器、高频变压器。

低频变压器的工作频率在几十赫兹至几十千赫兹之间，主要用来传送信号的电压和功率，还可实现电路间的阻抗匹配，隔离直流。包括电源变压器、收音机中的输入输出变压器、级间耦合变压器等。

中频变压器也称"中周"，与电容器组成谐振回路，共同调谐于一个频率，在超外差式收音机和电视机中使用。

高频变压器一般在收音机和电视机中用作阻抗变换器，如收音机的天线线圈。

（2）变压器的一般检测。

①直观检测。观察线圈有无断裂、烧焦，可变磁芯是否断裂、松动等。

②检测线圈。将万用表置于"$R \times 1$ k"挡，测量各绕组线圈，如果测得 R 为∞，说明线圈内部断路；如果测得 R 为 0，说明线圈内部短路。

③测量线圈与外壳之间的绝缘电阻。将万用表置于"$R \times 1$ k"或"$R \times 10$ k"挡，分别测量每个绕组线圈与外壳之间的绝缘电阻。若测得 R 很小，说明变压器内部引线碰壳，不能使用。

④测量线圈间绝缘电阻。将万用表置于"$R \times 1$ k"或"$R \times 10$ k"挡，测量每个线圈之间的绝缘电阻，正常情况下测得 R 应为∞，否则说明变压器内部短路，不能使用。

1.3.4　半导体二极管

半导体二极管也称晶体二极管，简称二极管，是组成分立元件电子电路的核心元件之一。二极管具有单向导电性，可用于整流、检波、稳压、混频等电路中。

1. 二极管的型号命名法

根据国标 GB249-74，国产半导体分立器件由 5 部分组成，前 3 个部分的符号意义见表 1-3-7。第四部分用数字表示器件序号，第 5 部分用汉语拼音表示规格号，如图 1-3-7 所示。

表1-3-7　国产半导体分立器件命名

第一部分		第二部分		第三部分			
用数字表示器件的电极数目		用汉语拼音字母表示器件的材料与极性		用汉语拼音字母表示器件的类型			
符号	意义	符号	意义	符号	意义	符号	意义
2	二极管	A	N型,锗材料	P	普通管	S	隧道管
		B	P型,锗材料	Z	整流管	U	光电管
		C	N型,硅材料	L	整流管	N	阻尼管
		D	P型,硅材料	W	稳压管	Y	体效应管
		E	化合物	K	开关管	EF	发光管

二极管按材料可分为锗管和硅管两大类。硅管正向压降比锗管大,(硅管为0.5 V~0.8 V,锗管为0.2 V),反向漏电流比锗管小(硅管小于1 μA,锗管约为几百 μA),硅管的PN结承受的温度比锗管高(硅管约为200℃,锗管约为100℃)。

（1）按结构分类。二极管按结构分为点接触型和面接触型。面接触型能通过较大的电流,但电容较大,点接触型则相反。因此面接触型主要用于开关管,工作频率较低。点接触型二极管主要用于小电流的整流和高频时的检波、混频等。

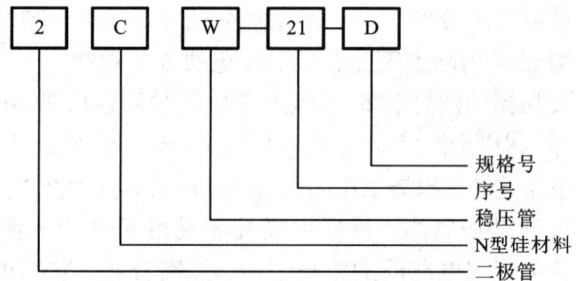

图1-3-7　二极管的型号命名

（2）按用途分类。二极管按其用途不同可分为整流二极管、检波二极管、稳压二极管、开关二极管、变容二极管、发光二极管、光电二极管等。常用的二极管的特性见表1-3-8所示。

表1-3-8　常用的二极管的特点

名称	原理	用途
整流二极管	利用PN结的单向导电性,采用面接触型	整流
检波二极管	利用PN结伏安特性的非线性将调制在高频信号上的低频信号分离出来	检波、鉴频、限幅
稳压二极管	利用二极管反向击穿时两端电压基本保持不变的特性。一般工作在反向击穿区,使用时要串接电阻	稳压
开关二极管	利用二极管的单向导电性	电子开关
发光二极管	使用了特殊材料,二极管在正向导通时会发光,能把电能转化为光能,正向导通电压降为1.2~2.5 V	用于显示电路,可构成 LED 数码管
光电二极管	工作在反向偏置状态,有光照时其反向电流随光照强度的增加而上升,将电信号转换为光信号	用于测量电路
变容二极管	利用PN结电容随外加反向电压的改变而变化的特性	在高频调谐电路中作可变电容器

2. 二极管的极性识别

(1)观察外壳上的符号标记。如图 1－3－8(a)所示,通常在二极管的外壳上标有二极管的符号。标记箭头所指的方向为负极。

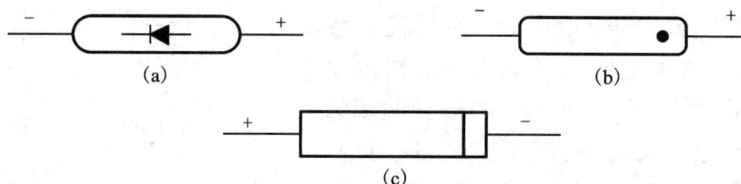

图 1－3－8　二极管极性判别

(2)观察外壳上的色点。如图 1－3－8(b)所示,在点接触二极管的外壳上,通常标有极性色点,一般标有色点的一端即为正极,还有的二极管上标有色环,带色环一端为负极,如图 1－3－8(c)所示。

(3)观察玻璃壳内触针。如果是透明玻璃壳二极管,可以直接看出极性,有金属触针的一端就是正极。

(4)观察引线长短。发光二极管在出厂时,一根引线做得比另一根引线长,通常较长的引线表示正极,另一根表示负极。

3. 二极管的检测

(1)极性的判断和质量好坏的鉴别。如图 1－3－9 所示,将万用表置于"$R×100$"或"$R×1$ k"挡,先用红、黑表笔任意测量二极管两端之间的电阻值,然后交换表笔再测量一次。若两次指示的阻值相差很大,说明该二极管单向导电性好,并且阻值大(几百千欧以上)的那支红笔所接为二极管的正极。若测得的正向电阻太大或反向电阻太小,都表明二极管检波与整流效率不高;若测得正、反向电阻都很大,说明二极管的内部断路。若测得正、反向电阻较小,则表明二极管已经击穿。

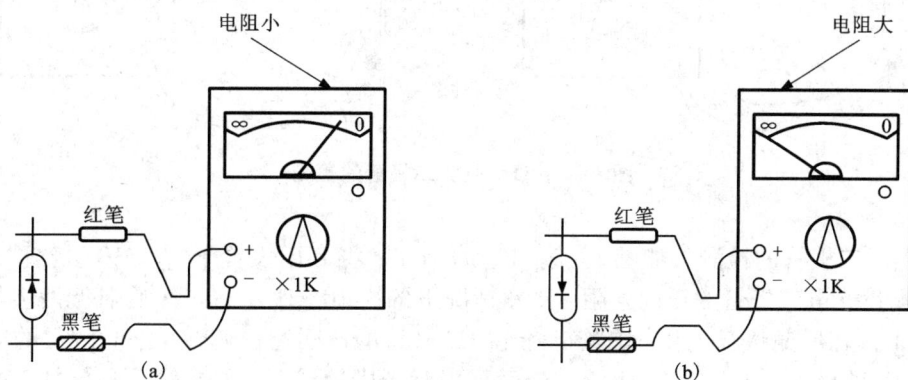

图 1－3－9　二极管的极性判断

注意对一般小功率管使用"$R×1$ k"挡,而不宜使用"$R×1$"和"$R×10$ k"挡,"$R×1$"挡由于电表内阻最小，测试时，通过二极管的正向电流较大，可能烧坏管子；"$R\times10\ k$"挡由于电表电池的电压较高，加在二极管两端的反向电压也较高，容易击穿管子。对于大功率管，可选"$R\times1$"挡。

（2）稳压二极管稳压值的测量。实验电路如图1 -3-10所示。先使R_W的阻值最大，然后慢慢减小R_W的数值，同时，观察电流表和电压表的指示变化情况。当R_W由最大值逐渐减小时，二极管两端的电压开始时是慢慢增加，而通过的电流却很小，且基本不变；当R_W的数值减小到一定程度时，通过的电流突然增大，而电压表两端的电压却突然下降，且以后基本维持不变。这种现象说明稳压管已进入击穿状态，电压表的读数即为该管的实际稳压值。

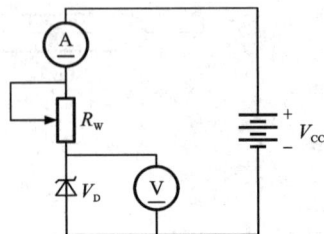

图1-3-10　稳压二极管的检测

（3）发光二极管的检测。检测发光二极管的方法与普通二极管基本相同，测量电路如图1-3-11所示。因为发光二极管的管压降为2 V左右，而万用表"$R\times1\ k$"挡及其以下各电阻挡表内电池仅为1.5 V，低于管压降，无论加正向或反向偏置，发光二极管都不可能导通，也就无法检测，所以必须使用具有高压电池的"$R\times10\ k$"挡。如果发光二极管是正向偏置状态，可以观察到发光二极管有发光亮点，且万用表电阻挡电阻值较小；如果发光二极管是反向偏置状态，可以观察到万用表测得的电阻值大，且发光二极管无发光现象。如果无论正向接入还是反向接入，万用表指针都偏转到头或都不动，说明该发光二极管已损坏。

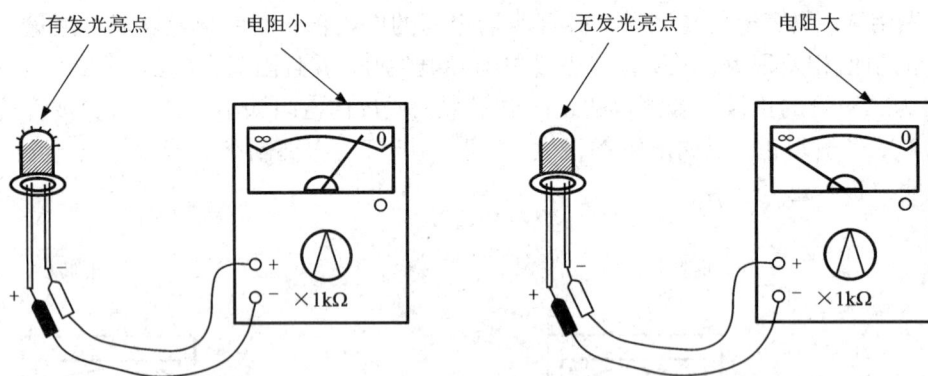

图1-3-11　发光二极管的检测

（4）光电二极管的检测。如图1-3-12(a)所示，将万用表置于"$R\times10$"挡或"$R\times1\ k$"挡，首先测量光电二极管的正向电阻，正常情况下约为10 kΩ左右。然后对调两表笔，使光电二极管工作在反偏状态，用一块黑布将光电二极管的透明窗口遮住，这时测得的电阻应接近于无穷大，如图1-3-12(b)所示。最后移去遮光用的黑布，如果管子是好的，这时表针应向右偏转至几千欧处，如图1-3-12(c)所示。光线越强，电阻应越小。若正反向电阻都是无穷大或零，说明管子已损坏。

4．二极管的选用

（1）类型选择。按照用途选择二极管的类型。如作整流，可以选择整流二极管或面接触

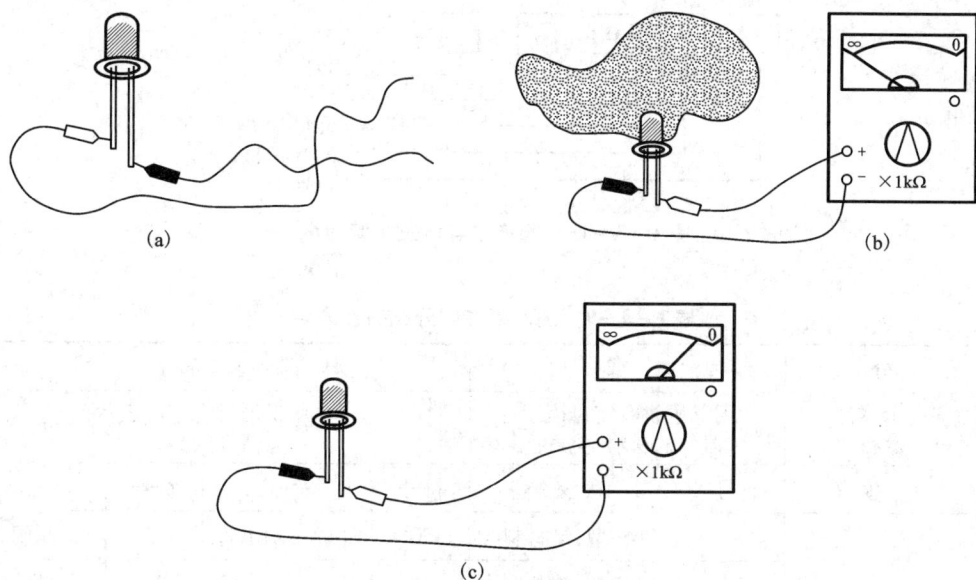

图 1 - 3 - 12　光电二极管的检测

型普通二极管；如用作显示可选用发光二极管，对于直流稳压电源等稳压电路就要选用稳压管。

（2）参数选择。要选好二极管的各项主要技术参数符合电路要求。比如整流二极管使用时主要考虑 I_F 和 U_{RM} 两个参数，使用时应适当留有余量。

（3）材料选择。要求反向电压高，耐高压的选择硅管；要求反向电流小的选择硅管；要求正向压降小的选锗管。

（4）选用合适的外形尺寸和封装形式。选择二极管时还要根据使用条件选择不同外形尺寸和封装形式的二极管。

1.3.5　半导体三极管

半导体三极管又称晶体管三极管，或称双极型晶体管，通常简称为晶体管。可用来对微弱信号放大和作无触点开关，是组成分立元件电子电路的核心器件，广泛应用于各个领域中。

1. 三极管的分类

（1）按材料分类。三极管按材料分为硅管、锗管。

（2）按导电类型分类。三极管按导电类型分为 PNP 型和 NPN 型，硅三极管多为 NPN 型，锗三极管多为 PNP 型。

（3）按功率分类。三极管按功率分为小功率管、中功率管、大功率管（$P_{CM} > 1$ W）。

（4）按工作频率分类。三极管按工作频率可分为高频管、低频管（3 MHz 以下）。

2. 半导体三极管的型号命名法

国产半导体三极管型号由 5 个部分组成，前 3 个部分的符号意义见表 1 - 3 - 9。第 4 部分用数字表示器件序号，第 5 部分用汉语拼音字母表示规格号，如图 1 - 3 - 13 所示。

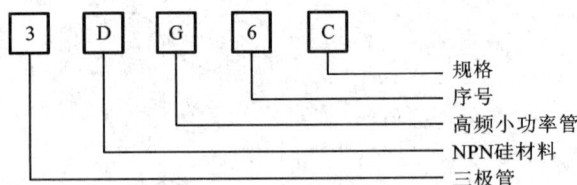

图1-3-13　国产半导体三极管命名

表1-3-9　国产半导体分立器件命名

第一部分		第二部分		第三部分			
用数字表示器件的电极数目		用汉语拼音字母表示器件的材料与极性		用汉语拼音字母表示器件的类型			
符号	意义	符号	意义	符号	意义	符号	意义
3	三极管	A	PNP 型,锗材料	X	低频小功率管	T	晶闸管
		B	NPN 型,锗材料	D	低频大功率管	V	微波管
		C	PNP 型,硅材料	G	高频小功率管	B	雪崩管
		D	NPN 型,硅材料	A	高频大功率管	J	阶跃恢复管
		E	化合物	K	开关管	U	光电管
				CS	场效应管	BT	特殊器件
				FH	复合管	JG	激光器件

注:场效应管、半导体特殊器件、复合管、PIN 型管、激光器件的命名只有第三、四、五部分。

3. 常用半导体三极管的外形识别

(1)小功率晶体三极管外形电极识别。对于小功率晶体三极管来说,有金属外壳和塑料外壳封装两种。将金属管壳的管底朝上,其管脚一般是呈等腰三角形排列,并偏向一边。如果管壳上带有定位销,那么等腰三角形的顶点是基极,管帽边有定位销标志的是发射极,另一边是集电极。e、b、c 从定位销起按顺时针方向排列。如果管壳上带有红色点标记,那么等腰三角形的顶点是基极,有红色点的一边是集电极,另一边为发射极。如果管壳上有红色、白色、绿色标记,那么顶点与壳体上的红色标记相对应的为集电极,与白点相对应的是基极,与绿点相对应的为发射极。有些四个管脚的晶体管,管壳带有凸缘,可将管脚朝向自己,则从管壳凸缘开始顺时针方向排列的依次为发射极、基极、集电极以及与地相连屏蔽极。如图1-3-14所示。塑料外壳封装的三极管其管脚排列一般是直线。如果管脚距离相等,则靠近管壳红点的为发射极,中间为基极,另一个是集电极。如果管脚距离不相等,则距离较近的两脚之中,靠近管壳的那一脚为发射极,中间的为基极,另一个是集电极。对塑封三极管,可将剖去一个平面或去掉一角的标记朝向自己,则从左到右依次为发射极、基极、集电极。如图1-3-15。

(2)大功率晶体三极管外形电极识别。对于大功率晶体三极管,外形一般分为 F 型和 G 型两种。F 型管从外形上只能看到两根电极,将管脚底面朝上,两个电极管脚置于左侧,上

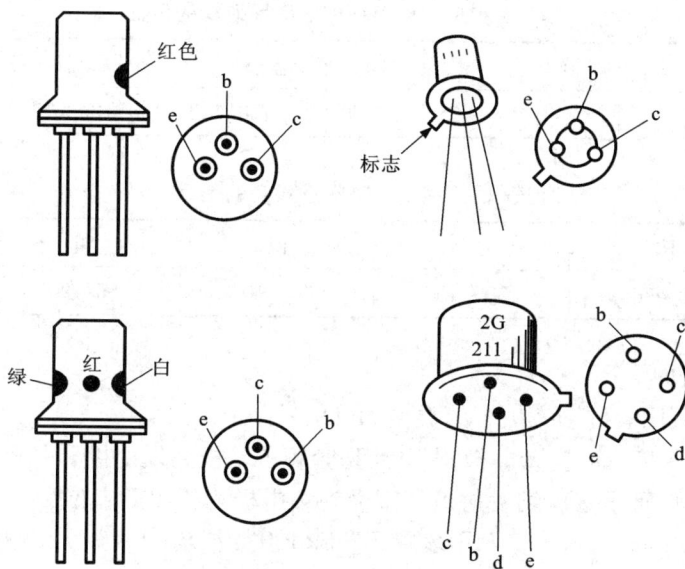

图 1 - 3 - 14　金属外壳三极管引脚识别

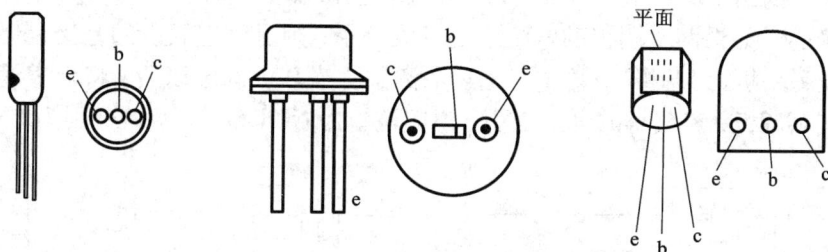

图 1 - 3 - 15　塑料外壳三极管引脚识别

面为 e 极,下为 b 极,底座为 c 极,如图 1 - 3 - 16 所示。G 型管有三个电极,将管底面对自己,三根电极中单独一根的置于左方,从最下电极起,顺时针方向,依次为 e、b、c。

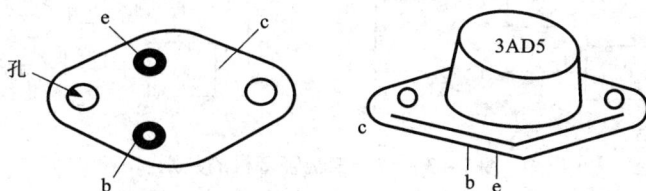

图 1 - 3 - 16　大功率晶体三极管外形电极识别

4. 三极管放大倍数的识别

通常三极管的外壳会有不同的色标来表明该三极管放大倍数所处的范围。硅、锗开关管,高低频小功率管、硅低频大功率管 D 系列、DD 系列、3CD 系列的标记见表 1 - 3 - 10,锗低频大功率 3AD 系列的标记见表 1 - 3 - 11。

表1-3-10　D、3D 和 3CD 系列 β 的色标

色标	棕	红	橙	黄	绿	蓝	紫	灰	白	黑
β	0~15	15~25	25~40	40~55	55~80	80~120	120~180	180~270	270~400	400~600

表1-3-11　3AD 系列 β 的色标

色标	棕	红	橙	黄	绿
β	20~30	30~40	40~60	60~90	90~140

5．三极管的检测

（1）用指针式万用表判别三极管的类型和管脚

①判断 b 极和三极管的类型。根据 NPN 型管管子基极到发射极和基极到集电极均为 PN 结的正向，而 PNP 型管子基极到发射极和基极到集电极均为 PN 结的反向，首先判断出管子的基极。如图1-3-17所示。将万用表置于"$R\times100$"或"$R\times1$ k"挡，先假设三极管的某极为"基极"，将黑表笔接在假设的基极，然后将红表笔分别接到其余的两个电极上，如果测得的电阻值两次都很大（或很小），则假设可能是正确的，再将红表笔接到假设的基极上，黑表笔分别接到其余的两个电极上，如果测得的电阻值两次都很小（或很大），则可以以确定假定的基极是正确的。如果两次测得的电阻值是一大一小，则可肯定假设的基极是错误的，这时必须重新假设另一极为"基极"，再重复上述的测试。当基极确定以后，将黑表笔接基极，红表笔任意接其余两极，若测得的电阻很小，说明该管为 NPN 型管，反之，则为 PNP 型管。

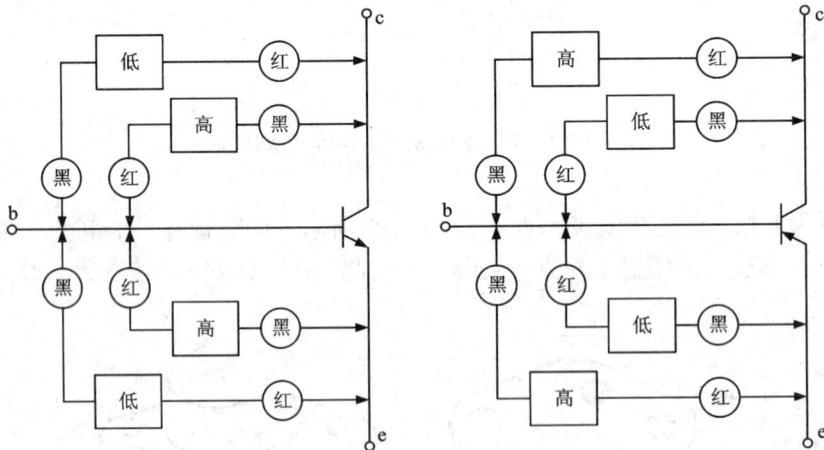

图1-3-17　三极管基极的判别

②判断 c 和 e 极。以 NPN 型为例。确定基极后，假定其余的两极中的一个是集电极 c，将黑表笔接到此极上，红表笔接到假定的发射极 e 上。用手指把假定的集电极 c 和已测出的基极 b 捏住（b、c 不能相碰），通过人体，相当于在 b、c 之间接入偏置电阻，如图1-3-18（a）所示，观察表针偏转角度。然后将两表笔反接重测，观察表针偏转角度，比较两次指针偏转的大小，若前者指针偏转较大，说明前者的假设是正确的，那么黑表笔接的电极是集电极 c，剩下的另一极便是发射极 e。指针偏转角度大说明通过万用表的电流大，I_c 大，偏置正常，

其等效电路如图 1 – 3 – 18(b)所示，图中 U_{CC} 是表内电阻挡提供的电池，R_g 为表内电阻，R 为人体电阻。

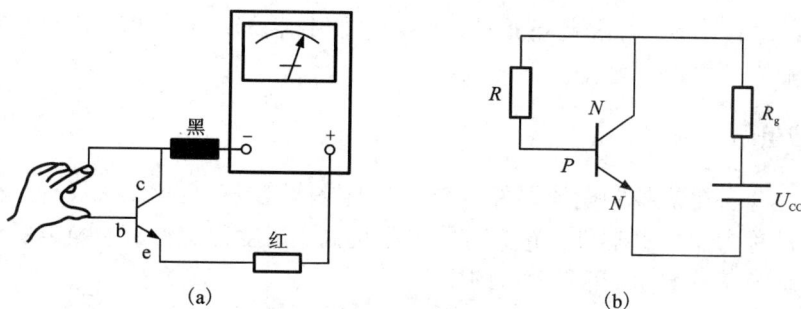

图 1 – 3 – 18　三极管集电极的判别

若需要判别 PNP 型三极管，仍用上述方法，但必须把红表笔接到假设的集电极 c 上。注意利用万用表检测小功率三极管和大功率三极管方法相同，但大功率三极管要使用万用表的"$R \times$ 1"挡。

如果万用表有三极管 h_{FE} 挡，确定基极后，根据三极管类型，将 c、e 极作两次假定后分别插入相应类型的万用表 h_{FE} 插孔，测量两次放大倍数，则测得放大倍数大的一次假设正确。

（2）测量三极管的穿透电流 I_{CE0}。将基极开路，万用表黑表笔接集电极 c、红表笔接发射极 e（PNP 管相反），测量 c、e 极间的电阻，若阻值较高（几十 kΩ 以上），则表明穿透电流较小，管子能正常工作；若此时的电阻值较小，则表明 I_{CE0} 较大，管子工作不稳定。若测得阻值接近 0，表明管子已被击穿，若阻值为无穷大，则说明管子内部已断路。

在测量三极管的 I_{CE0} 的过程中，还可以同时判断一下管子的稳定性。测量时，用手捏住管壳约 1 分钟左右，观察万用表指针向右偏移的情况，指针向右漂移摆动速度越快，说明管子的稳定性越差，通常在稳定性要求较高的电路中不能使用此类管子。

（3）直流放大倍数 β 的测量。以 NPN 管为例，万用表置于"$R \times 1$ k"挡，红表笔接发射极 e，黑表笔接集电极 c，基极开路，观察此时万用表的指针偏转角度，然后在集电极 c 和基极 b 之间接入 100 kΩ 的电阻 R_b，此时，万用表的指针应向右偏转，偏转的角度越大，说明被测管的放大倍数 β 越大，如果接上电阻 R 以后指针向右摆动幅度不大或者就停在原地不动，则表明管子的放大能力很差或已经被损坏。R_b 也可以利用人体电阻，即用手捏住 c、b 两端子来代替电阻 R（c、b 不能相碰）。

上述方法简单易行，但不能测出 β 的具体数值，只能估测 β 的大小。一般的数字万用表或某些指针式万用表具备测试 β 的功能。将三极管插入测试孔，即可得到 β 的数值。

6. 三极管的选用

（1）类型的选择。根据具体电路要求，选用不同类型三极管。比如电视机的高放和变频电路要求噪声少，应选用噪声系数小的高频三极管，如 3DG100C 型三极管。在低频功率放大电路中，应选用低频大功率管或低频小功率管，如 3DD205 型管。在开关稳压电路中可选用功率复合管。

（2）参数的选择。要选好三极管的各项主要技术参数符合电路的要求。对放大管，通常

必须考虑四个参数 β、$U_{(BR)CEO}$、I_{CM} 和 P_{CM}。一般希望 β 大，并不是 β 越大越好。β 值太大，易引起自激，电路工作不稳定，通常 β 取值在 40～100 之间。对于不同用途的三极管，要注意的参数还有特征频率、反向电流、开关速度等参数。

（3）选用合适的外形尺寸和封装形式。一般金属封装的尺寸大些，价格也贵，而塑封型管外形小巧，价格又便宜。

1.3.6　场效应管

场效应管是一种电压控制电流器件。与一般半导体三极管相比，它只有一种载流子参与导电，所以又被称为单极型器件，它具有输入阻抗高、温度稳定性好、噪声低和抗辐射能力强等特点，适用于高灵敏度、低噪声电路中。

1. 场效应管的分类

（1）按结构方式分类。场效应管按结构方式分为结型场效应管和绝缘栅型场效应管，绝缘栅型场效应管，通常简称 MOS 管。结型场效应管是利用导电沟道之间耗尽区的宽窄来控制电流的。绝缘栅型场效应管是利用感应电荷的多少来控制导电沟道的宽窄，从而来控制电流大小的。

（2）按工作方式分类。场效应管按工作方式分为耗尽型和增强型，耗尽型是指栅偏压为零时，场效应管内已存在沟道，而增强型是只有栅压达到一定值时，才出现沟道。结型场效应管只有耗尽型，而绝缘栅型场效应管则包括增强型和耗尽型两种工作方式。

图 1-3-19　场效应管的型号命名

（3）按导电沟道分类。场效应管按导电沟道分为 N 沟道和 P 沟道两种。

2. 场效应管的型号命名法

场效应管的型号命名见表 1-3-9。示例如图 1-3-19。

3. 场效应管的测试

（1）判别结型场效应管的电极和沟道类型。结型场效应管的栅极 G 与源极 S、栅极 G 与漏极 D 之间各有一个 PN 结，栅极对源极和漏极呈对称结构。根据 PN 结的正、反向电阻不同的特点，可以判别出结型场效应管的三个电极。具体测试方法如图 1-3-20 所示。将万用表置于"$R\times1k$"挡上，用黑表笔任意接触一个电极，另一只表笔依次去接触另外两极，测其电阻值。如果两次测得的电阻值近似相等时，则黑表笔所接触的电极为栅极，其余两电极分别为漏极和源极。若两次测出的电阻值均很低，说明所测的是 PN 结的正向电阻，可以判定是 N 沟道的场效应管，且黑表笔接的是栅极；若两次测出的电阻值均很大，说明是 PN 结的反向电阻，可以判定是 P 沟道的场效应管，且黑表笔接的也是栅极。

由于结型场效应管的源极 S 和漏极 D 在结构上具有对称性，一般可以互换使用。当用万用表测量源极 S 和漏极 D 之间的电阻值时，正反向电阻均相同，且为几千欧姆。根据这个特点也可以先判别出源极和漏极，再得出栅极。具体测试方法是将万用表置于"$R\times1k$"挡上，任选两个电极，分别测出其正、反向电阻，当某两个电极的正反向电阻相等，且为几千欧姆时，则该两个电极分别是漏极 D 和源极 S，剩下的电极是栅极 G。

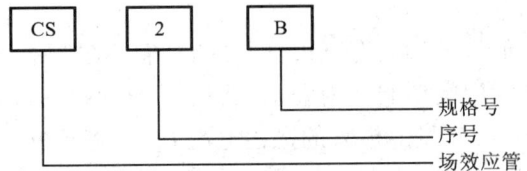

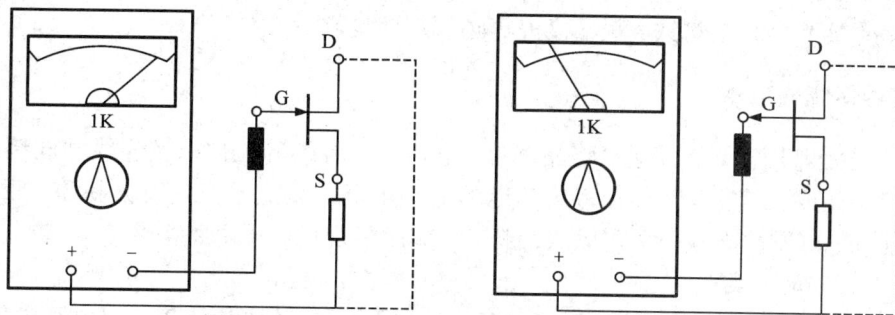

图 1 - 3 - 20　判别结型场效应管的电极和沟道类型

（2）估测场效应管的放大能力。将万用表置于"$R \times 100$"挡，红表笔接源极 S，黑表笔接漏极 D（P 沟道与之相反）给场效应管加上大约 1.5 V 的电源电压，此时表针指示出漏源极间电阻。然后用手捏住结型场效应管的栅极 G，将人体的感应电压信号加到栅极上，这样由于场效应管的放大作用，漏源电压 U_{DS} 和漏极电流 I_D 都要发生变化，漏源电阻也相应发生了变化，由此可以观察到表针有摆动。若放大能力强，表针摆动幅度大；若摆动较小，说明管子的放大能力差；若表针不动，说明管子已损坏。测量完毕后，应将 G ~ S 之间短路一下，放掉刚才测量时 G ~ S 结电容充有的少量电荷。注意由于人体感应的交流电压较高，而不同的场效应管用电阻挡测量时的工作点可能不同，观察表针摆动时可能向右摆动，也可能向左摆动，但无论表针摆动方向如何，只要表针摆动幅度较大，就说明管子有较大的放大能力。

由于 MOS 管输入电阻高，栅极 G 允许的感应电压不能过高，所以不能直接用手去捏栅极，以防止人体感应电荷直接加到栅极，造成栅极击穿，必须用手握螺丝刀的绝缘柄，用金属杆去接触栅极。

4．场效应管的选用

（1）类型的选择。应根据电路的要求选择不同类型的场效应管，结型场效应管一般被用于音频放大器的差分输入电路及调制、放大、阻抗变换、稳流、限流、自动保护等电路。

（2）参数的选择。

5．场效应管的使用

（1）要遵守场效应管偏置的极性，不同类型场效应管要按要求的偏置接入电路中。各种类型场效应管的偏置电压极性如表 1 - 3 - 12 所示。

（2）场效应管在使用时，不能超出其极限参数值。

（3）MOS 管由于输入阻抗极高，所以在运输、贮藏中必须将引出脚短路，要用金属屏蔽包装，防止外来感应电压击穿栅极。保存时最好放在金属盒内，不能将 MOS 场效应管放在塑料盒内。并且也要注意采取防潮措施。

表 1 - 3 - 12　场效应管的偏置极性

类　型	U_{DS}	U_{GS}
结型 N 沟道	+	-
结型 P 沟道	-	+
NMOS 增强型	+	+
NMOS 耗尽型	+	/
PMOS 增强型	-	-
PMOS 耗尽型	-	/

（4）使用时漏极和源极可互换。但有些 MOS 产品制作时已将衬底与源极在内部连在一起，这时源极和漏极不能对调。

（5）焊接 MOS 管时，烙铁、测量仪表等必须接地良好。

1.3.7　半导体集成电路

集成电路是利用半导体工艺，将晶体管、电阻及电容器等元件以及连线共同制作在基片上，然后封装而成，形成一个具备特定功能的完整电路。集成电路具有体积小、重量轻、功耗少、性能好、可靠性高等一系列优点，被广泛应用于现代电子电路中。

1. 集成电路的分类

（1）按制造工艺分类。集成电路按制造工艺分类，可分为半导体集成电路和膜集成电路。半导体集成电路又分为双极型电路和金属氧化物（MOS）集成电路。膜集成电路分为薄膜集成电路、厚膜集成电路和混合集成电路。薄膜集成电路整个电路都由 1 μm 的金属半导体或金属氧化膜重叠而成。厚膜集成电路制作电路的膜厚度达几十微米。混合集成电路是由半导体集成工艺和薄（厚）膜工艺结合制成电路。

（2）按使用功能分类。集成电路按使用功能可分为模拟集成电路、数字集成电路、可编程集成电路、接口集成电路和特殊集成电路等。模拟集成电路是线性集成电路，包括各类运算放大器、模拟乘法器、专用放大器、稳压器等。这些电路广泛应用于检测、控制、电视、音响、通讯及计算机等系统中。数字集成电路包括双极型电路和金属氧化物半导体（MOS）电路两种。常用的数字集成电路有 TTL 和 CMOS 电路。TTL 逻辑电路于 1964 年由美国德克萨斯仪器公司开始生产，其发展速度快、系列产品多，有速度及功耗折中的标准型；还有改进型、高速及低功耗的肖特基型。所有 TTL 电路的输出、输入电平都是兼容的，该系列有两个，常用的是军用 54×××型和工业用 74×××型系列化产品。CMOS 集成电路的特点是功耗低，工作电源电压范围较宽，速度快。常用的系列为 CC4000 系列。

（3）按集成度分类。集成电路按集成度可分为小规模集成电路（SSI）、中规模集成电路（MSI）、大规模集成电路（LSI）、超大规模集成电路（VLSI）以及特大规模集成电路（ULSI）。一般常用集成电路以中、大规模电路为主，超大规模电路主要用于存储器及计算机 CPU 等专用芯片中。

2. 集成电路的型号命名法

按照国标 GB3430 - 89，国产半导体集成电路型号由五个部分组成，如图 1 - 3 - 21。其各部分的含义见表 1 - 3 - 13。

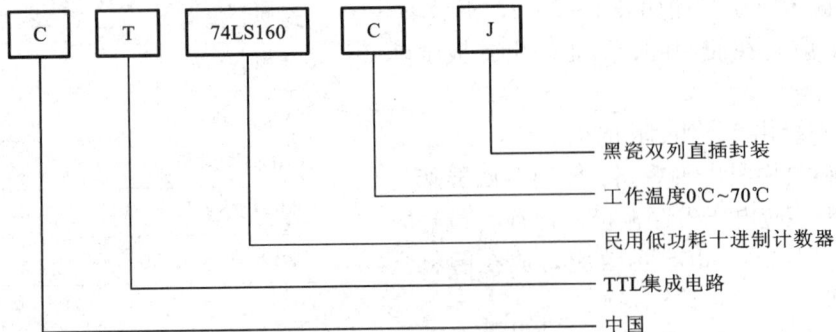

图 1 - 3 - 21　集成电路的型号命名

表 1 − 3 − 13　现行国际规定的集成电路命名方法

第一部分		第二部分		第三部分		第四部分		第五部分	
用字母表示器件符合国家标准		用字母表示器件的类型		用阿拉伯数字表示器件的系列和品种代号		用字母表示器件的工作温度范围		用字母表示器件的封装类型	
符号	意义	符号	意义	符号	意义	符号	意义	符号	意义
C	中国制造	T	TTL 电路	TTL(器件)		C	0℃ ~70℃	F	多层陶瓷扁平
		H	HTL 电路	54/74 × × ×	国际通用系列	G	−20℃ ~70℃	B	塑料扁平
		E	ECL 电路	54/74H × × ×	高速系列	L	−25℃ ~85℃	H	黑瓷扁平
		C	CMOS 电路	54/74L × × ×	低功耗系列	E	−40℃ ~85℃	D	多层陶瓷双列直插
		M	存储器	54/74S × × ×	肖特基系列	R	−55℃ ~85℃	J	黑瓷双列直插
		μ	微型计算机	54/74ALS × × ×	低功耗肖特基系列	M	−55℃ ~125℃	P	塑料双列直插
		F	线性放大器	54/74AS × × ×	先进肖特基系列			S	塑料单列直插
		W	稳压器	54/74ALS × × ×	先进低功耗肖特基系列			T	金属圆壳
		D	音响、电视电路	54/74F × × ×	高速系列			K	金属菱形
		B	非线性电路	(CMOS 器件)				C	陶瓷芯片载体(CCC)
		J	接口电路	54/74HC × × ×	高速 CMOS,输入输出CMOS 电平			E	塑料芯片载体(PLCC)
		AD	A/D 转换器	54/74HCT × × ×	高速 CMOS,输入 TTL 电平,输出 CMOS 电平			G	网格针栅阵列(PGA)
		DA	D/A 转换器	54/74HCU × × ×	高速 CMOS,不带输出缓冲级			SOIC	小引线封装
		SC	通信专用电路	54/74AC × × ×	改进型高速CMOS			PCC	塑料芯片载体封装
		SS	敏感电路	54/74ACT × × ×	改进型高速 CMOS,输入 TTL 电平,输出 CMOS 电平			LCC	陶瓷芯片载体封装
		SW	钟表电路						
		SJ	机电仪表电路						
		SF	复印机电路						

3. 封装外形与引脚识别

使用集成电路时, 既要明确集成电路的功能, 又要弄清楚集成电路的各个引脚。集成电路的引脚与集成电路的封装紧密相关。

(1)圆形金属外壳封装。金属壳圆形封装的引脚从圆柱形底部引出, 识别引脚时, 将管脚朝上, 从定位标记开始顺时针方向依次为 1, 2, 3, 4, …, 其引脚识别见图 1 − 3 − 22。

(2)双列直插式封装。双列直插式封装的引脚分别在集成块的两边。将集成块水平放置, 引出脚朝下, 定位标志(缺口)左侧, 此时左侧下端点的第一个引线脚即为 1 脚, 按逆时

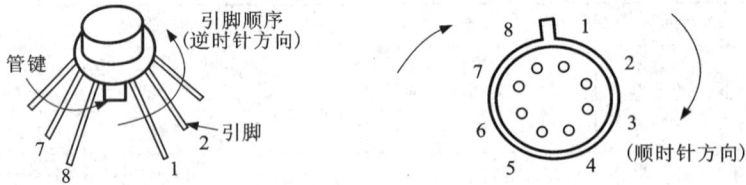

图 1 - 3 - 22　圆形金属外壳封装

针方向，依次为 2，3，4，…，其引脚识别见图 1 - 3 - 23。

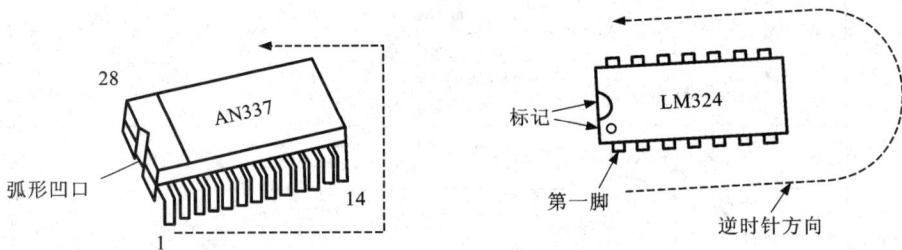

图 1 - 3 - 23　双列直插式封装

（3）单列直插式封装。单列直插式封装的引脚仅从集成块的一边引出。在识别引脚时，应使引脚向下，面对型号或定位标记，自定位标记一侧的第一只引脚数起，依次为 1，2，3，4 …这一类集成电路常用的定位标记为色点、凹坑、色带、缺角、线条等，如图 1 - 3 - 24 所示。

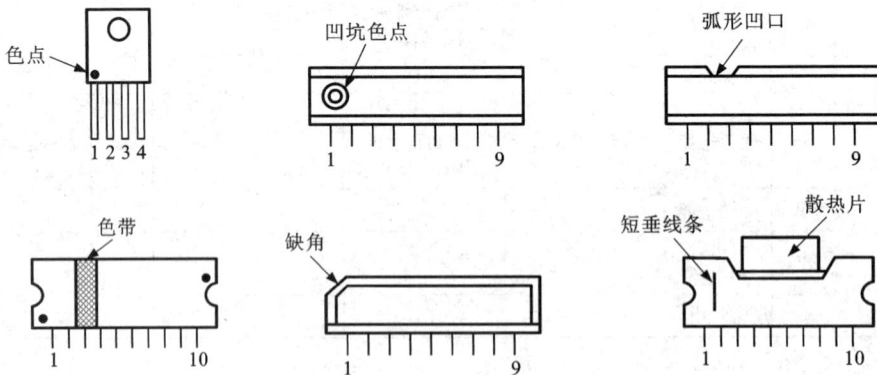

图 1 - 3 - 24　单列直插式封装

4. 集成电路的简单测试

（1）电压检查法。电压检查法是检查集成电路最为有效和常用的检查手段，由于检查电压是采取并联方式，操作起来方便、迅速。首先用万用表测出各引脚对地的直流电压值，然后与标称值进行对比。若发现电压值与标称值不符，要先排除其他可能造成不符的因素。如外围元件的损坏，外围有些元件的影响，以及表头内阻的影响等各种因素，然后才能判断集成电路的好坏。一般电压检查法主要是测量集成电路中关键测试点的直流电压，必要时也可以测量交流电压。关键测试点主要是集成电路的电源脚、信号输入脚、信号输出脚，以及一些控制脚上的直流电压。

（2）电阻检查法。当集成电路工作失常时，阻值状态会发生变化，电阻检查法要查出这些变化，根据这些变化判断故障原因和部位。首先在电路中用万用表测量集成块各引脚对接地脚的正、反向直流电阻，并与完好的集成电路进行比较鉴别。若和正常值不一样，说明集成电路已损坏，如不能完全确定集成电路损坏时，可将集成电路拆下后再测量一次。

（3）替换法。用同型号的完好的集成块进行替换试验。这种方法最简单，但拆焊较麻烦。

5. 集成电路的选用

（1）类型的选用。根据电路的要求合理选用集成电路的类型。比如同一种功能的数字电路可能既有 TTL 产品，也有 CMOS 产品，而且 TTL 器件中还有中速、高速、低功耗和肖特基低功耗不同的产品。CMOS 数字器件也有普通型和高速型两种不同产品，所以应根据电路要求以及各集成电路的性能和特点灵活运用。

（2）参数的选择。应注意集成电路的主要参数应符合电路要求，选用的极限参数不能超过规定值。

（3）优先选用双列直插式集成电路。一般情况下，应尽可能选用双列直插式集成电路，便于安装、更换、调试和维修。

1.4　印制线路板的设计与制作

随着电子工业的发展，尤其是半导体集成电路的广泛应用，电子产品的安装和接线越来越复杂，传统的手工布线及接线工艺已无法适应。微电子技术的迅速发展和微电子产品的大量应用，对印制电路的技术要求也越来越高，它要求最大限度地提高元器件的装配密度。此外，随着集成电路集成规模的提高，印制板的制造精度也进一步提高。印制板电路工艺技术向着高密度、高精度、高可靠性、大面积、细线条的方向发展。掌握一定的电子制作技巧，学会制作电路板，是保证电子制作和维修，获得成功的重要环节。

印制电路板是电子制作的基础部件，其设计是否合理，直接关系到电子制作的质量，甚至关系到电子制作的成败。印制电路板是依据电路图设计的，不同的电路对印制电路板有不同的要求，每个设计者也会有各自不同的考虑，但应遵循设计的一般原则。

1.4.1　印制电路板设计和制作方法

1. 印制电路板设计一般原则

（1）印制导线宽度应与传导的电流大小相适应。例如，直流电源线传导电流可达几安培，一般按 3mm/A 左右加宽线条。小电流的电路线条主要考虑其机械强度，一般取宽度为 1.5mm，微小型设备线条宽可取 0.5mm 或再窄一些。

（2）印制导线间距一般取 1.5mm。间距过小，抗电强度下降，分布电容增大（在高频电路中其作用不可忽视），容易造成线间击穿和电路工作不稳定等现象。

（3）焊点处应加大面积，一般取焊点直径为 3mm 左右。加大焊点面积一方面可以加大焊点接触面，提高焊点质量，另一方面又可防止在焊接过程中焊点铜箔因受热而剥离。

（4）输出信号印制导线与输入信号线平行时，要防止寄生反馈。防止的办法一般可加宽线间距离，或在输出与输入线间加一根地线（直流电源线也可，因其为交流零电位），可起一定隔离作用。

（5）直流电源线和地线的宽度，要以减小分布电阻，即减小寄生耦合为依据。必要时可采取环抱接地的方法，即将印刷电路中的空位和边缘部分的铜箔全部保留作为地线的方法。这样既加大了地线面积，又增强了屏蔽隔离效果。

（6）线间电位差较高时要注意绝缘强度，应适当增大线间距离。如果信号线与高压线平行，可在增加线间距离的基础上，在两线之间再增加一条地线，以防止高压对信号线的泄漏。

（7）同一台电子设备的各块印刷电路板，其直流电源线、地线和置0线的引出脚要统一，以便于连线和测试；高压引出脚两侧应留出空脚；电流较大的引出脚可几脚并用。

（8）一般将公共地线布置在板的边缘，以便于将印刷电路板安装在机壳上；电源、滤波、控制等单元的直流、低频导线和元件，靠边缘布置；高频导线及元器件，布置在板子中间部位，以减小它们对地或机壳的分布电容。

（9）印刷电路板上应标注必要的字和符号。例如，在晶体管管脚的位置焊点旁注上 e、b和 c；在电源线上注" + ''或"—"和电源电压值等。这样，便于焊接和调试。但应注意所注的字和符号不要把印制导线和元件短路。

（10）设计印刷电路板图时，可先将元器件按电路信号流程成直线排列在纸上（即排件），并力求电路安排紧凑、元器件密集，以缩短引线。这对高频和宽带电路十分重要。然后，用铅笔画线（即排线），排件和排线要兼顾合理性和均匀性。

（11）设计印刷电路的主要矛盾是解决导线交叉问题。在单面板上解决交叉线的方法，是靠元器件的空位，印制导线穿越这些空位就可避免导线交叉。当单面板不能解决导线交叉问题时，可采用双面敷铜板解决。

2. 印刷电路板制作方法和要求

印制电路板的制作是将电原理图转换成印制板图，并确定加工技术要求的过程。印制电路板制作通常有人工设计制作和计算机辅助设计（CAD）制作两种方式。无论采用哪种方式，都必须符合电原理图的电气连接和电气性能要求。

印制电路板制作包括：确定印制板尺寸、形状、材料、外部连接和安装方法；布设导线和元器件位置，确定印制导线的宽度、间距和焊盘的直径和孔径；制备照相底图等。下面主要介绍一些印制电路板制作的基本要求。

（1）元器件布局的一般方法和要求。

①元器件在印制电路板上的分布应尽量均匀，疏密一致。无论是单面印制电路板还是双面印制电路板，所有元器件都尽可能安装在板的同一面，以便加工、安装和维护。

②印制电路板上元器件的排列应整齐美观，一般应做到横平竖直，并力求电路安装紧凑、密集，尽量缩短引线。如果装配工艺要求将整个电路分成几块安装时，应使每块装配好的印制电路板成为独立功能的电路，以便单独调整、检验和维护。

③元器件安装的位置应避免相互影响，元器件之间不允许立体交叉和重叠排列，元器件放置的方向应与相邻印制导线交叉，电感器件要注意防电磁干扰，发热元件要放在有利于散热的位置，必要时可单独放置或装散热器，以降温和减少对邻近元器件的影响。

④大而笨重的元器件如变压器、扼流圈、大电容器、继电器等，可安装在主印制板之外

的辅助底板上，利用附件将它们紧固，以利于加工和装配。也可将上述元件安置在印制板靠近固定端的位置上并降低重心，以提高印制电路板的机械强度和耐振、耐冲击能力，减小印制板的负荷和变形。

⑤元器件在印制板上可分为三种排列方式，即不规则排列、坐标排列及坐标格排列。三种排列方式如图 1 - 4 - 1 所示。

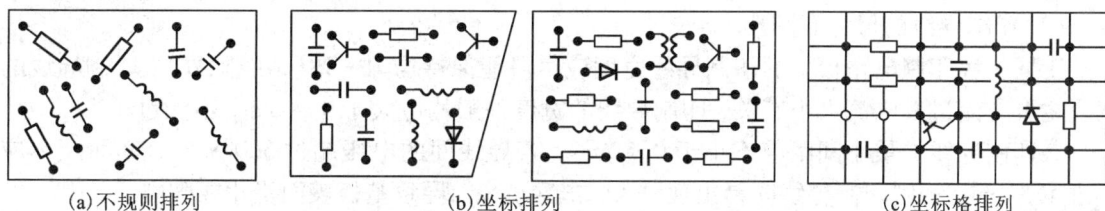

(a)不规则排列　　　　　(b)坐标排列　　　　　(c)坐标格排列

图 1 - 4 - 1　元器件在印制板上的排列

不规则排列主要从电性能方面考虑，其优点是减少印制导线和元器件的接线长度，从而减少电路的分布参数，缺点是外观不整齐，不便于机械化装配，该排列方式适用于 30 MHz 以上的高频电路中。

坐标排列是指元器件与印制电路板的一条边平行或垂直，其优点是排列整齐，缺点是引线可能较长，适用于 1 MHz 以下的低频电路中。

坐标格排列要求元器件不仅与印制电路板的一条边平行或垂直，还要求元器件的榫接孔位于坐标格的交点上。这种方式使元器件排列整齐。便于机械化打孔及装配。

(2)布设导线的一般方法和要求。

①公共地线应尽可能布置在印制电路板的最边缘，便于印制电路板安装以及与地相连。同时导线与印制板边缘应留有一定距离，以便进行机械加工和提高绝缘性能。

②各级电路的地线一般应自成封闭回路。以减小级间的地线耦合和引线电感，并便于接地。若电路工作于强磁场内时，其公共地线应避免设计成封闭状，以免产生电磁感应。

③高频电路中的高频导线、晶体管各电极引线及信号输入、输出线应尽量做到短而直。输入端与输出端的信号线不可靠近，更不可平行，否则将有可能引起电路工作不稳定甚至自激，宜采取垂直或斜交布线。若交叉的导线较多，最好采用双面印制板，将交叉的导线布设在印制板的两面。双面印制板的布线，应避免基板两面的印制导线平行，以减小导线间的寄生耦合，最好使印制板两面的导线成垂直或斜交布置。

④为减小导线间的寄生耦合，多级电路布线时应按信号流程逐级排列，不可互相交叉混合，以免引起有害耦合和互相干扰。设计印制电路板时，应尽可能将输入线与输出线的位置远离，并最好采用地线将两端隔开。输入线与电源线的距离应大于 1 mm，以减小寄生耦合。另外输入电路的印制导线应尽量短，以减小感应现象及分布参数的影响。

⑤电源部分印制导线应和地线紧紧布设在一起，以减小电源线耦合所引起的干扰。电感元件应注意其互相之间的互感作用；需要互感作用的两电感线圈应靠近并平行放置. 它们将通过磁力线进行磁耦合。不相耦合的电感线圈、变压器等应互相远离，并使其磁路互相垂直。以避免产生有害的磁耦合。

⑥地线不能形成闭合回路。以免因地线环流产生噪声干扰。

⑦在高频电路中,可采用大面积包围式地线方式。即将各条信号线以外的铜箔面全部作为地线。这样能够有效地防止电路自激,提高高频工作的稳定性。高频电路中元器件之间的连线应尽量短,以减少分布参数对高频电路的影响。

⑧印制电路板上的线条宽度和线条间距应尽量大些,以保证电气要求和足够的机械强度。在一般的电子制作中,可使线条宽度和线条间距分别大于1 mm。

(3)印制导线的尺寸和图形

①同一块印制电路板上的印制导线宽度应尽可能保持均匀一致(地线除外),印制导线的宽度主要与流过其电流大小有关,印制导线的宽度一般均应大于0.4 mm,不能过小。

②印制导线的最小间距应不小于0.5 mm。若导线间的电压超过300 V时,其间距不应小于1.5 mm,否则印制导线间易出现跳火、击穿现象,导致基板表面炭化或破裂。

③在高频电路中,导线间距大小会影响分布电容、分布电感的大小,从而影响信号损耗、电路稳定性等。

④印制导线的形状应简洁美观,在设计印制导线的图形时应遵循以下几点:

a.除地线外,同一印制板上导线的宽度尽量保持一致;

b.印制导线的走向应平直,不应出现急剧的拐弯或尖角,如图1－4－2所示;

c.应尽量避免印制导线出现分支,如图1－4－3所示。

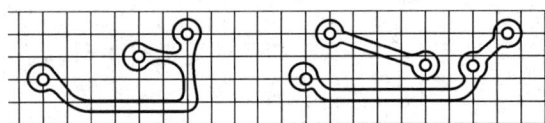

不建议采用　　　　　　建议采用

图1－4－2　印制导线不应有急剧的拐弯或尖角

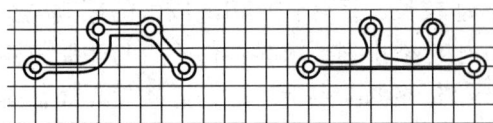

建议采用　　　　　　不建议采用

图1－4－3　避免印制导线的分支

⑤印制接点是指穿线孔周围的金属部分,又称焊盘,它供元器件引线的穿孔焊接用。焊盘的形状有岛形、圆形、方形,如图1－4－4所示。

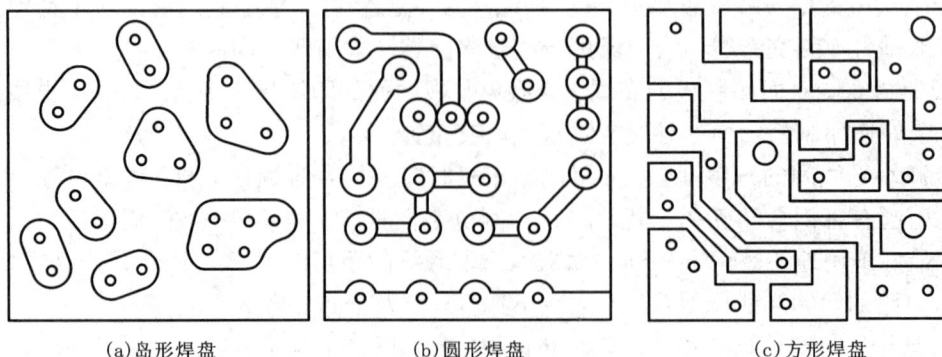

(a)岛形焊盘　　　　　(b)圆形焊盘　　　　　(c)方形焊盘

图1－4－4　焊盘的形状

（4）设计中的注意事项。

①外壳不绝缘的元器件之间应有适当距离，不可靠得太近，以免相碰造成短路。

②在两条可能引起互相干扰而又无法远离的信号线之间，可以设置一条地线或电源线（对交流等效于地），利用地线的隔离作用提高电路工作的稳定性。

③电路板上各元器件应均匀、整齐地排列，同时考虑到安装、焊接、更换的方便。

④电位器、可变电容器、开关、插孔插座等与机外有联系的元器件的布局，应与机壳上的相应位置一致。

⑤机内可调元件的布局，应考虑调节的方便。例如，从侧面调节的元件（如微调电阻）应设计在电路板的边缘；微调电容等可从上面进行调节。

⑥设计时，应同时考虑印制电路板的安装固定问题。在考虑元器件布局时，应注意预留出安装固定电路板的螺钉孔。

1.4.2　印制线路板的制作

1. 印制线路板的材料

制作印制线路板所用的材料由制作者自己决定。最普通和最经济的材料是厚度为 0.16 cm（1/16 in）的铜印制板。它是一种淀积在 930 cm^2 上的、铜为 28 g 的酚醛纸板。第二种类型的印制线路板是铜面的环氧玻璃丝板 G—10。这种板子强度更好，更适合在高频电路里使用。使用时可以用钢锯把两种材料的板子锯成所要求的各种大小的若干标准板。

2. 制作印制线路板的步骤

制作印制线路板的过程分为三步：翻印图形、加抗蚀剂和腐蚀。现将手工和照相两种制作印制线路板的方法叙述如下，但每种方法的腐蚀工艺都是一样。

（1）手工制作法。手工方法制作单块板比较好，利用一张复写纸把印制线路板样图的黑线条的外形翻印到板子有铜皮的一面。图中的任何一个孔都应精确描绘。描写后就钻孔及涂覆抗蚀剂，更准确地说是把抗蚀剂涂在那些要保留下来的铜皮处。当抗蚀剂完全干时，板子腐蚀的准备工作就做好了。

（2）照相制作法。假如需要若干块图形相同的板子，那么照相法比较适用。采用这种方法时，用感光胶片翻印电路图形。制作印有电路图形的底片有两种方法：一种是样板照相的负片，这是一种极好的专用的方法，第二种方法比较节省费用，做法是把透明塑料片放在样图上，将某种不透明的涂料涂覆在要腐蚀的区域。在家可以制作光敏板，但整个过程要特别的精巧和小心。这种板要求装入不透光的箱内，并要求在弱光线下进行操作。

有了涂覆光敏抗蚀剂的覆箔板，就可以开始曝光了。首先把照相底板夹在未曝光的板子和一块窗玻璃（称为压力板）之间。重要的是要把精确印有电路图形的一面对着玻璃，以避免产生镜像电路。把这个三层结构放在光源下曝光，究竟采用什么光源要根据覆箔板生产厂家的说明书来选用。曝光时间一般取 5 ~ 10 min，然而，精确的曝光时间与厂家、光源和压力板所用的玻璃类型有关。某些类型的玻璃比其他一些玻璃更能吸收紫外线辐射。有时可先取一些小块片子作试验，以寻求精确的曝光时间。当没有完全把握时，通常最好是在开始时，把曝光时间取的比厂家规定的时间长一些。

曝光之后，板子就放在印制线路板显影液里进行显影。在整个显影过程中，应让板子在溶液里来回晃动，时间为几分钟。没有受到光照的那部分光敏抗蚀剂被溶解掉，留下的仅仅是曝过光的抗蚀剂。在曝过光的抗蚀剂下面，就是需要的铜箔导电线路。板子显影以后，要用流动的清水进行冲洗并晒干。

制作印制线路板通常采用的腐蚀剂是氯化铁溶液。请注意：这种溶液会产生一种对人有害的气体，同时这种溶液会刺激皮肤，一旦接触应马上用清水冲洗干净。因此在使用这种溶液时必须十分小心。腐蚀过程应在一个比被腐蚀的板子略大一些的浅底玻璃盘里进行，腐蚀剂仅需覆盖浅盘的底部即可。覆铜板有铜箔的一面应淹没在腐蚀剂里，并且要不停地搅拌，以使化学反应在板的整个表面均衡地进行，同时可加快腐蚀的速度。把腐蚀剂加热到32℃~46℃，这样也可以加快腐蚀过程。请注意：溶液加热过度会冒出极多的烟雾。腐蚀的时间随着腐蚀剂的浓度及其温度的不同而异，一般在 5~15 min 范围内。腐蚀结束时，应把板子放在干净的水中冲洗，用细小的铁毛刷或溶剂把留在板上的抗蚀剂刷掉。

1.4.3 印制电路板的手工制作工艺

1. 选取合适的敷铜板

（1）酚醛敷铜板。酚醛敷铜板一般为黑黄色或淡黄色。虽然这种敷铜板的机械强度不够，绝缘电阻较低，且高频损耗较大，但由于它价格便宜而得到了广泛地应用，如收音机、电视机和要求不高的仪器仪表等一般都采用这种敷铜板。

（2）环氧酚醛玻璃布敷铜板。这种敷铜板适用于高频电路，并且能耐高温，有较好的绝缘性能，相对价格较高。其厚度一般有 1 mm、1.5 mm 和 2 mm 等几种。

确定印制电路板的形状和尺寸，主要是根据机壳和主要元器件来确定。形状一般为长方形，也有正方形或多边形的，尺寸不宜过小。

2. 清洗敷铜板

一般用橡皮擦或用零号细砂纸轻轻地打磨铜皮，然后再用橡皮擦干净。

3. 在敷铜板上画图

用复写纸把已设计好的印制板图复印在敷铜板箔上（注意必须印制反图），再用油漆描好（或帖上胶带）。用毛笔或蘸水笔按复印好的线条，从上至下、从左至右依次描绘。也可使用石蜡。也就是说只要是不会被三氯化铁溶液腐蚀，而操作起来又方便的材料，我们都可以用来作防腐处理的材料。

4. 腐蚀

腐蚀剂三氯化铁或氯化铜在一般化工商店或电子市场即可购买。一般应现买现用，若保存不当腐蚀剂就会因吸潮融化而渗漏，污染存放处。使用固体三氯化铁配制腐蚀溶液可按 100 g 固体三氯化铁加 200 mL 水的比例调制，浓度高时腐蚀速度较快，浓度低时腐蚀速度较慢。腐蚀用的容器使用一般的瓷盘即可。冬季时可以给三氯化铁溶液适当加热，这

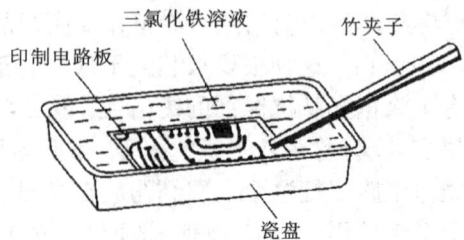

图 1-4-5　腐蚀敷铜板示意图

样可以提高腐蚀的速度，但加热温度不能超过 650 ℃。另外，加强晃动也可以提高腐蚀速度。腐蚀敷铜板如图 1-4-5 所示。新配液直接可用，旧液需加热后再用。待溶液出现沉渣变绿就作为废液，作工业废水专项处理，不要倾倒在下水道中。

5. 清洗

当看到没有油漆的铜板被腐蚀掉以后，可用镊子把电路板从腐蚀液中夹出，并用清水冲洗，然后用汽油、香蕉水等稀释液擦去油漆（或撕掉胶带）。再用干布擦干，用擦字橡皮擦亮电路。

6. 打孔

元器件有大小之分，还有一些安装孔，打孔时应选择合适直径的钻头。一般电阻、电容和三极管可选择直径为 1 mm 的钻头。

7. 涂松香水助焊保护层

松香水的配制方法是：将松香碾压成粉末，溶解于 2～3 倍的酒精中即可。松香水浓一些效果较好。此时用干净的毛笔或小刷子蘸上松香水，在印制电路板的铜箔面均匀地涂刷一层，然后晾干即可。松香水涂层很容易挥发硬结，覆盖在印制板上既是保护层（保护铜箔不再被氧化），又是良好的助焊剂。

8. 检验

焊接元件前，应对印刷电路板进行仔细检查，看其是否有短路和断路现象。若存在此现象，则必须排除，免得装配后通电时损坏元器件和设备。

如果电路较简单，也可以采用刀刻法制作，即用刀将电路板上不需要的铜箔刻去，留下线条即可。采用刀刻法制作时焊盘与线条均为直线便于刻制。

第 2 篇　模拟电子技术实验

2.1　基本放大电路

2.1.1　三极管共发射极单管放大电路

1. 实验目的

①掌握单管共发射极放大电路静态工作点的调试方法和测量，分析静态工作点对放大器性能的影响。

②掌握放大器性能指标(A_u、R_i 和 R_o）的测量方法，了解负载电阻的改变对放大器电压放大倍数的影响。

③理解放大器的频率特性曲线，学习测量通频带。

④熟悉常用的电子仪器的使用方法。

2. 实验原理

（1）静态工作点的设置与测试。图 2-1-1 所示电路为分压式直流负反馈偏置的共发射极放大电路。其偏置电路的特点是利用分压式电阻 R_{B1}、R_{B2} 维持 U_B 的基本恒定和射极电阻 R_E 的电流负反馈来稳定静态工作点。

①静态工作点的计算。

$$U_B = \frac{R_{B2}}{R_{B1} + R_{B2}} V_{CC}$$

$$I_{EQ} \approx \frac{U_B - U_{BE}}{R_E} \approx I_{CQ}$$

$$U_{CEQ} = V_{CC} - I_C(R_C + R_E)$$

图 2-1-1　三极管共发射极放大电路

②静态工作点的调试。放大器静态工作点的调试是指对三极管 U_{CE} 或 I_C 的调试与测量。静态工作点是否合适，对放大器性能和波形都有很大的影响。静态工作点应选在输出特性曲线交流负载线的中点位置。若工作点偏高，易引起饱和失真，若工作点偏低，则又易引起截止失真。

调试静态工作点的方法是先不加输入信号时，将放大器输入端接地。用万用表分别测量三极管的 B、E、C 及对地的电压 U_{BQ}、U_{EQ} 和 U_{CQ}。如果 $U_{CEQ} \approx V_{CC}$，说明三极管工作在截止区；如果 $U_{CEQ} < 0.5$ V，则说明三极管已经饱和。调整静态工作点一般多采用调节上偏置电阻的大小。如果 U_{CEQ} 为几伏，则说明晶体管工作在放大状态，但并不能说明静态工作点的位置合适，所以还要进行动态调试。给放大器送入规定的输入信号，如 $U_i = 10$ mV，$f = 1$ kHz

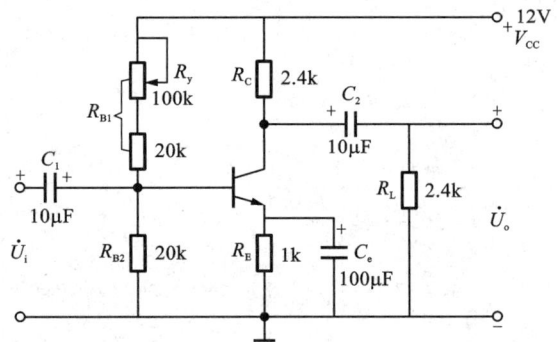

的正弦波。若放大器的输出 u_o 波形正半周被缩顶，说明产生了截止失真，静态工作点 Q 偏低。这时应增大基极电流 I_{BQ}，即减小 R_{B1Q}。若输出 u_o 波形的负半周被削底，说明产生了饱和失真，静态工作点 Q 偏高。这时应减小基极电流 I_{BQ}，即增大 R_{B1Q}。如果输入信号幅度很小，即使工作点较高或较低也不一定产生失真。这时还应逐渐增大输入信号。如果输出波形的顶部和底部差不多同时开始畸变，则说明静态工作点设置得比较合适。此时，去除信号源，测量静态工作点。

③静态工作点的测量。静态工作点的测量通常是测量 U_{BQ}、U_{EQ}、U_{CQ} 及 I_{CQ}。测量 I_{CQ} 有两种方法。一种是直接测量法，即断开集电极，串联一个直流电流表，直接读数。另一种是间接测量法。为避免断开集电极，采用测量电压 U_{EQ} 和 U_{CQ}，然后利用公式 $I_{CQ} \approx I_{EQ} = \dfrac{U_E}{R_E}$ 或 $I_{CQ} = \dfrac{V_{CC} - U_{CQ}}{R_C}$，计算 I_{CQ}。为了减小误差，提高测量精度，应选用内阻较高的直流电压表。

（2）放大器的动态测试。

①电压放大倍数的测量。根据公式 $A_u = \dfrac{U_o}{U_i}$，实验中，需调整放大器的静态工作点合适后，输入一定幅度的信号 u_i，在输出电压 u_o 不失真的情况下，用交流毫伏表测出 U_i 和 U_o 的值，代入公式 $A_u = \dfrac{U_o}{U_i}$，计算出 A_u。

②负载电阻对放大器电压放大倍数的影响。根据公式 $A_u = -\beta \dfrac{R_C /\!/ R_L}{r_{be}}$ 可知，R_L 阻值越大，A_u 越大。放大器空载时，$A_u = -\beta \dfrac{R_C}{r_{be}}$，此时放大倍数最大。

（3）输入电阻 R_i 测量。从理论上说，$R_i = r_{be} /\!/ R_{B1} /\!/ R_{B2} \approx r_{be}$。实际中 R_i 采用如图 2-1-2 所示电路测量。

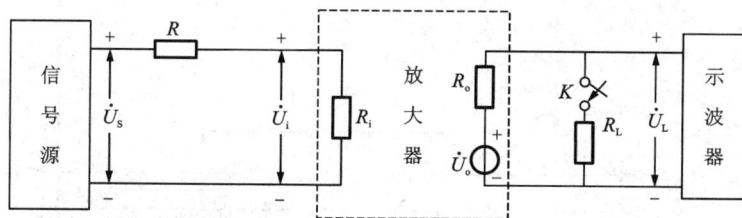

图 2-1-2　输入、输出电阻的测试

在信号源与放大器之间串入一个电阻 R，放大器正常工作情况下，用交流毫伏表测出 U_S 和 U_i，则

$$R_i = \frac{U_i}{I_i} = \frac{U_i}{\dfrac{U_R}{R}} = \frac{U_i}{U_S - U_i} R$$

一般 R 与 R_i 为同一数量级。本实验 $R = 1 \sim 10\ \text{k}\Omega$。

（4）输出电阻 R_o 的测量。从理论上说 $R_o \approx R_C$，实验中采用如图 2-1-2 所示电路测量。

在放大器正常工作条件下,用交流毫伏表测出输出端不接负载 R_L 时的输出电压 U_o 和接入负载后的输出电压 U_L。根据 $U_L = \dfrac{R_L}{R_1 + R_o} U_o$,求出 $R_o = \left(\dfrac{U_o}{U_L} - 1 \right) R_L$。

(5)放大器幅频特性的测量。放大器的幅频特性表示放大器增益的幅度与输入信号频率的关系。测量放大器的幅频特性一般采取逐点测量的方式,改变一个信号频率,测量其相应的电压放大倍数。为了准确而迅速地描述幅频特性曲线,最好先测量出下限频率 f_L 和上限频率 f_H。将输入信号的频率逐渐减小直到电压放大倍数下降到中频时的 $\dfrac{1}{\sqrt{2}}$ 倍处时,此时的输入信号频率为下限频率 f_L。与之类推,逐渐增大输入信号的频率直到电压放大倍数下降到中频时的 $\dfrac{1}{\sqrt{2}}$ 倍处时,此时的输入信号频率为上限频率 f_H。然后在上限频率和下限频率处多测几点,在中频段可以少测几点。此外在改变频率时,要保持输入信号的幅度不变,这样电压放大倍数的下降就可转换成观察输出电压的下降了。

3．实验仪器与器件

(1)直流稳压电源;(2)函数信号发生器;(3)双踪示波器;(4)交流毫伏表;(5)万用表;(6)频率计;(7)晶体管 3DG6×1 或 9011×1;(8)电阻器、电容器若干。

4．实验内容及步骤

(1)调整和测量静态工作点。

①接通预先调整好的直流电源 +12 V,注意电源极性不能接错,仪表间的连线如图 2-1-3 所示。

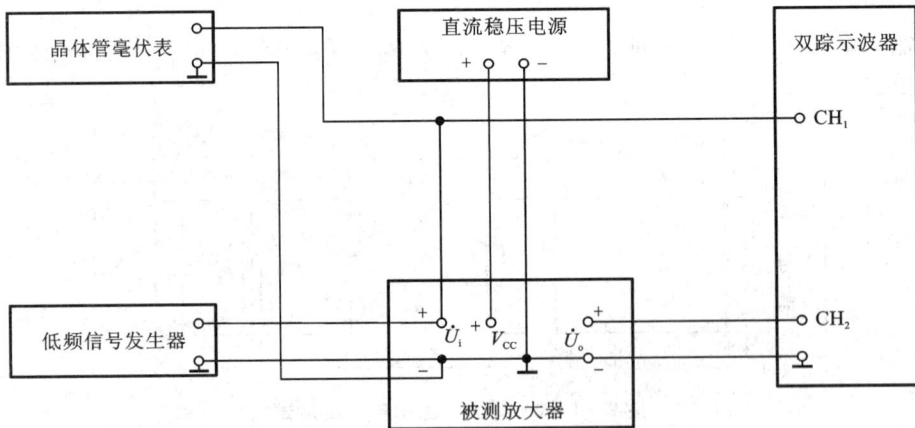

图 2-1-3　实验电路与所用仪器接线图

②从函数信号发生器输出 $f = 1$ kHz,$U_i = 10$ mV 的正弦波,将其接到放大器的输入端,再将放大电路的输出电压接到双踪示波器的 Y 轴的输入端。调节电位器 R_W 和输入信号的幅度,使示波器上显示的 u_o 波形顶部和底部差不多同时开始畸变。说明此时静态工作点比较合适。

③关闭信号发生器,使 $U_i = 0$。测量 U_{BQ}、U_{EQ}、U_{CQ} 和 I_{CQ}。填入表 2-1-1 中。

表 2 - 1 - 1 静态工作点测试

测 量 值				计 算 值		
U_{BQ}	U_{CQ}	U_{EQ}	R_{B1}	U_{BEQ}	U_{CEQ}	I_{CQ}

(2)测量电压放大倍数。

①在放大器输入端输入 $f = 1$ kHz,$U_i = 10$ mV 的正弦信号,令 $R_L = \infty$,先用示波器观察放大器输出电压 u_o 的波形,在波形不失真的条件下,再用交流毫伏表测量 U_o,填入表 2 - 1 - 2 中,计算 A_u。同时用示波器观察 u_o 和 u_i 的相位关系,记入表 2 - 1 - 2 中。

②令负载电阻 R_L 分别为 10 kΩ、3.3 kΩ、2.4 kΩ、1 kΩ 和 510 Ω,用交流毫伏表测量输出电压 U_o 的数值,记入表 2 - 1 - 2 中。

表 2 - 1 - 2 A_u 的测量

负载电阻 R_L	∞	10 k	3.3 k	2.4 k	1 k	510 Ω
U_o						
A_u						
观察一组 u_i 和 u_o 波形						

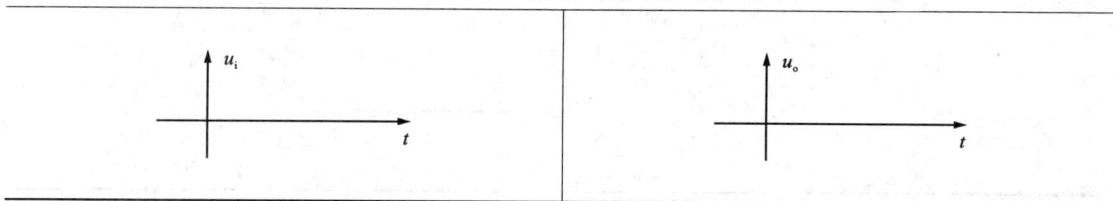

(3)测量最大不失真输出电压。

①置 $R_L = \infty$,输入信号为频率 $f = 1$ kHz 的正弦信号,逐渐增大输入信号的幅度,同时调整 R_W,用示波器观察输出电压的波形。当输出电压波形同时出现削底和缩顶现象,说明静态工作点已调在交流负载线的中点。然后反复调整输入信号,使波形输出幅度最大,且无明显失真。

②此时用交流毫伏表测出 U_i、U_o 的值,用示波器测量 U_{opp} 的值,然后再测量静态电流 I_{CQ} 的值,记入表 2 - 1 - 3 中。

表 2 - 1 - 3 最大不失真输出电压测量

I_{CQ}	U_{im}	$U_{om}(V)$	$U_{opp}(V)$

（4）观察静态工作点对输出波形失真的影响。

①置 $R_L = \infty$ ，$U_i = 0$ ，调节 R_W ，同时测量 U_{CEQ} ，使静态工作点大约处于中点位置。然后再逐步加大输入信号，使输出电压 u_o 足够大但不失真，将此时的输出波形。记入表 2 - 1 - 4 中。

②分别增大和减小 R_W ，使波形出现截止和饱和失真，绘出 u_o 的波形，并测出失真情况下 I_{CQ} 和 U_{CEQ} 的值，记入表 2 - 1 - 4 中。

表 2 - 1 - 4　观察截止和饱和失真现象

I_{CQ}	U_{CEQ}	u_o 波形	管子工作状态
		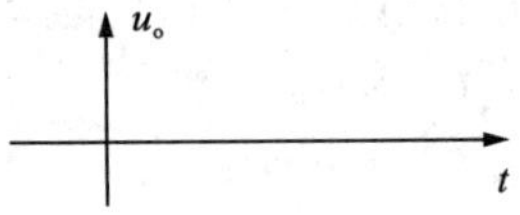	
		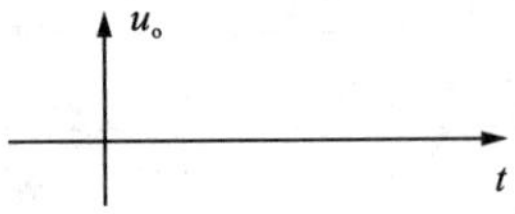	
		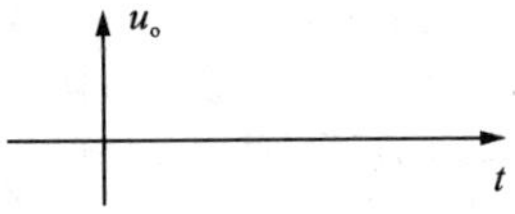	

（5）测量输入电阻和输出电阻。

①置 $R_L = 2.4$ kΩ，将静态工作点调至合适位置，按图 2 - 1 - 2 串联接入电阻 R 。输入 $f = 1$ kHz 的正弦信号，在输出电压不失真的情况下，用交流毫伏表测出 U_S 、U_i 和 U_L ，记入表 2 - 1 - 5 中。

②保持 U_S 不变，断开 R_L ，测量输出电压 U_o ，记入表 2 - 1 - 5 中。

表 2 - 1 - 5　输入、输出电阻测量

U_S	U_i	U_L	U_o	R_i		R_o	
				测量值	计算值	测量值	计算值

（6）测量幅频特性曲线。

①将静态工作点设置在合适位置，置 $R_L = 2.4$ kΩ，输入 $U_i = 10$ mV，$f = 1$ kHz 的正弦波。用交流毫伏表测量此时的输出电压 U_o ，然后按照实验原理所述方法测量 f_H 和 f_L 。

②在 f_H 和 f_L 处多取几点频率，逐点测出相应的输出电压，记入表 2 - 1 - 6 中。

表 2 - 1 - 6　幅频特性测量

$f(\text{Hz})$				f_L			f_H			
U_o										
A_u										

5．实验总结

(1) 整理测量结果，把实测的静态工作点、电压放大倍数、输入、输出电阻之值与理论值比较，分析产生误差原因。

(2) 总结 R_L 对放大器电压放大倍数影响。

(3) 总结静态工作点改变对放大器性能影响。

(4) 分析讨论调试过程中出现的问题。

2.1.2　场效应管放大器

1．实验目的

(1) 熟悉结型场效应管的性能和特点。

(2) 掌握场效应管放大电路的工作原理和一般测试方法。

2．实验原理

(1) 实验电路介绍。如图 2 - 1 - 4 所示为分压式自偏压共源极放大电路。

漏极电源 V_{DD} 经分压电阻 R_{G1} 和 R_{G2} 分压后，取 R_{G1} 上的电压，通过 R_G 供给栅极电压 U_G，同时，漏极电流在源极电阻上也产生了压降。因此当 V_{DD}、I_D 为定值时，只要 R_{G1}、R_{G2} 和 R_S 取不同值，则 U_{GS} 可为正值、零值或负值。本实验采用 N 沟道结型场效应管 3DJ6F，U_{GS} 要求为负值。

(2) 场效应管放大器的分析。

①静态工作点计算。

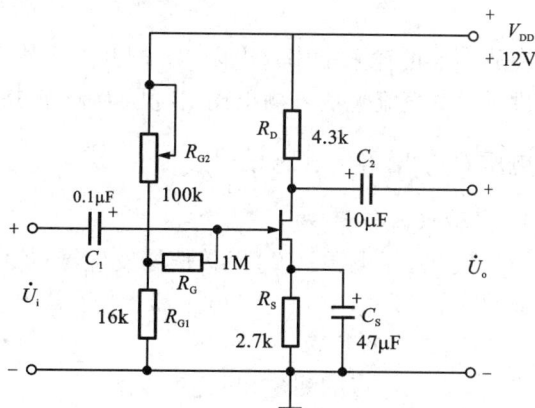

图 2 - 1 - 4　结型场效应管放大器

$$U_G = \frac{R_{G1}}{R_{G1} + R_{G2}} V_{DD}$$

$$U_{GS} = U_G - U_S = \frac{R_{G1}}{R_{G1} + R_{G2}} V_{DD} - I_D R_S$$

$$I_D = I_{DSS} \left(1 - \frac{U_{GS}}{U_P}\right)^2$$

②动态参数计算。

$$A_u = -g_m R_L' = -g_m R_D // R_L$$

当 R_L 改变时 A_u 随之改变

$$R_i = R_G + R_{G1} // R_{G2}$$
$$R_o \approx R_D$$

跨导 g_M 可由公式 $g_M = -\dfrac{2I_{DSS}}{U_P}\left(1 - \dfrac{U_{GS}}{U_P}\right)$ 求得，或特性曲线作图求得。

（3）输入电阻的测量方法。由于场效应管 R_i 比较大，如果采用单管共发射极放大电路中输入电阻的测量方法，加之测量仪器的输入电阻又有限，必然会带来较大的误差，因此本实验采用另一种测量输入电阻的方法，测量电路如图 2 - 1 - 5 所示。

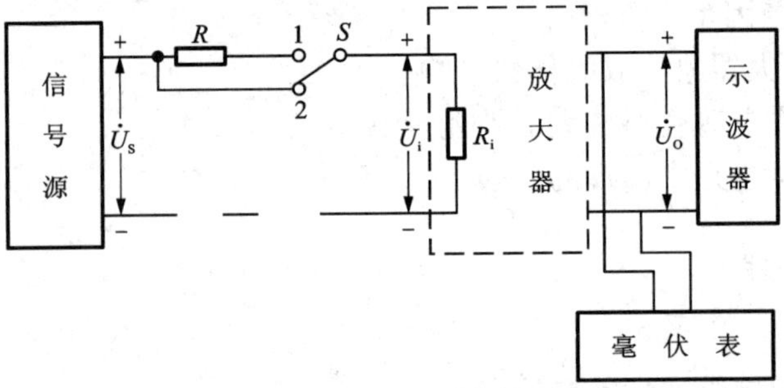

图 2 - 1 - 5 场效应管放大器输入电阻的测量

在放大器的输入端串入电阻 R，把开关 S 掷向 1 时（即接入 R），在输出电压波形不失真的条件下，用交流毫伏表测出输出电压 U_{o1}，保持 U_S 不变，再把 S 掷向 2（即使 $R = 0$），测出输出电压 U_{o2}，则 $R_i = \dfrac{U_{o1}}{U_{o2} - U_{o1}}R$。

3. 实验仪器与器件

（1）直流稳压电源；（2）函数信号发生器；（3）示波器；（4）交流毫伏表；（5）万用表；（6）结型场效应管 3DJ6F × 1；（7）电阻器、电容器若干。

4. 实验内容及步骤

（1）静态工作点的测量和调整。

①按图 2 - 1 - 4 连接电路，令 $U_i = 0$，即输入端短路，接通 +12 V 电源，用直流电压表测量 U_G、U_S 和 U_D。检查静态工作点是否在特性曲线放大区的中间部分。如合适则把结果记入表 2 - 1 - 7 中。

②若不适合，则适当调整 R_{G2}。调好后，再测量 U_G、U_S 和 U_D，记入表 2 - 1 - 7 中。

表 2 - 1 - 7 静态工作点的测量

测　　量　　值						计　　算　　值		
$U_G(V)$	$U_D(V)$	$U_S(V)$	$U_{GS}(V)$	$U_{DS}(V)$	$I_D(mA)$	$U_{GS}(V)$	$U_{DS}(V)$	$I_D(mA)$

(2)测电压放大倍数 A_u 和输出电阻 R_o。

①置 $R_L = \infty$，输入 $f = 1$ kHz，$U_i = 0.1$ V 的正弦信号，用示波器观察输出电压 u_o 的波形。在输出波形不失真的情况下，用毫伏表测量输出电压 U_o。同时用示波器观察 u_i 和 u_o 波形，记入表 2 − 1 − 8 中，分析它们的相位关系。

②置 $R_L = 10$ kΩ，重复(1)步骤，将数据记入表 2 − 1 − 8 中。

表 2 − 1 − 8　A_u 的测量

测　　量　　值				计　　算　　值		u_i 和 u_o 波形
U_i(V)	U_o(V)	A_u	R_o(kΩ)	A_u	R_o(kΩ)	
$R_L = \infty$						
$R_L = 10$ kΩ						

(3)测量输入电阻 R_i。按图 2 − 1 − 5 重新连接实验电路。R 取 100 ~ 200 kΩ 之间，输入合适的电压 U_S(约 50 ~ 100 mV)，将开关掷向"1"，用交流毫伏表测出接入 R 时的输出电压 U_{o1}，然后将开关掷向"2"，保持 U_S 不变，测出 U_{o2}，将结果记入表 2 − 1 − 9 中，根据公式 $R_i = \dfrac{U_{o1}}{U_{o2} - U_{o1}} R$，求出 R_i。

表 2 − 1 − 9　输入电阻的测量

测　　量　　值			计　　算　　值
U_{o1}(V)	U_{o2}(V)	R_i(kΩ)	R_i(kΩ)

5．实验总结

(1)整理实验数据。将测得的静态工作点 A_u、R_i、R_o 和理论计算值进行比较，分析误差产生原因。

(2)把场效应管放大器与晶体管放大器各项动态指标参数进行比较，总结场效应管放大器的特点。

(3)分析测试中的问题，总结实验收获。

2.1.3　三极管共发射极放大电路的仿真

1．实验目的

(1)掌握 Multisim 7 仿真软件的使用方法。

(2)掌握在 Multisim 7 仿真软件工作平台上测试静态工作点、电压放大倍数、输入电阻和输出电阻。

（3）了解静态工作点的改变对放大器工作的影响。

（4）掌握用 Multisim 7 测试放大器的频率工作特性。

2. 实验原理

实验原理参见 2.1.1，利用 Multisim 7 仿真软件测试放大器的静态工作点有两种方法，一是利用电压表，电流表直接测量 Q 点。二是利用软件里的直流工作点分析，即点击菜单栏里的"Analysis"→"DC Operating Point"。本实验采用第一种方法。

3. 实验内容与步骤

（1）创建如图 2-1-6 所示的实验电路。

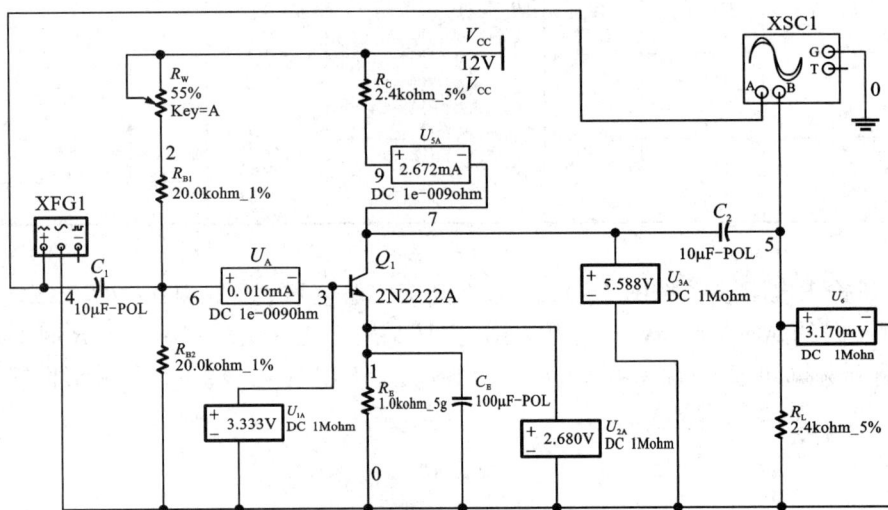

图 2-1-6　三极管共发射极放大电路

①启动 Multisim 7 仿真软件。

②按图 2-1-6 创建电路。从指针元件库调用电压表、电流表，从虚拟仪器中调用信号发生器和示波器。

③仔细检查电路，然后保存。

（2）测试静态工作点 Q。

①断开信号发生器，设置电压表和电流表参数。双击图中各电流表、电压表图标，弹出面板后进行设置。电流表和电压表都设置为直流（DC）表。

②按下仿真开关，观测电流 I_{BQ}、I_{CQ} 和电压 U_{BQ}、U_{CQ}、U_{EQ} 的读数，自拟实验表格记录数据，把仿真结果与理论计算值比较。

（3）观察输入、输出波形。

①撤销测量静态工作点所设置的电流表和电压表，用导线连通电路，然后连接信号发生器，将测量 u_i、u_o 的电压表设置为交流（AC）表。打开信号发生器面板，设置输出频率为 1 kHz、幅值为 10 mV 的正弦波。虚拟示波器调节方法与实际示波器一样。放大器输入的交流信号送入示波器 A 通道，放大器输出的交流信号送入 B 通道（可设置为红色）。

打开示波器面板进行设置。"Time Base"设置为"1 ms/div"；"Channel A"设置为"10 mV/

div"；"Channel B"设置为"1 V/div"，选择"Y/T"显示方式。A、B 通道的输入方式都选择"AC"输入方式；"Trigger"设置"Auto"触发方式。

②按下仿真开关，运行电路。观察输入、输出电压的波形，如图 2 - 1 - 7 所示。

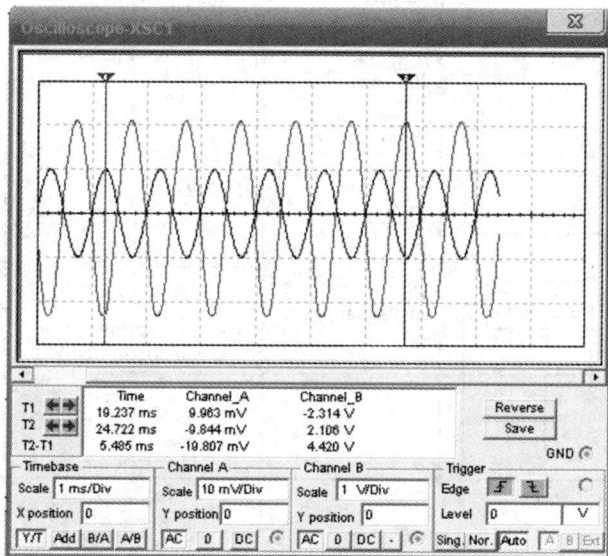

图 2 - 1 - 7　三极管共发射极放大电路的输入、输出波形

注意黑色为输入 u_i 的波形，红色则为输出 u_o 的波形，比较输入和输出电压的大小以及相位关系。

（4）测量电压放大倍数 A_u。

①若电路工作正常，且信号不失真，测量电路输入、输出电压的有效值。计算电压放大器倍数 A_u。

②或者利用示波器测量输入、输出波形的幅值。示波器上有两个游标，能读取每个游标处数据，可直接移动游标到输入、输出波形的波峰处，读出输入、输出波形的幅值，求出电压放大倍数 A_u。

（5）观察 R_L 改变对放大倍数 A_u 的影响。

将图 2 - 1 - 6 中负载电阻分别调整为 10 kΩ、510 Ω 或去掉负载电阻输出端开路三种情况时，启动仿真按钮，分别测量三种情况时的输入、输出电压值，计算 A_u。观察 R_L 的改变对放大倍数 A_u 的影响。

（6）测量输入电阻 R_i。

①创建如图 2 - 1 - 8 所示的测量输入电阻的仿真电路，取 $R = 2$ kΩ。

在输出波形不失真的情况下，用交流电压表测出信号源的电压值 U_S、放大电路输入信号 U_i，代入公式 $R_i = \dfrac{U_i}{U_S - U_i}R$，计算出输入电阻 R_i。

②或者直接用交流电压表和交流电流表测试放大电路输入端的电压 U_i 和电流 I_i，然后利用公式 $R_i = \dfrac{U_i}{I_i}$，计算出 R_i。

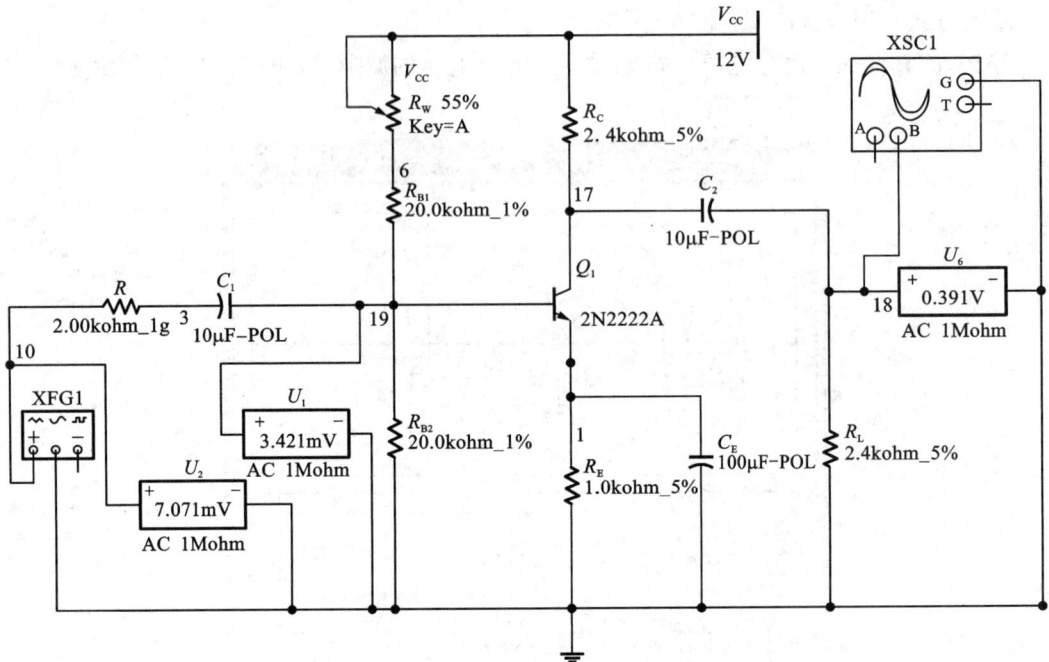

图 2 - 1 - 8　测量输入电阻的仿真电路

(7) 测量输出电阻 R_o。创建如图 2 - 1 - 9 所示的测量输出电阻 R_o 的仿真电路,用开关 J 来描述电路带负载和不带负载的情况。启动仿真按钮仿真电路,在保证输出波形不失真的条件下,用交流电压表测得开关断开时的电压 U_o 值,然后按下键盘上的 "B" 键,此时开关 J 闭合,测得带负载时的电压 U_L 的值。利用公式 $R_o = \left(\dfrac{U_o}{U_L} - 1 \right) R_L$,计算出输出电阻 R_o。

(8) 观察最大不失真输出电压。令 $R_L = 2.4 \text{ k}\Omega$,增大信号发生器的信号幅度,使输出波形失真。再逐步减少输入使输出波形刚好不失真,此时的输出即为最大不失真输出电压。用交流电压表测量最大不失真输出电压值。

(9) 观察静态工作点对电路工作的影响。

① 按动键盘上的 A 键,增大电位器 R_W 的值,观察截止失真现象,自拟表格测量和记录放大电路的静态工作点和输出波形。

② 按动 "Shift + A" 键,减小电位器 R_W 的值,观察饱和失真现象,测量和记录放大电路的静态工作点和输出波形。

(10) 频率特性分析。

① 打开实验电路 2 - 1 - 6。在菜单栏中依次执行 "Option" → "Preference" → "Circuit" → "Show Node Names",显示电路上的节点编号。

② 在菜单栏中依次执行 "Simulate" / "Analysis" / "AC Analysis" 命令,将弹出 "AC Analysis" 对话框,进入交流分析如图 2 - 1 - 10 所示。

③ "AC Analysis" 对话框有 "Frequency Parameters"、"Output Variables"、"Miscellaneous Options" 和 "Summary" 4 个选项。首先用鼠标单击其中的 "Output Variables" 选出节点,进行仿

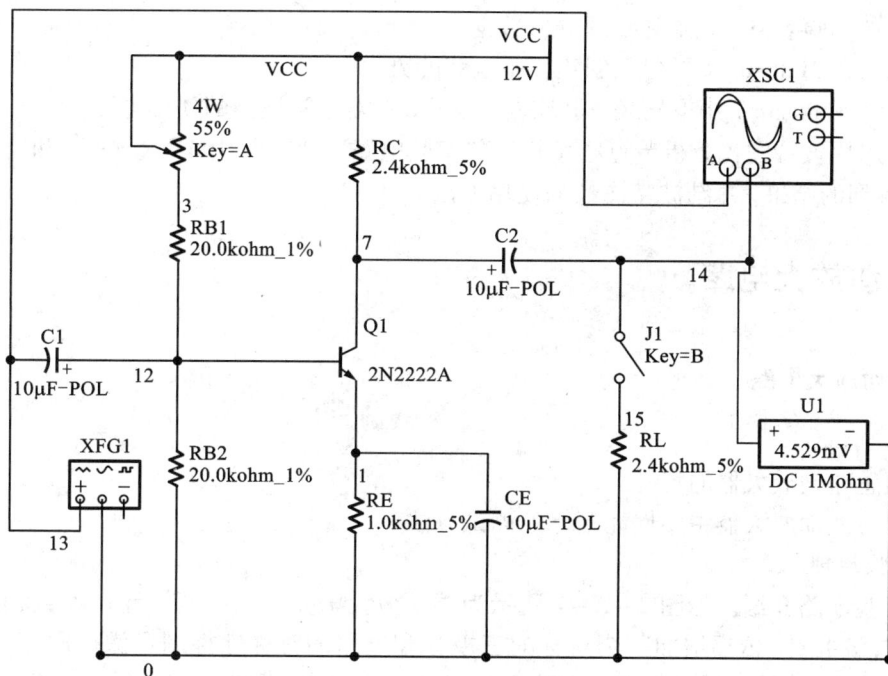

图 2 - 1 - 9　测量输出电阻的仿真电路

真。然后单击"Frequency Parameters"选项，进行参数设置。在"Start Frequency"中设置开始频率为 1 Hz，在"stop Frequency"中设置终止频率为"10 GHz"（10 倍频扫描），在"sweep type"中设置扫描方式为"Decade"，在"Number of Points Per Decade"中设置十倍频扫描的点数，默认值为 10。在"Vertical Scale"窗口中，选择纵坐标刻度形式为"Logarithmic"（对数）。

　　④按下仿真按钮，即可显示被分析节点的频率特性波形。包括该电路的幅频特性和相频特性。如图 2 - 1 - 11 所示。

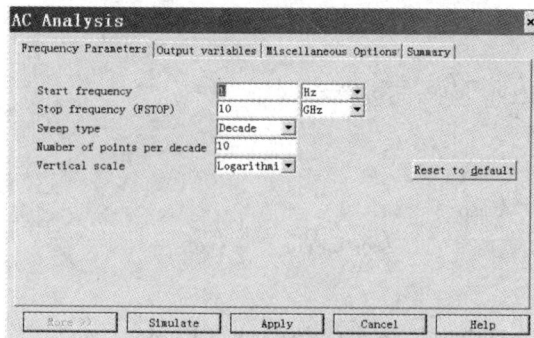

图 2 - 1 - 10　AC Analysis 对话框

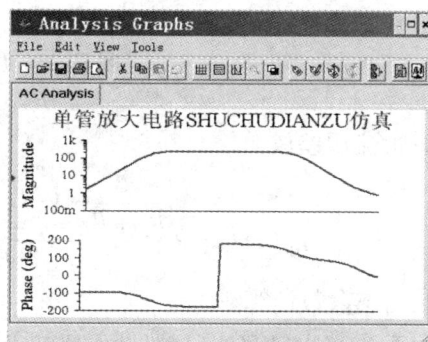

图 2 - 1 - 11　频率特性波形

　　⑤自己利用波特图仪，分析交流频率特性。

4. 实验总结

(1)自拟实验表格,记录和整理分析数据。

(2)总结在 Multisim 7 平台上创建实验电路的方法。

(3)总结 Multisim 7 中电压表、电流表、信号发生器、示波器的使用方法。

(4)画出用波特图仪分析节点频率特性的实验电路。比较利用 AC Analysis 和波特图仪法仿真分析得到的结果,总结波特图仪的使用方法。

2.2　差动放大电路

2.2.1　差动放大电路

1. 实验目的

(1)熟悉差动放大器的特性。

(2)学习差动放大器主要性能指标的测试方法。

2. 实验原理

(1)实验电路介绍。如图 2 - 2 - 1 所示为差动放大电路。它由两个元件参数相同的基本共射放大电路组成,依靠增加一个对称的三极管和电路的对称性抑制零漂。调零电位零 R_W 用来调节 V_1、V_2 管的静态工作点,使得输入信号 $u_i = 0$ 时,双端输出电压 $u_o = 0$。当开关 K 拨向左边时,构成典型的差动放大器。发射极电阻 R_E 对差模信号无负反馈作用,但对共模信号有较强的负反馈作用,可以有效地减小每管的零漂,提高电路的共模抑制比。当开关 K 拨向右边时,构成具有恒流源的差动放大器。它用晶体管恒流源代替 R_E,由于恒流源动态电阻大,因此可以进一步提高差动放大电路抑制共模信号的能力。

差动放大电路有四种工作方式:单端输入,单端输出;单端输入,双端输出;双端输入,单端输出;双端输入,双端输出。本实验中,以单端输入,单端输出及双端输出为主要测试内容,对典型差动放大器和恒流源差动放大器性能进行比较。

(2)差动放大器的分析。

①静态工作点计算。

A. 典型差放。

$$I_{EQ} \approx \frac{|V_{EE}| - U_{BEQ}}{R_E} \qquad I_{CQ1} = I_{CQ2} = \frac{1}{2} I_{EQ}$$

B. 恒流源差放。

$$I_{CQ3} \approx I_{EQ3} \approx \frac{\dfrac{R_2}{R_1 + R_2}(V_{CC} + |V_{EE}|) - U_{BEQ}}{R_E} \qquad I_{CQ1} = I_{CQ2} = \frac{1}{2} I_{EQ3}$$

②动态参数计算。

A. 差模放大倍数 A_{ud}。典型差放和恒流源差放差模电压放大倍数的计算相同。

双端输出:$A_{ud} = \dfrac{\Delta U_o}{\Delta U_i} \approx -\dfrac{\beta R_C}{R_B + r_{be}}$

单端输出:$A_{ud1} = \dfrac{\Delta U_{c1}}{\Delta U_i} \approx -\dfrac{\beta R_C}{2(R_B + r_{be})}$

B. 共模放大倍数 A_{uc}。

单端输出：$A_{uc1} = \dfrac{\Delta U_{c1}}{\Delta U_i}$

双端输出：$A_{uc} = \dfrac{\Delta U_{oc}}{\Delta U_i}$

理想情况下，双端输出 A_{uc} 为零，实际上由于电路不可能完全对称，A_{uc} 不可能为零。

C. 共模抑制比 K_{CMR}。

$$K_{CMR} = \left| \frac{A_{ud}}{A_{uc}} \right|$$

K_{CMR} 越大，差动放大电路性能越好。

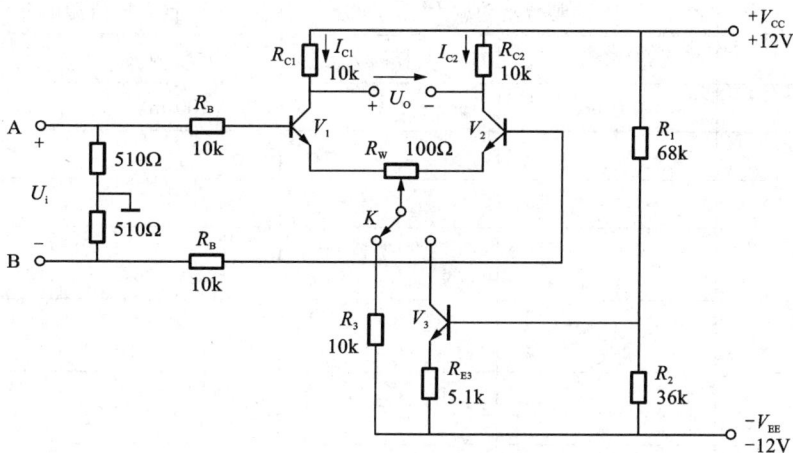

图 2 - 2 - 1　差动放大电路

3. 实验仪器与器件

（1）±12 V 直流电源；（2）函数信号发生器；（3）双踪示波器；（4）交流毫伏表；（5）直流电压表；（6）晶体三极管 3DG6 ×3，要求 V_1、V_2 管特性参数一致；（7）电阻器若干。

4. 实验内容及步骤

（1）典型差动放大器性能测试。按图 2 - 2 - 1 连接实验电路，开关 K 拨向左边构成典型差动放大器。

①调节放大器零点。信号源不接入。将放大器输入端 A、B 与地短接，接通 ±12 V 直流电源，用直流电压表测量输出电压 U_o，调节调零电位器 R_w，使 $U_o = 0$。调节要仔细，力求准确。

②测量静态工作点。零点调好以后，用直流电压表测量 V_1、V_2 管各管脚电压，记入表 2 - 2 - 1。

表 2 - 2 - 1　静态工作点测试表

V_1			V_2		
U_{BQ}	U_{CQ}	U_{EQ}	U_{BQ}	U_{CQ}	U_{EQ}

③测量差模电压放大倍数。将函数信号发生器的输出端接放大器输入 A 端,地端接放大器输入 B 端构成单端输入方式,调节输入信号为频率 $f = 1$ kHz 的正弦信号,逐渐增大输入电压 U_i(约 100 mV),用示波器观察输出端 u_{C1} 或 u_{C2} 的波形。在输出波形无失真的情况下,用交流毫伏表测 U_i、U_{C1} 和 U_{C2},记入表 2 – 2 – 2 中,并观察三者之间的相位关系及 U_{RE} 随 U_i 改变而变化的情况。

④测量共模电压放大倍数。将放大器 A、B 短接,信号源接 A 端与地之间,构成共模输入方式,调节输入信号 $f = 1$ kHz,$U_i = 1$ V,在输出电压无失真的情况下,测量 U_{C1} 和 U_{C2},记入表 2 – 2 – 2,并观察两者之间的相位关系及 U_{RE} 随 U_i 改变而改变的情况。

表 2 – 2 – 2　差动放大电路测试

	典型差动放大		具有恒流源的差动放大	
	差模输入	共模输入	差模输入	共模输入
U_i	100 mV	1 V	100 mV	1 V
U_{C1}				
U_{C2}				
$A_{ud1} = \dfrac{U_{C1}}{U_i}$		/		/
$A_{ud} = \dfrac{U_o}{U_i}$		/		/
$A_{uc1} = \dfrac{U_{c1}}{U_i}$	/		/	
$A_{uc1} = \dfrac{U_o}{U_i}$	/		/	
$K_{CMR} = \left\| \dfrac{A_{ud1}}{A_{uc1}} \right\|$				

(2)具有恒流源的差动放大电路性能测试。将图 2 – 2 – 1 电路中开关 K 拨向右边,构成具有恒流源的差动放大电路。重复内容(1) – ③、(1) – ④的要求,并将结果记入表 2 – 2 – 2 中。

5. 实验总结

(1)整理实验数据,列表比较实验结果和理论估算值,分析误差原因。

①静态工作点和差模电压放大倍数。

②典型差动放大电路单端输出时的实测值与理论值比较。

③典型差动放大电路单端输出时的实测值与具有恒流源的差动放大器实测值比较。

(2)比较 U_{C1},U_{C2} 和 U_i 之间的相位关系。

(3)根据实验结果,总结发射极电阻和恒流源的作用。

2.2.2　差动放大电路的仿真

1. 实验目的

(1)掌握 Multisim 7 仿真软件的使用方法。

（2）掌握在 Multisim 7 仿真软件工作平台上测试差动放大器静态工作点、差模和共模放大倍数。

2. 实验原理

实验原理参见 2.2.1。

3. 实验内容及步骤

（1）创建如图 2－2－2 所示的实验电路。

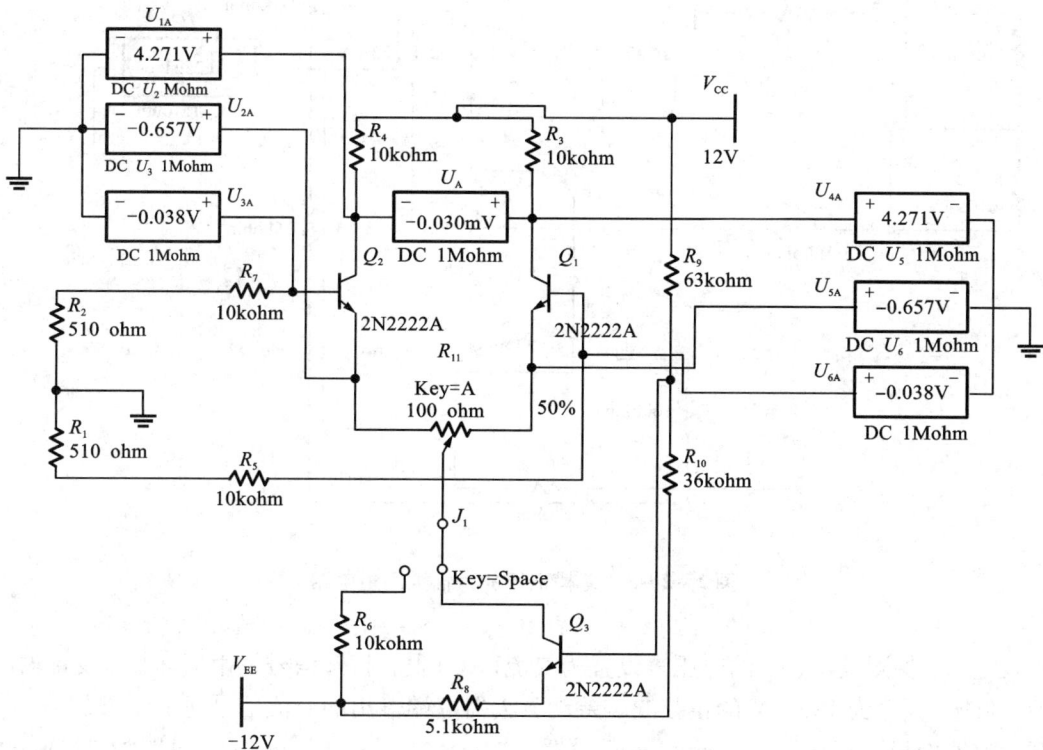

图 2－2－2　静态工作点测试电路

①启动 Multisim 7 仿真软件。

②按图 2－2－2 创建电路。从指针元件库调用电压表。

③仔细检查电路，然后保存。

（2）测试静态工作点 Q。

①设置电压表参数。双击图中各电压表图标，弹出面板后进行设置。都设置为直流（DC）表。并且将开关 J_1 拨向左边，即按下键盘上"Space"键，构成典型差动放大电路。

②按下仿真开关，按键盘上的"A"或"Shift + A"改变电位器 R_W 使 U_7 的数值尽量接近 0。然后观测电压 U_{BQ}、U_{CQ}、U_{EQ} 的读数，自拟实验表格记录数据，把仿真结果与理论计算值比较。

（3）测量差模电压放大倍数。

①撤销测量静态工作点所用的部分电压表，按照图 2－2－3 用导线连通电路，然后连接

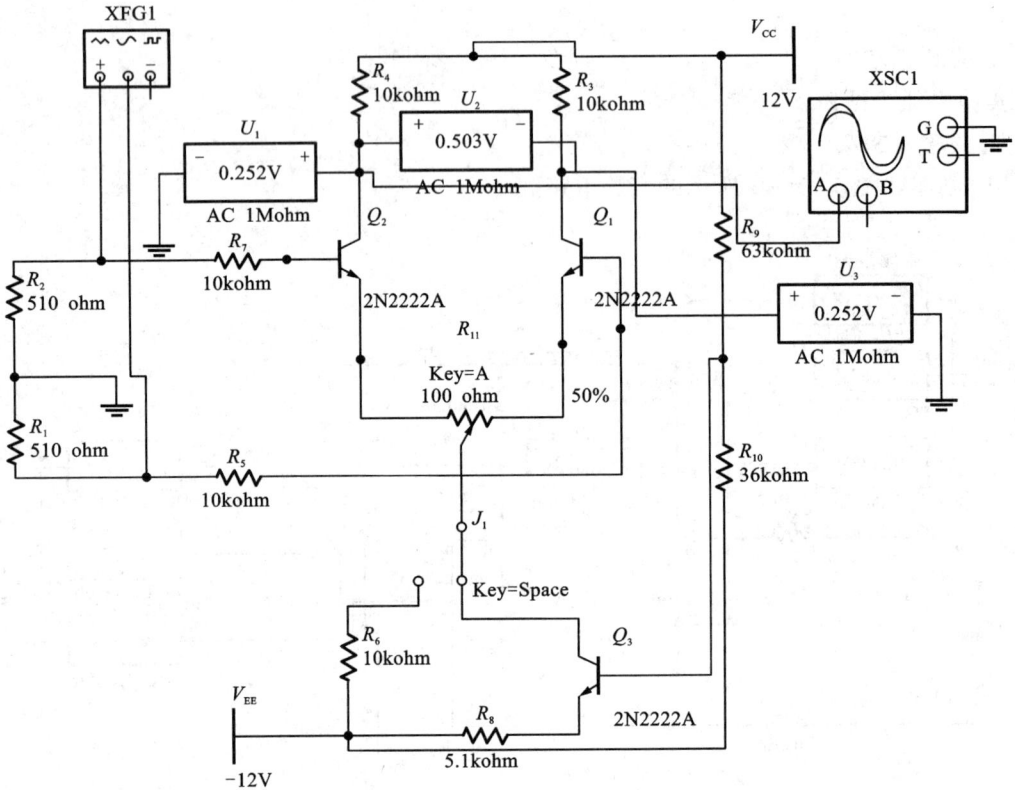

图 2 - 2 - 3　差模电压放大倍数测量电路

信号发生器，将测量 u_i、u_o 的电压表设置为交流（AC）表。打开信号发生器面板，设置输出频率为 1 kHz、幅值为 100 mV 的正弦波。差动放大器双端输出的交流信号送入示波器 A 通道。打开示波器面板进行设置。"Time Base"设置为"1 ms/div"；"Channel A"设置为"1 V/div"，选择"Y/T"显示方式。通道的输入方式都选择"A C"输入方式；"Trigger"设置"Auto"触发方式。

②按下仿真开关，运行电路。观察输出电压的波形，并记录差动放大器单端输出和双端输出的电压值。计算差模电压放大倍数。

（4）测量共模电压放大倍数。

①按照图 2 - 2 - 4 接好电路。打开信号发生器面板，设置输出频率为 1 kHz，幅值为 1 V 的正弦波，若电路工作正常，且信号不失真，测量计算共模电压放大倍数 A_{uc1} 和 A_{uc}。

（5）具有恒流源的差动放大电路性能测试。将开关 J_1 拨向右边，就构成了具有恒流源的差动放大电路。重复内容（3）、（4）的要求，完成具有恒流源的差动放大电路性能测试。

4．实验总结

（1）自拟实验表格，记录和整理分析数据。

（2）总结在 Multisim 7 平台上创建实验电路的方法。

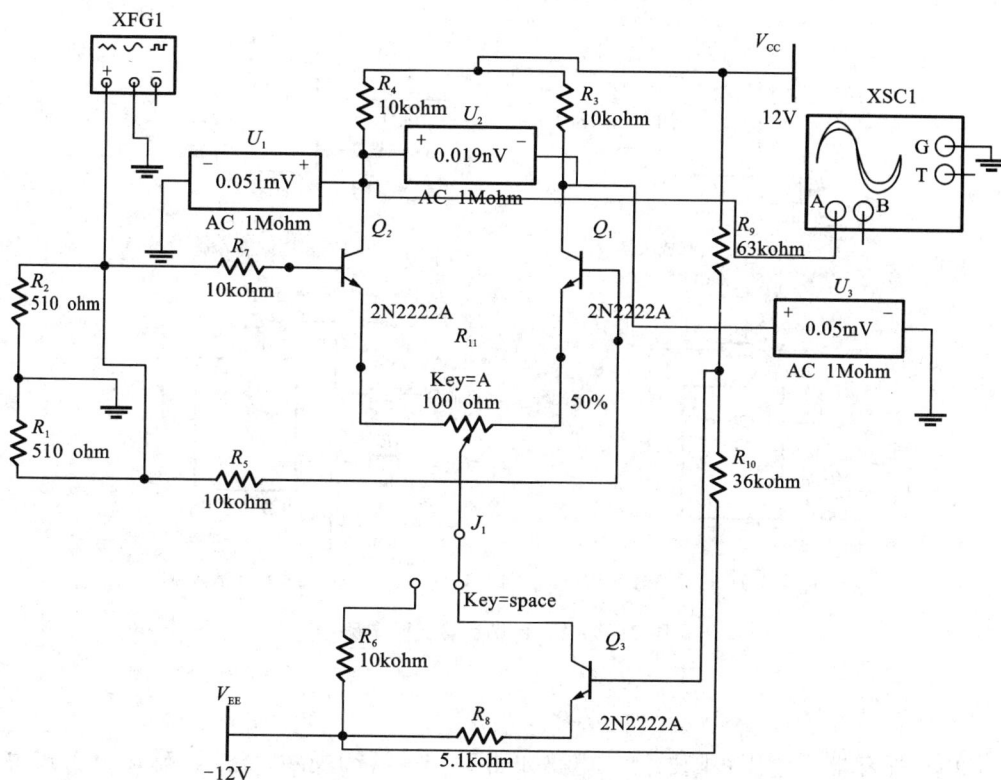

图 2 - 2 - 4 共模电压放大倍数测量电路

2.3 集成运算放大器的基本应用电路

2.3.1 比例运算电路

1. 实验目的

(1)熟悉由集成运算放大器组成的基本比例运算电路的运算关系。

(2)掌握集成电路比例运算电路的调试和实验方法,验证理论分析结果。

2. 实验原理

比例运算实验电路如图 2 - 3 - 1 所示。

(1)反相比例运算电路。反相比例放大器测试电路如图 2 - 3 - 1(a)所示,输入、输出关系式为:

$$U_O = - (R_f/R_1) U_I$$
$$R_2 = R_1 /\!/ R_f$$

(2)同相比例运算电路。同相比例放大器测试电路如图 2 - 3 - 1(b)所示,输入、输出关系式为:

$$U_O = (1 + R_f/R_1) U_I$$

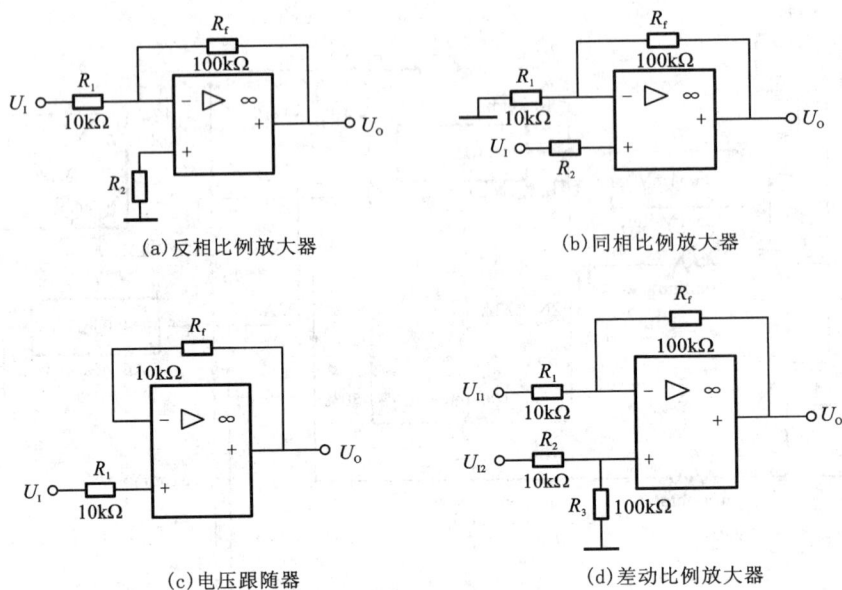

(a)反相比例放大器　　　　　　　　　　(b)同相比例放大器

(c)电压跟随器　　　　　　　　　　(d)差动比例放大器

图 2 – 3 – 1　比例运算实验电路

$$R_2 = R_1 /\!/ R_f$$

（3）电压跟随器。电压跟随器测试电路如图 2 – 3 – 1(c)所示，输入、输出关系式为：

$$U_O = U_I$$

（4）差动比例放大器。差动比例放大器测试电路如图 2 – 3 – 1(d)所示，输入、输出关系式为：

$$U_O = (U_{I2} - U_{I1})(R_f / R_1)$$

（5）比例运算电路的误差分析结论与补偿方法简介。比例运算电路是集成运算放大器的重要应用之一。如各种加、减法运算电路都可以看成是比例运算电路的延伸。比例运算电路的设计问题，在实际应用中是比较复杂的。实际运算电路的运算关系与理想的运算关系之间存在偏差，会影响运算精度而造成运算误差。因此，正确选用运算放大器是设计外接电路参数的依据。

运算放大器的运算误差主要来源有两个方面：一是失调和漂移误差；二是参数不理想引起的误差，现讨论如下：

①失调和漂移误差。误差分析电路如图 2 – 3 – 2 所示。

A. 输入端失调误差电压。由失调电压 U_{IO} 和失调电流 I_{IO} 造成的输出端总的失调误差电压 ΔU_O 为：

$$\Delta U_O = (1 + R_f / R_1) U_{IO} + I_{IO} R_f \qquad I_O = I_{BW} - I_{BP}$$

习惯上常将输出失调误差电压折合到运算电路的输入端，用输出失调误差电压除以不同电路的闭路增益，可得到输入端失调误差 ΔU_i 为：

反相端输入　　$\Delta U_i = (1 + R_1 / R_f) U_{IO} + I_{IO} R_1$

同相端输入　　$\Delta U_i = U_{IO} + R' I_{IO}$

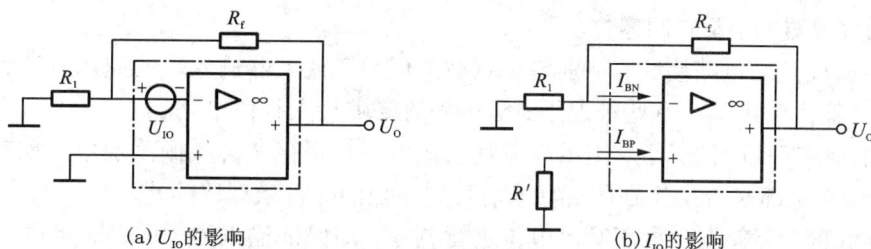

(a) U_{IO}的影响　　　　　　(b) I_{IO}的影响

图 2 - 3 - 2　集成运算放大器误差分析电路

补偿失调电压的方法：

a. 为了减少失调引起的误差，在设计比例运算电路时，应尽量选用失调参量小的集成运算放大器，另外，电阻 R_1 的值不宜选择太大，即闭环电压增益不宜太低。

b. 选用 $R' = R_1 /\!/ R_f$ 的静态平衡电路。

c. 采用适当的内部和外部调零电路，消除 U_{IO} 和 I_{IO} 的影响（具体的调零电路请查阅有关资料）。

B. 失调漂移误差电压。输入的失调电压和失调电流是随时间、温度、电源电压而变化的参数，因此由它们引进的误差也随这些因素变化，这种变化称为漂移。若仅考虑温度的变化，可直接求出等效到输入端的失调漂移误差 $\Delta U_i'$ 为：

反相端输入　　$$\Delta U_i' = \left[\left(1 + \frac{R_1}{R_f}\right)\frac{\partial U_{IO}}{\partial T} + R_1\frac{\partial I_{IO}}{\partial T}\right]\Delta T$$

同相端输入　　$$\Delta U_i' = \left[\frac{\partial U_{IO}}{\partial T} + R'\frac{\partial I_{IO}}{\partial T}\right]\Delta T$$

式中，$\dfrac{\partial U_{IO}}{\partial T}$ 为集成运算放大器失调电压系数；$\dfrac{\partial I_{IO}}{\partial T}$ 为集成运算放大失调电流温度系数，在常温下（$T = 25\,℃$），它们可近似表示 $\dfrac{\partial U_{IO}}{\partial T} \approx \dfrac{U_{IO}}{T} = 0.04U_{IO}$；$\dfrac{\partial I_{IO}}{\partial T} = -0.01I_{IO}$。

运算放大器的漂移误差是随机变量，无法用调零的办法进行补偿，因此它是主要的误差来源之一。

减小漂移的途径是：

a. 选用失调漂移小的集成运算放大器。

b. 合理地选择外接电路参数。

在进行运算电路设计时，必须使电路的输入失调漂移 $\Delta U_i'$ 比输入信号最小值 U_{imin} 小得多，即 $\Delta U_i' \ll U_{imin}$。通常可按运算精度的高低确定它们的比值。

例如运算精度 1/100 时，$\Delta U_i'/U_{imin} < 1/100$，否则将不能保证运算精度。

②比例放大器闭环增益误差简介。

A. 比例放大器电路的闭环增益不单纯由外接回路的元件值决定，还与运算放大器本身的开环增益 A_{od}、差模输入电阻 R_{id}、输出电阻 R_o 这几项参数有关。这三个参数中，A_{od} 和 R_{id}，特别是 A_{od}，是引起闭环增益误差的主要原因。

B. 同相比例运算放大器同相端和反相端电压不等于零，且加有共模电压。因此，共模抑制比为有限值时是同相比例运算放大器产生运算误差的重要因素之一。

③比例放大器的消振、调零方法。

A. 按照所设计的电路接线，特别要注意被选用运算放大器输入端的应用方法，弄清电源端、调零端、输入输出端。有些情况下，需按手册要求接入补偿电路。

B. 在输入端接地的情况下，用示波器观察输出端是否存在自激振荡现象。如有，应调整补偿电容，检查电路是否工作在闭环状态，直到完全消除自激现象为止。

C. 在运算前，应首先对直流输出电位进行调零，即保证输入为零时，输出也为零。当运放有外接调零端子时，可按组件要求接入调零电位器 R_W。调零时，将输入端接入电位器 R_W，用直流电压表测量输出电压 U_0，调节 R_W，使 U_0 为零。如运放没有调零端子，若要调零，可按调零电路进行调零。

3. 实验仪器与器件

(1)直流稳压电源；(2)示波器；(3)直流信号源；(4)数字万用表；(5)集成运放 μA741 ×1；(6)电阻若干。

4. 实验内容及步骤

(1)反相比例运算电路。

①组装实验电路。反相比例放大器测试电路如图 2 -3 -1(a)所示。集成运放 μA741 的引脚排列如图 2 -3 -3 所示，根据集成运算放大器 μA741 的引脚功能，组装实验电路，检查无误后接通电源。

②消振。将输入端接地，用示波器观察输出端是否在自激振荡。若存在，应采取适当的措施加以消除。

③调零。将输入端接地，用直流电压表检测输出电压，检查 U_0 是否等于零。若 U_0 不等于零，应调节调零电位器，保证 U_1 等于零时，U_0 等于零。

④在输入端加入直流信号，分别为 0.1 V 和 0.2 V，用直流电压表测量输出电压 U_0。将测量值记入表 2 -3 -1 中。

(2)同相比例运算电路。

①同相比例放大器测试电路如图 2 -3 -1(b)所示。按图接线，检查无误后接通电路。

②消振，调零，同方法(1)中的②、③。

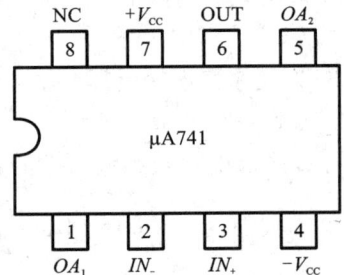

图 2 -3 -3　μA741 的引脚排列图

表 2 -3 -1　U_0 与 U_1 关系表

直流输入电压 U_1/V		反相比例放大器		同相比例放大器	
		0.1	0.2	0.1	0.2
输出电压 U_0	理论估算值				
	测量值				
	误差(%)				

③在输入端加入直流信号，信号的电压值见表 2 -3 -1，输出电压测量值记入表 2 -3 -1

中。

(3)电压跟随器。按图 2 – 3 – 1(c)所示接线。检查无误后接通电源,调零,然后输入端加入直流信号,信号的电压值见表 2 – 3 – 2。测量输出电压 U_0,将测量值记入表 2 – 3 – 2 中。

(4)差动比例放大器。按图 2 – 3 – 1(d)所示接线,接通电源,消振、调零,输入端 U_{I1}、U_{I2} 同时加入直流信号,信号的电压值见表 2 – 3 – 2(注意信号的极性),测量输出电压 U_0,测量值记入表 2 – 3 – 2 中。

4. 实验总结

(1)总结理想运算放大器有哪些特点?

(2)总结比例运算电路的运算精度与电路中哪些参数有关? 如果运算放大器已定,如何减小运算误差?

(3)在图 2 – 3 – 1(a)电路中,若使输入端对地短路,而输出电压 U_0 不等于零,说明电路存在什么问题?

(4)在图 2 – 3 – 1(a)中,输入端接地后,用电压表测量出电压 U_0,发现 U_0 等于电源电压值,能否说明电路发生了什么问题?

表 2 – 3 – 2　U_0 与 U_I 关系表

直流输入电压 U_I(V)		电压跟随器		差动比例放大器	
		0.1	0.2	$U_{I1} = +0.1$ V $U_{I2} = -0.1$ V	$U_{I1} = +0.2$ V $U_{I2} = -0.2$ V
输出电压 U_0(V)	理论估算值				
	测量值				
	误差(%)				

2.3.2　求和运算电路

1. 实验目的

(1)加深对集成运算电路各元件参数之间,输入输出之间函数关系的理解,学会选择求和运算电路中个别元件参数。

(2)练习自拟实验步骤,提高独立实验的能力。

2. 实验原理

求和运算实验电路如图 2 – 3 – 4 所示。

(1)反相求和电路。分析图 2 – 3 – 4(a)所示的反相求和电路可知:

∵ $R_1 = R_2 = R_3 = R_4$　　$U_0 = -(U_{I1} + U_{I2} + U_{I3} + U_{I4})(R_f/R_1)$

∴ $R' = R_f /\!/ (R_1 /\!/ R_2 /\!/ R_3 /\!/ R_4)$

(2)双端输入求和电路。分析图 2 – 3 – 4(b)所示的双端输入求和电路可知:有 $R' = R_f$,且 $R_1 = R_2 = R_3 = R_4$,则 $U_0 = (U_{I4} + U_{I3} - U_{I1} - U_{I2})(R_f/R_1)$

(3)求和电路的设计与应用。通过设计实验掌握求和电路的设计方法,了解影响求和运算精度的因素,进一步熟悉电路的特点和功能。

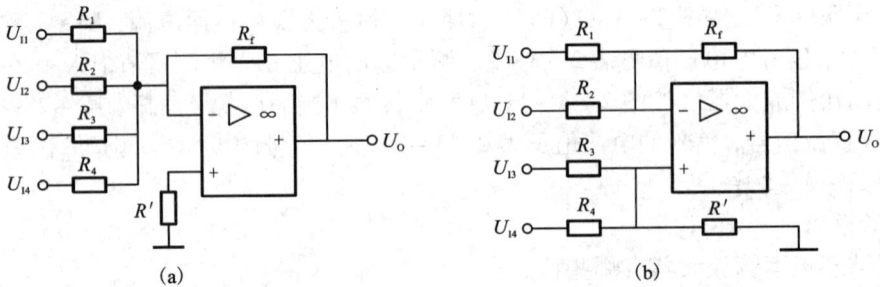

图 2 − 3 − 4　求和运算实验电路

3. 实验仪器与器件

(1)直流稳压电源;(2)示波器;(3)直流信号源;(4)数字万用表;(5)运算放大器 LM324 或 OP02;(6)电阻若干。

4. 实验内容及步骤

(1)反相求和电路。

①分析图 2 − 3 − 4(a) 所示的反相求和电路,估算 R' 数值。图中 $R_f = 100$ kΩ, $R_1 = R_2 = R_3 = R_4 = 10$ kΩ。

②设输入信号 $U_{I1} = 1$ V, $U_{I2} = 2$ V, $U_{I3} = -1.5$ V, $U_{I4} = -2$ V,估算 U_0 值。

③自拟实验步骤,选择实验仪器设备,在通用实验板上按 2 − 3 − 4(a) 所示组装电路,验证 U_0 值,LM324 的管脚排列如图 2 − 3 − 5 所示。

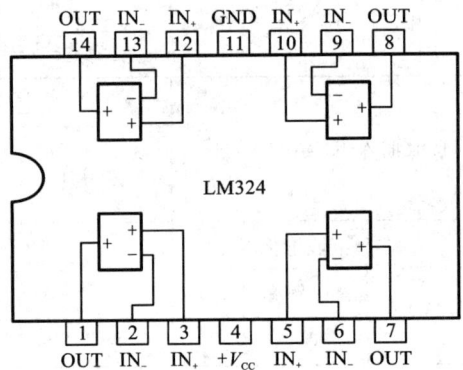

图 2 − 3 − 5　LM324 的管脚排列图

(2)双端输入求和电路。

①双端输入求和电路如图 2 − 3 − 4(b) 所示。图中 $R_f = 100$ kΩ,在下列条件下计算 R_1、R_2、R_3、R_4 和 R' 阻值,选出标称值。

条件 A: $U_0 = 10(U_{I4} + U_{I3} - U_{I1} - U_{I2})$

条件 B: $R_1 // R_2 // R_f = R_5 // R_4 // R'$

②自拟实验步骤,选择实验仪器设备,在通用实验板上按图 2 − 3 − 4(b) 所示电路接线,验证当输入直流信号 $U_{I1} = 1$ V、$U_{I2} = 2$ V、$U_{I3} = 1.5$ V、$U_{I4} = 2$ V 时,输出电压 U_0 值。

(3)求和电路的设计。

①设计题目。

A. 设计一个数学运算电路,实现下列运算关系: $U_0 = 2U_{I1} + 2U_{I2} - 4U_{I3}$

已知条件如下: $U_{I1} = 50 \sim 100$ mV、$U_{I2} = 50 \sim 200$ mV、$U_{I3} = 20 \sim 100$ mV

B. 设计一个能实现下列运算关系的电路。

$$U_0 = 10U_{I1} - 5U_{I2}$$

$$U_{I1} = U_{I2} = 0.1 \sim 1 \text{ V}$$

C. 设计一个由两个集成运算放大器组成的交流放大器。设计要求如下:

输入阻抗	10 kΩ
电压增益	10^3 倍
频率响应	20 ~ 100 Hz
最大不失真电压	10 V

②设计要求。

A. 根据设计题目要求，选定电路，确定集成运算放大器型号，并进行参数设计。

B. 按照设计方案组装电路。

C. 对数学运算电路，在题目所给输入信号范围内，任选几组信号输入，测出相应的输出电压 U_0。将 U_0 的实测值与理论计算值作比较，计算误差。

D. 分析运算放大器非理想特性对运算精度的影响，在其他参数不变的情况下，换用开环增益较高的集成运算放大器，重复内容 C，试比较运算误差，作出正确结论。

E. 对交流放大电路，测量放大器的输入阻抗、电压增益、上限频率、下限频率和最大不失真输出电压值。如果测量值不满足设计要求，要进行相应的调整，直到达到设计要求为止。

5. 实验总结

(1)总结反相求和与双端求和电路在求和运算功能上的差别。

(2)画出设计的电路，列出测试数据，验证设计要求电路是否符合设计要求，总结设计体会。

2.3.3　积分与微分电路

1. 实验目的

(1)了解由集成运算放大器组成的积分运算电路的基本运算关系。

(2)掌握积分电路的调试方法。

(3)了解微分电路的基本运算关系。

2. 实验原理

(1)基本积分电路。基本积分实验电路如图 2 - 3 - 6 所示，当开关 S 断开时开始积分。

基本积分电路方程为：$u_0 \approx -\dfrac{1}{RC} \displaystyle\int u_1 \mathrm{d}t\ (R = R_1 \quad R_2 = R_1)$

(2)求和积分电路。求和积分电路如图 2 - 3 - 7 所示，求和积分电路方程为：

$$u_0 \approx -\frac{1}{RC} \int (u_{I1} + u_{I2})\,\mathrm{d}t\ (R = R_1 = R_2)$$

(3)微分电路。微分电路如图 2 - 3 - 8 所示，微分电路的方程为：$u_0 \approx RC\dfrac{\mathrm{d}u_1}{\mathrm{d}t}(R = R_1)$

(4)积分电路设计。设计一个将方波转换成三角波的反相积分电路，输入方波电压的幅值为 4 V，周期为 1 ms，要求积分器输入电阻大于 10 kΩ，集成运算放大器采用 CF741。

①确定积分电路的结构。积分电路如图 2 - 3 - 9 所示。

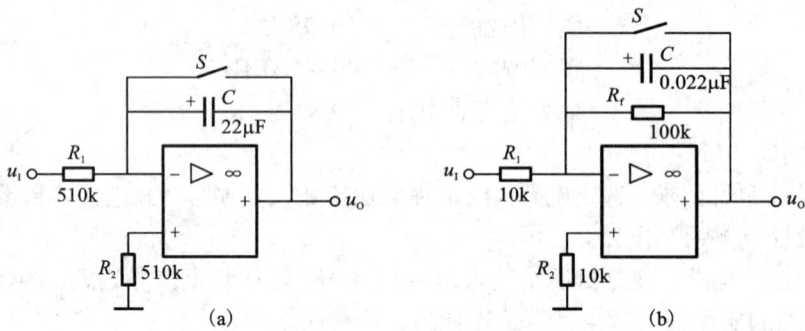

图 2 – 3 – 6　基本积分实验电路

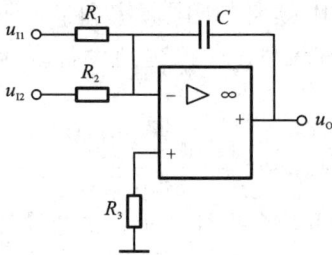

图 2 – 3 – 7　求和积分器　　　图 2 – 3 – 8　微分电路　　　图 2 – 3 – 9　积分电路的设计

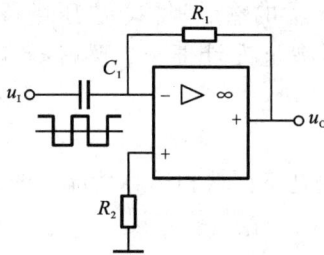

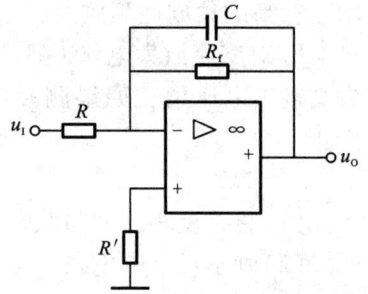

②确定积分器时间常数。用积分电路将方波转换成三角波，就是对方波的每半个周期分别进行不同方向的积分运算。在正半周，积分器的输入相当于正极性的阶跃信号。积分时间均为 T/2。如果所用运放的 $U_{Omax} = 10$ V，积分时间常数 RC 为：

$$RC \geq \frac{E}{U_{Omax}}t = \frac{4 \text{ V}}{10 \text{ V}} \times \frac{1}{2} \text{ ms} = 0.2 \text{ ms}$$

取 $RC = 0.5$ ms。

③确定元件参数。为满足输入电阻 $R_i \geq 10$ kΩ，取 $R = 10$ kΩ，则积分电容为

$$C = \frac{0.5 \text{ ms}}{R} = \frac{0.5 \times 10^{-3} \text{ S}}{10 \times 10^3 \text{ Ω}} = 0.05 \text{ μF}$$

为了尽量减小 R_f 所引入的误差，取 $R_f > 10 R$，则 $R_f = 100$ kΩ。补偿运算放大器偏置电流失调的平衡电阻 R' 为：

$$R' = R /\!/ R_f = 10 \text{ kΩ} /\!/ 100 \text{ kΩ} = 9.1 \text{ kΩ}$$

3. 实验仪器与器件

(1)直流稳压电源；(2)示波器；(3)直流信号源；(4)数字万用表；(5)信号发生器；(6)数字秒表；(7)交流毫伏表；(8)集成运放 μA741 × 1；(9)电阻和电容若干。

4. 实验内容及步骤

(1)基本积分放大器。

①按图 2 – 3 – 6(a)所示电路，根据所选运放的引脚功能接线。检查接线无误后，接通电源，消振。

②调整积分零漂。将输入端接地，开关 S 闭合，此时积分器复零。用数字电压表监测输出电压，若输出电压不为零，应调整运算放大器的调零电位器，使 $u_0 = 0$。然后打开开关 S，再次调整调零电位器，使积分器零漂最小。

③在输入端加入直流信号 $u_I = 0.5$ V，用数字万用表监测输出电压。先闭合开关 S 使积分器复零，然后打开 S 观察积分现象，记录输出电压 u_0 与时间 t 的关系（用数字秒表记录时间，可 10 s 读数一次），直到 u_0 基本不变化为止。改变输入信号，使 $u_I = 1$ V，记录 u_0 与时间 t 的关系。实验数据填入表 2 - 3 - 3 中。

表 2 - 3 - 3　积分器的输出和输入关系

$u_I = 0.5$ V	t/s	
	u_0/V	
$u_I = 1$ V	t/s	
	u_0/V	

（2）改进型积分放大器。

①按图 2 - 3 - 6(b) 所示电路接线。检查无误后，接通电源，消振，调零。

②输入幅值为 1 V 的正弦波电压信号，用双踪示波器观察并记录信号频率分别为 500 Hz、1 kHz 时电压 u_I 与 u_0 的幅值和周期。测量结果记入表 2 - 3 - 4 中。

③输入幅值为 1.5 V，频率为 1 kHz 的方波信号，用双踪示波器观察并记录 u_I 与 u_0 的波形。测出 u_0 的幅值，测量结果记入表 2 - 3 - 4 中。

表 2 - 3 - 4　积分器的输出波形及其参数

信号频率/Hz　　波形	500	1000	1500
正弦波	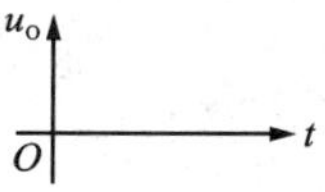	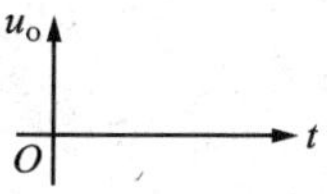	/
方波	/	/	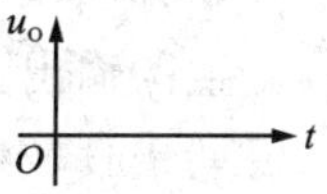

（3）求和积分电路。

①求和积分器实验电路如图 2 - 3 - 7 所示，图中 $R_3 = 510$ kΩ，$C = 1$ μF。集成运算放大器为理想运算放大器，试根据图中所给元件参数，估算 R_1 和 R_2 的阻值。

②分析电路的工作原理，写出 u_0 的表达式。若输入信号 $U_{I1} = U_{I2} = 1$ V，在时间 $T = 15$ s 的范围内，画出求和积分器的输出特性曲线，分别估算 $U_{I1} = 0$、$U_{I2} = 1$ V；$U_{I1} = 1$ V、$U_{I2} = 0$ V；

$U_{I1} = U_{I2} = 1$ V 时的输出电压 u_0 的值。

③组装电路,自拟实验步骤,选择实验仪器及设备,验证②项中所得出的结论。

④注意严格选配电阻 R_1、R_2 及 R_3。参考验证性实验的调零方法,使积分器的积分零漂最小。

⑤观察 $U_{I1} = 0$、$U_{I2} = 1$ V;$U_{I1} = 1$ V、$U_{I2} = 0$ V;$U_{I1} = U_{I2} = 1$ V 时的积分现象,然后将 U_{I1} 和 U_{I2} 均接地,在 $T = 15$ s 的时间内,观察求和积分器的零漂,测 $U_{I1} = U_{I2}$ 时的输出特性曲线,计算实测的漂移值(单位为 mV/s)。

(4)微分电路的应用。

①微分运算电路如图 2 - 3 - 8 所示,图中 $R_1 = 1$ MΩ,$C_1 = 0.1$ μF,估算 R_2 的阻值。

②分析电路工作原理,若输入一定幅值一定频率的方波信号,试定性画出 u_0 的波形。

③自拟实验步骤,组装电路,验证②项中所得出的结论。输入信号的幅值和频率可自选。

5. 实验总结

(1)整理实验数据,分析实验结果,写出实验报告。

(2)积分电路和微分电路的特点是什么?

(3)积分时间常数 RC 根据什么原则确定?

2.3.4　集成运算放大电路的仿真

1. 实验目的

(1)通过电子仿真加深对反相输入、同相输入比例运算电路元件参数之间以及输入输出之间函数关系的理解。

(2)熟悉反相输入、双端输入求和运算电路的特点,学会选择电路中的求和运算元件参数。

(3)进一步理解基本积分电路、改进型积分电路中各参数的作用,以及输入输出波形之间的函数关系。

2. 实验原理

参见 3.2.1、3.2.2 和 3.2.3。

3. 实验内容及步骤

(1)反相输入比例运算电路。

①在 Multisim 7 仿真软件平台上绘制反相输入比例运算电路如图 2 - 3 - 10(a)所示,图中信号发生器输出正弦波信号,信号发生器面板设置如图 2 - 3 - 10(b)所示。

②启动仿真按钮,用示波器观察输入输出波形,注意输入输出波形的相位关系,移动示波器的游标,记录输入输出波形的幅值,计算闭环电压放大倍数,并与理论值进行比较。

(2)在 Multisim 7 仿真软件平台上,依次作同相比例放大器、电压跟随器、差动比例放大器等实验内容。

(3)在 Multisim 7 仿真软件平台上按照图 2 - 3 - 4 绘制反相求和电路和减法电路。

①设置输入信号为 $U_{I1} = 2$ V、$U_{I2} = 2$ V、$U_{I3} = 3.5$ V、$U_{I4} = 2$ V 时,启动仿真按钮,记录输出电压 U_0。

②改变各输入信号的电压值,重新仿真,记录仿真结果 U_0。

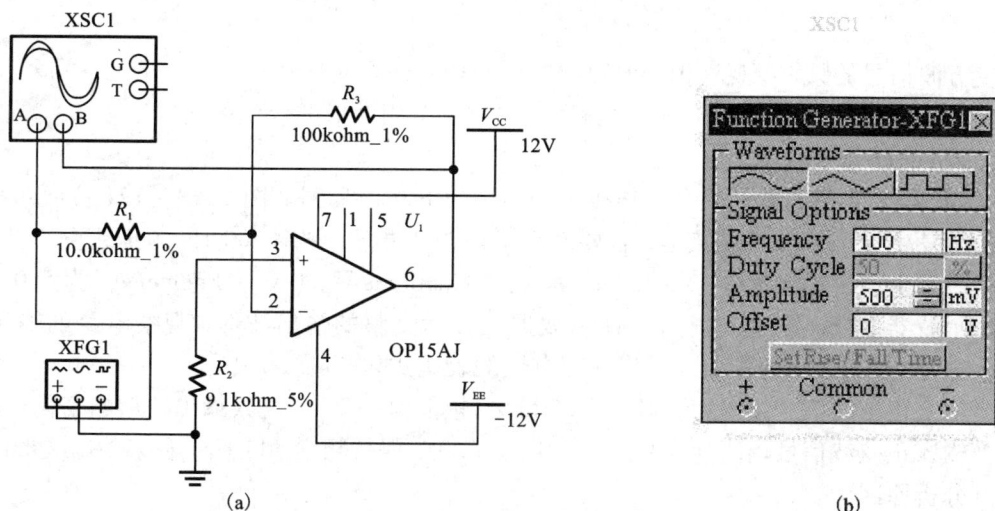

图 2 - 3 - 10　反相比例放大仿真电路

③写出输出电压与输入电压的表达式,比较理论值与仿真结果,分析误差原因。

(4)基本积分电路。

①在 Multisim 7 仿真软件工作平台上连接基本积分仿真电路如图 2 - 3 - 11 所示。

②输入直流信号 12 V,开关 J_1 一旦断开,积分电路便开始积分,观察积分电路输出波形,自拟实验表格,记录积分时间和输出电压饱和值。

改变积分电路输入电压,保持其他参数不变,重复以上实验内容。

改变电阻 R_1、R_2 值(保证 $R_1 = R_2$),保持其他参数不变,重复以上实验内容。

改变集成运放的电源电压值,保持其他参数不变,重复以上实验内容。

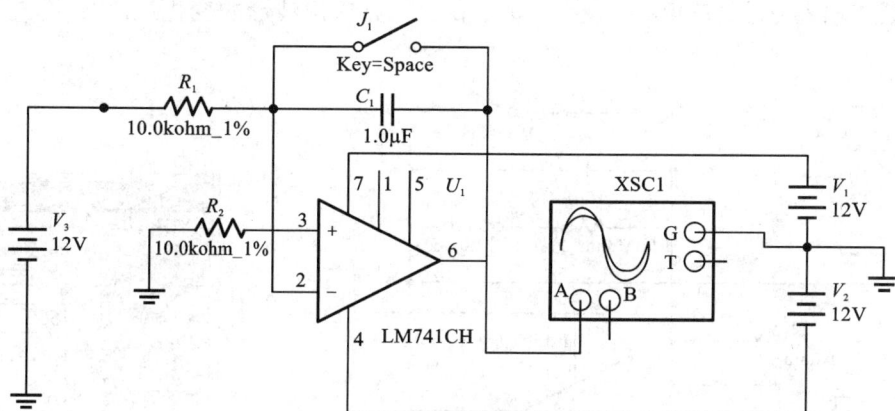

图 2 - 3 - 11　基本积分仿真电路

③图 2 - 3 - 11 基本积分电路中若输入端用函数信号发生器送入方波信号:$f = 50$ Hz,峰值为 20 V,占空比 50%,偏移为 0,观察积分电路的输出波形。

改变方波信号的峰值,保持其他参数不变,在示波器上观察积分电路的输出波形有什么变化?

改变方波信号的频率,观察积分电路的输出波形有什么变化?

改变方波信号的占空比为30%,观察积分电路的输出波形的变化情况。

(5)改进的积分电路。

①在 Multisim 7 仿真软件平台上连接改进型积分电路仿真图如图2-3-12(a)所示,图中函数信号发生器"-"极性端接地,若要产生幅值为2.0 V、频率500 Hz的正弦交流信号,则函数信号发生器设置如图2-3-12(b)所示:"Amplitude"为1 V,"Frequency"为500 Hz。通过调整示波器上"Scale"值的大小,使示波器上显示完整的输出波形,观察电路的输出波形,记录输入、输出波形的幅值。写出输出电压的表达式。

改变输入正弦波信号频率为1 kHz、1.5 kHz,幅值保持2 V,观察输出波形的变化情况。

改变输入正弦波信号幅值为4 V、6 V、8 V、10 V,保持频率500 Hz,观察输出波形的变化情况并分析原因。

②当设置函数信号发生器的参数:"Amplitude"为500 mV、"Frequency"为50Hz、"Duty Cycle"为50%的方波信号时,则改进的积分电路相当于输入幅值1 V、频率50 Hz的方波信号,在示波器上观察输出波形,记录输入方波信号的幅值以及输出电压的最大值。

调整图2-3-12中输入方波信号的幅值为2 V、3 V,频率为1 kHz,观察输出信号的变化情况,记录输入方波信号的幅值以及输出电压的最大值。

③当改进的积分电路输入幅值为2.0 V、频率500 Hz的三角波信号时,观察输出波形。改变三角波信号的幅值或频率,观察输出波形的变化情况。

4. 实验总结

①总结反相、同相比例放大、电压跟随器、差动比例放大器的工作特点。

②总结反相求和、双端求和电路在运算功能上的相同点与不同点。

③分析积分时间与哪些参数有关? 饱和电压与哪些参数有关?

④总结在输入方波、三角波、正弦波时,积分电路输出波形的变化规律。

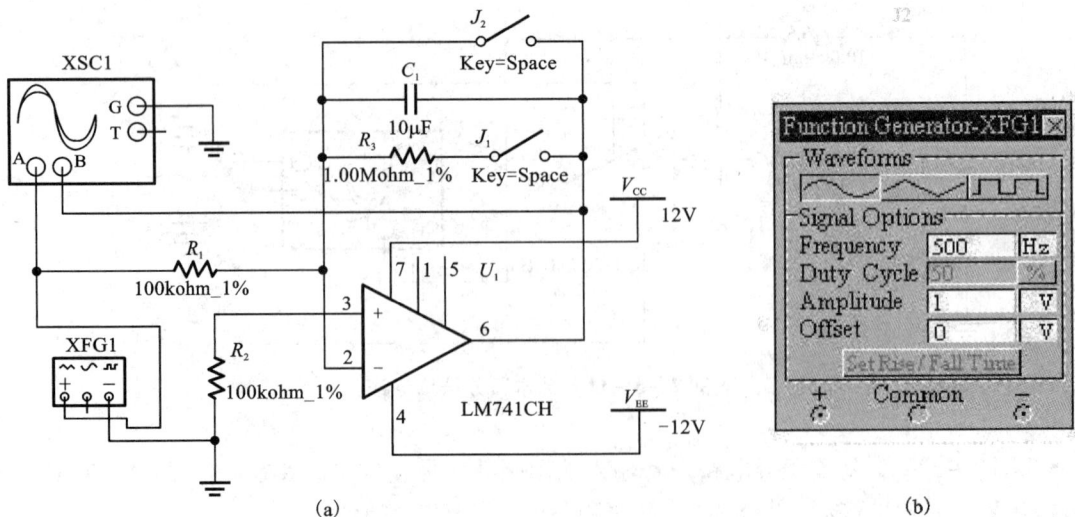

图2-3-12　改进的积分仿真电路

2.4　波形产生电路

2.4.1　RC 桥式振荡器

1. 实验目的

（1）熟悉 RC 桥式振荡器的组成，验证振荡条件。

（2）了解 RC 串、并联正反馈网络的选频作用。

（3）测量和估算振荡频率。

2. 实验原理

（1）实验电路。图 2 - 4 - 1 是负反馈含有非线性元件的、集成运放作为放大器的 RC 桥式振荡器。图 2 - 4 - 2 是分立元件作为放大器的 RC 桥式振荡器。实验时可任选其中之一电路。

（2）振荡条件。

振幅条件为：$FA \geqslant 1$

相位条件为：$\varphi_A + \varphi_B = 2n\pi$（$n = 0$, 1, 2, …）

（3）振荡频率

$$f_0 = \frac{1}{2\pi RC}$$

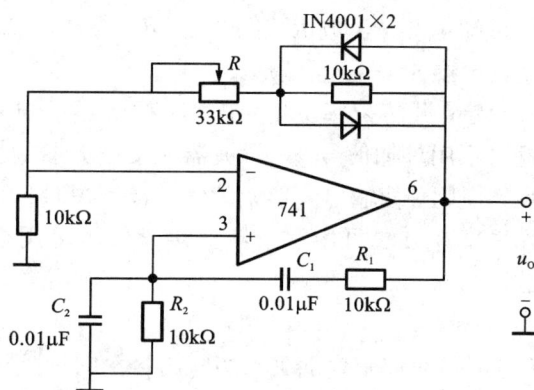

图 2 - 4 - 1　具有运放的 RC 桥式振荡器

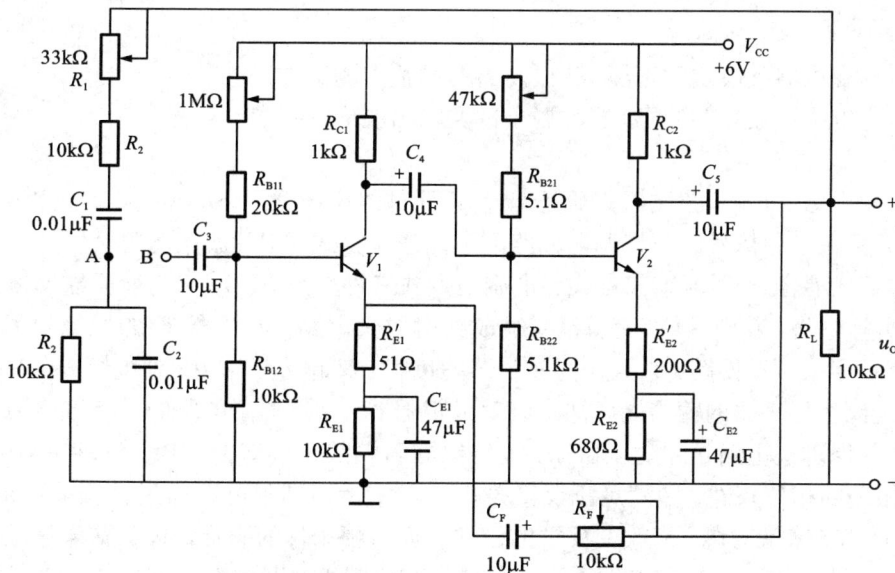

图 2 - 4 - 2　分立元件 RC 桥式振荡器

3．实验仪器与器件

(1)函数信号发生器；(2)双踪示波器；(3)交流毫伏表；(4)模拟电子技术实验箱。

4．实验内容及步骤

(1)测量选频网络的选频特性。电路如图 2 - 4 - 3 所示，在选频网络中加入 3 V 音频信号、并改变其频率，在 RC 并联处测选频网络的幅频特性，观察并确定 f_0。

(2)调节放大器的放大倍数。在图 2 - 4 - 1 和图 2 - 4 - 2 中任选一电路，断开选频网络与放大器的连线。选用选频网络幅频特性中的 f_0 为放大器输入信号频率。调整负反馈电阻 R_w 或 R_f(见图 2 - 4 - 1 或图 2 - 4 - 2)，使放大器 $A_u \geqslant 3$，且波形不失真。

(3)测量振荡频率。利用内容(2)选用的电路，将线接好。不用外加信号，用示波器观察放大器输出，调整负反馈电阻，使输出波形幅值大、且不失真，便可测其振荡频率。方法可用示波器直接读数也可用李沙育图形法。

5．实验总结

(1)用半对数坐标纸绘出实验内容 1 的选频特性。

(2)说明调整负反馈电阻使 A_u 变化对波形失真的影响。

(3)记录振荡频率 f_0 的值。

图 2 - 4 - 3　RC 串、并联选频网络

2.4.2　LC 正弦波振荡器

1．实验目的

(1)掌握变压器反馈式 LC 正弦波振荡器的调整和测试方法。

(2)研究电路参数对 LC 振荡器起振条件及输出波形的影响。

2．实验原理

(1)实验电路。LC 正弦波振荡器是用 L、C 元件组成选频网络的振荡器，一般用来产生 1 MHz 以上的高频正弦信号。根据调谐回路的不同连接方式，正弦波振荡器又可分为变压器反馈式(或称互感耦合式)、电感三点式和电容三点式三种。图 2 - 4 - 4 为变压器反馈式正弦波振荡器的实验电路。其中晶体三极管 V_1 组成共射放大电路，变压器 T_r 的原绕组 L_1(振荡线圈)与电容 C 组成调谐回路，它既作为放大器的负载，又起选频作用，副绕组 L_2 为反馈线圈，L_3 为输出线圈。振荡器的输出端增加一级射极跟随器，用以提高电路的带负载能力。

(2)工作原理。电路是靠变压器原、副绕组同名端的正确连接(如图 2 - 4 - 4 所示)，来满足自激振荡的相位条件，即满足正反馈条件。在实际调试中可以通过把振荡线圈 L_1 或反馈线圈 L_2 的首、末端对调，来改变反馈的极性。而振幅条件的满足，一是靠合理选择电路参数，使放大器建立合适的静态工作点，其次是改变线圈 L_2 的匝数，或它与 L_1 之间的耦合程度，以得到足够强的反馈量。稳幅作用是利用晶体管的非线性来实现的。由于 LC 并联谐振回路具有良好的选频作用，因此输出电压波形一般失真不大。

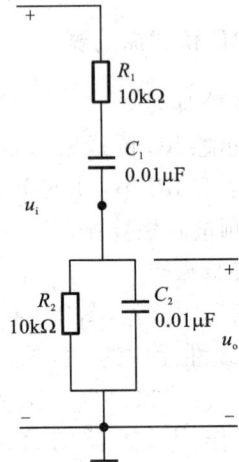

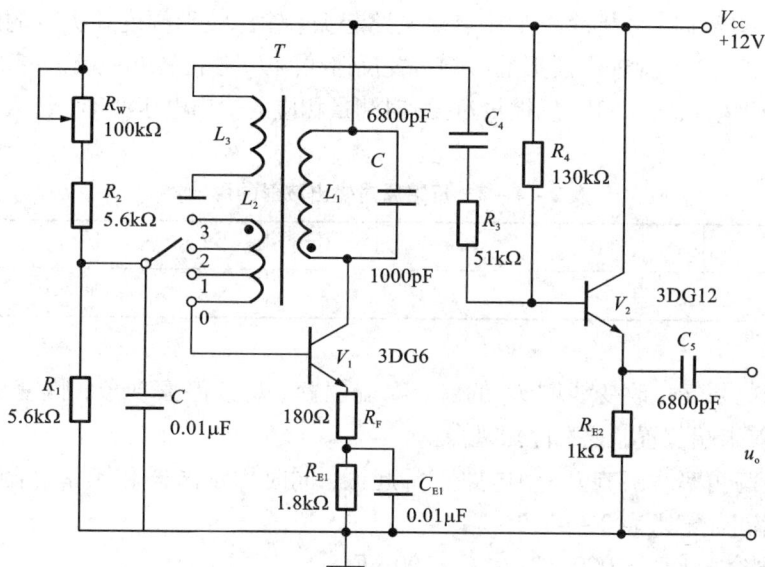

图 2 - 4 - 4　LC 正弦波振荡器实验电路

（3）振荡频率。振荡频率 $f_0 = \dfrac{1}{2\pi\sqrt{LC}}$，式中 L 为并联谐振回路的等效电感（即考虑其他绕组的影响）。

3．实验仪器与器件

（1）+12 V 直流电源；（2）双踪示波器；（3）交流毫伏表；（4）直流电压表；（5）频率计；（6）振荡线圈；（7）晶体三极管 3DG6×1、3DG12×1；（8）电阻器、电容器若干。

4．实验内容及步骤

按图 2 - 4 - 4 连接实验电路。电位器 R_W 置最大位置，振荡电路的输出端接示波器。

（1）静态工作点的调整。

①接通 $V_{CC} = +12$ V 电源，调节电位器 R_W，使输出端得到不失真的正弦波形，如不起振，可改变 L_2 的首末端位置，使之起振。

测量两管的静态工作点及正弦波的有效值 U_O，记入表 2 - 4 - 1。

②把 R_W 调小，观察输出波形的变化。测量有关数据，记入表 2 - 4 - 1。

③调大 R_W，使振荡波形刚刚消失，测量有关数据，记入表 2 - 4 - 1。

表 2 - 4 - 1　静态工作点的调整

		U_B(V)	U_E(V)	U_C(V)	I_C(mA)	U_O(V)	u_O 波形
R_W 居中	V_1						
	V_2						
R_W 小	V_1						
	V_2						
R_W 大	V_1						
	V_2						

根据以上三组数据,分析静态工作点对电路起振、输出波形幅度和失真的影响。

(2)观察反馈量大小对输出波形的影响。置反馈线圈 L_2 于位置"0"(无反馈)、"1"(反馈量不足)、"2"(反馈量合适)、"3"(反馈量过强)时测量相应的输出电压波形,记入表 2 - 4 - 2。

表 2 - 4 - 2　反馈量对输出波形的影响

L_2 位置	"0"	"1"	"2"	"3"
u_o 波形				

(3)验证相位条件。改变线圈 L_2 的首、末端位置,观察停振现象;恢复 L_2 的正反馈接法,改变 L_1 的首末端位置,观察停振现象。

(4)测量振荡频率。调节 R_W 使电路正常起振,同时用示波器和频率计测量以下两种情况下的振荡频率 f_0,记入表 2 - 4 - 3。

谐振回路电容:①$C = 1000$ pF;②$C = 100$ pF。

表 2 - 4 - 3　振荡频率的测量

$C(pF)$	1000	100
$f_0(kHz)$		

(5)观察谐振回路 Q 值对电路工作的影响。谐振回路两端并入 $R = 5.1$ kΩ 的电阻,观察 R 并入前后振荡波形的变化情况。

5. 实验总结

(1)整理实验数据,并分析讨论。

①LC 正弦波振荡器的相位条件和振幅条件。

②电路参数对 LC 振荡器起振条件及输出波形的影响。

(2)讨论实验中发现的问题及解决办法。

2.4.3　文氏电桥振荡器的仿真

1. 实验目的

(1)熟悉 Multisim 7 的仿真工作环境。

(2)熟悉 RC 基本文氏电桥振荡电路及工作原理,并观察振荡器产生振荡的过程。

(3)熟悉 RC 移相式振荡器工作原理,并观察振荡器产生振荡的过程。

2. 实验原理

参见 2.4.1。

3. 实验内容及步骤

(1)RC 基本文氏电桥振荡电路。

①创建实验电路。建立如图 2 - 4 - 5 所示电路的积分式 RC 正弦波振荡电路,它常应用于产生超低频信号。电路中负反馈网络为一电阻网络,电路中正反馈网络为 RC 选频网络。其

中，正反馈系数 $F_+ = \dfrac{1}{1 + \dfrac{R_2}{R_1} + \dfrac{C_1}{C_2}} \approx \dfrac{1}{3}$ ，

负反馈系数 $F_- = \dfrac{R_{f1}}{R_{f1} + R_{f2}}$ ，为了满足起

振条件 $FA \geqslant 1$ ，取 $R_{f2} = 100$ kΩ，则 R_{f1} $\leqslant 50$ kΩ（A 为运算放大器的开环增益，$A = 10^5$）。基本文氏电桥振荡电路的振荡频率为：$f_0 = \dfrac{1}{2\pi \sqrt{R_1 C_1 R_2 C_2}} =$ 159 Hz。

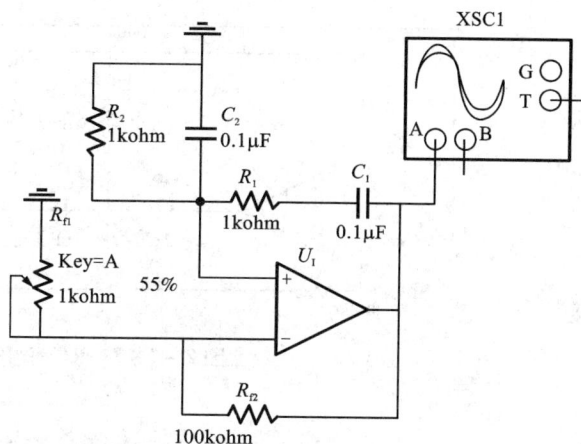

图 2 - 4 - 5　基本文氏电桥振荡电路

②单击仿真开关，进行动态分析。调整 R_{f1} 的大小，可以观测振荡器的起振情况。若 $R_{f1} > 50$ kΩ 时，电路很难起振；若 $R_{f1} < 50$ kΩ 时，尽管振荡器能够起振，但若 R_{f1} 的取值较小，振荡器输出的不是正弦波信号，而是方波信号时，图 2 - 4 - 6 所示的振荡波形是 $R_{f1} = 45$ kΩ 时振荡器的输出。

由图 2 - 4 - 6 可见，输出波形上下均幅，说明电路起振后随幅度增大，运算放大器进入强非线性区，RC 正弦波振荡电路因选频网络的等效 Q 值很低，不能采用自生反偏压稳幅，只能采用热惰性非线性元件或自动稳幅电路来稳幅。当工作于低频或超低频范围时，难以找到具有足够惰性的非线性元件，则必须使用自动稳幅电路来稳幅。

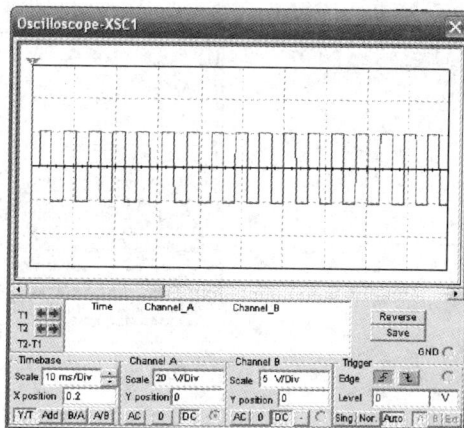

图 2 - 4 - 6　基本文氏电桥振荡电路振荡波形

（2）RC 移相式振荡器。

①建立 RC 移相式振荡器，如图 2 - 4 - 7 所示。它由反相放大器和 3 节 RC 移相网络组成，要满足振荡相位条件，要求 RC 移相网络完成 180°相移。由于一节 RC 移相网络的相移极限为 90°，因此采用 3 节或 3 节以上的 RC 移相网络，才能实现 180°相移。

②单击仿真开关，进行动态分析。只要适当调节 $R_f = R_4$ 的值，使得 A_u 适当，就可以满足相位和振幅条件，产生正弦振荡。其振荡频率

$f_0 = 1/2\pi\sqrt{6}RC$（$R = R_1 = R_2 = R_3$，$C = C_1 = C_2 = C_3$）。振荡波形如图 2 - 4 - 8 所示。

4. 实验总结

（1）整理实验数据，并分析讨论。

①在 RC 基本文氏电桥振荡电路中，R_{f1} 的不同取值对振荡电路的影响。

②在 RC 移相式振荡器起振过程中，R_f 对其工作的影响。

（2）讨论实验中发现的问题及解决办法。

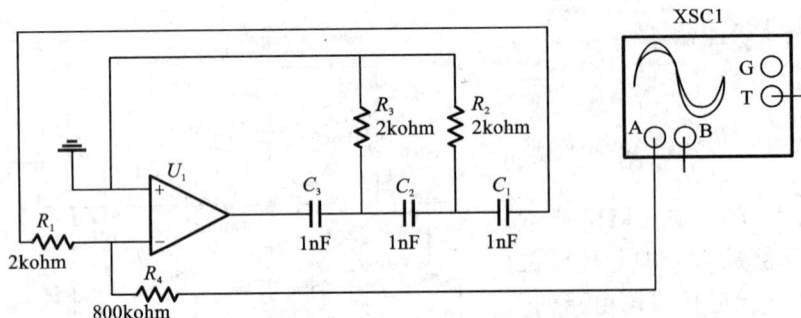

图 2 - 4 - 7 RC 移相式振荡器

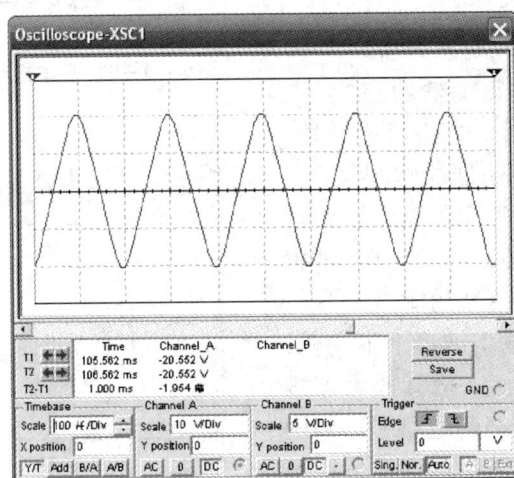

图 2 - 4 - 8 RC 移相式振荡器的振荡波形

2.2.4 LC 正弦波振荡器的仿真

1. 实验目的

①熟悉 Multisim 7 的仿真工作环境，学习利用瞬态分析法和参数扫描法分析电路。

②观察 LC 正弦振荡器振荡的建立过程。

2. 实验原理

LC 正弦波振荡器的工作原理与前相同，在这里不再做介绍。图 2 - 4 - 9 所示为电容三点式振荡电路，其振荡频率为 $f = \dfrac{1}{2\pi \sqrt{L_1 C}}$，其中 $C = \dfrac{(C_1 + C_0) \times (C_3 + C_i)}{C_1 + C_0 + C_3 + C_i}$，公式中 C_i 为三极管 V_1 的输入电容，C_0 为三极管 V_1 的输出电容，显然该电路的频率稳定性较差，振荡频率受输入电容和输出电容的影响。

为了提高频率稳定度，可以将该电路改进为克拉波振荡电路，如图 2 - 4 - 10 所示。

3. 实验内容及步骤

(1) 按照图 2 - 4 - 10 在仿真软件平台上画出原理图。

(2) 判断电路是否起振。

①启动电路，测量 Q_1 基极的直流电压。

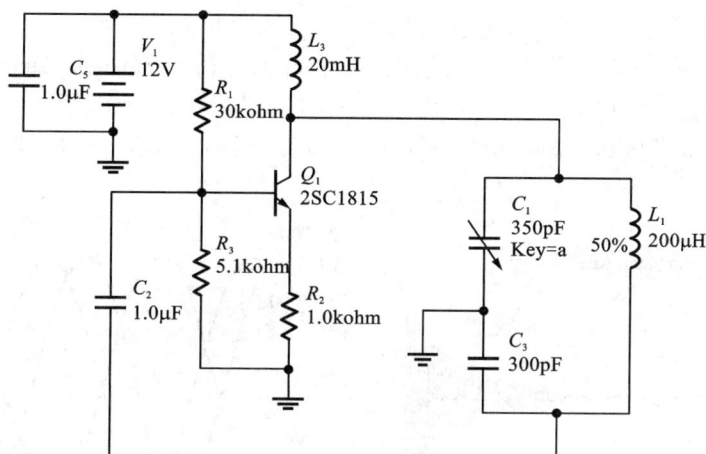

图 2 - 4 - 9　电容三点式振荡电路

②断开图 2 - 4 - 10 中的 Q_1 集电极与 L_2 之间的连接，测量 Q_1 基极的直流电压。

从测量结果可以看出，电路起振后工作电流较大，基极电流电压低；电路不振荡时工作电流较小，基极直流电压高。这种现象通常用于判断电路是否起振。

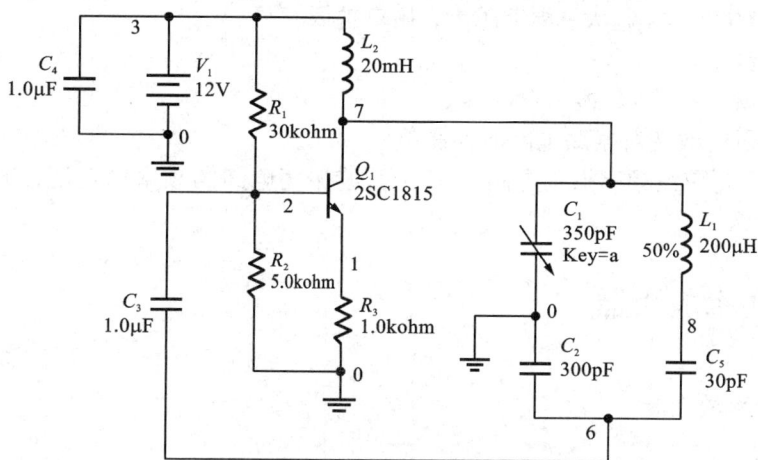

图 2 - 4 - 10　克拉波振荡电路

（3）用瞬态分析方法观察电路起振的建立过程。

①执行菜单"Simulate"→"Analyses"→"Transient Analysis"进行瞬态分析。

②设置分析参数：分析的初始条件选择"Calculate DC Operating Point"（采用直流工作点分析结果），分析的"Start Time"（起始时间）为 5e - 05，"Stop Time"（终点时间）为 0.0001。

③输出节点为晶体管的集电极。观测的输出波形如图 2 - 4 - 11 所示，从图中可以看出振荡建立过程。

（4）用参数扫描方法改变电容 C_5，观测振荡电路的变化。

①执行菜单"Simulate"→"Analyses"→"Parameter Sweep"，设置元件 C_5 的参数：在"Device"栏选择"Capacitor"（电容），在"Name"栏中选中系统默认的元件参考 ID"CC5"，在"Parameter"栏选中"Capacitance"（容量），在"Sweep Variation Type"（扫描类型）下拉框中选择"List"，在"Values"栏中设置扫描值为：3e - 011，3.5e - 011，4e - 011。

②设置输出节点为晶体管 Q_1 的集电极。

③单击"More≫"按钮，设置分析模式，选中瞬态分析"Transient Analysis"，单击"Edit Analysis"按钮，设置"Start Time"为 0.0005，"Stop Time"为 0.000501。

④单击"Simulate"按钮，观察电容变化时对振荡电路的影响，输出波形如图 2-4-12 所示。

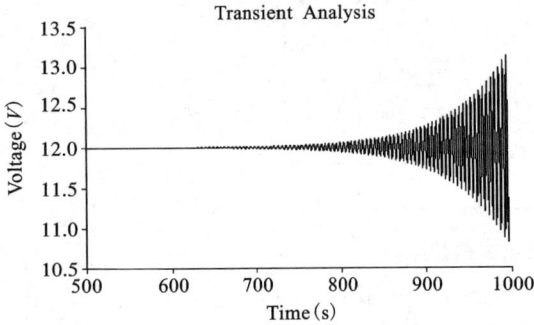

图 2-4-11　振荡建立过程

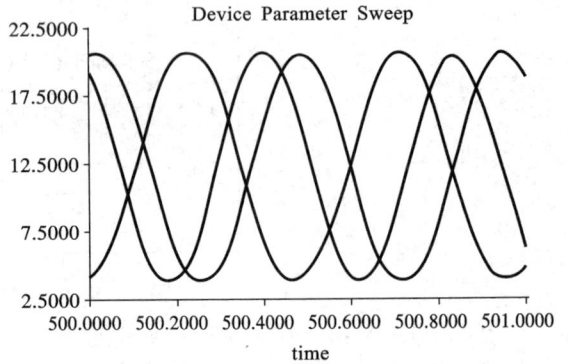

图 2-4-12　参数扫描输出波形

从图中可以看出，C_5 越大，周期越大，频率越低。

4．实验总结

(1)复习教材中有关 LC 振荡器内容。

(2)电容容量的改变对振荡电路有何影响？

(3)比较 RC 正弦波频率振荡电路、LC 正弦波振荡电路的频率稳定度，试分析哪种频率稳定度高，为什么？

2.5　低频功率放大器

2.5.1　OTL 功率放大器

1．实验目的

(1)进一步理解 OTL 功率放大器的工作原理。

(2)学会 OTL 电路的调试及主要性能指标的测试方法。

2．实验原理

(1)实验电路。图 2-5-1 所示为 OTL 低频功率放大器。其中由晶体三极管 V_1 组成推动级(也称前置放大级)，V_2、V_3 是一对参数对称的 NPN 和 PNP 型晶体三极管，它们组成互补推挽 OTL 功放电路。由于每一个管子都接成射极输出器形式，因此具有输出电阻低、负载能力强等优点，适合于作功率输出级。V_1 管工作于甲类状态，它的集电极电流 I_{C1} 由电位器 R_{W1} 进行调节。I_{C1} 的一部分流经电位器 R_{W2} 及二极管 VD，给 V_2、V_3 提供偏压。调节 R_{W2}，可以使 V_2、V_3 得到合适的静态电流而工作于甲、乙类状态，以克服交越失真。静态时要求输出端中点 A 的电位 $U_A = \frac{1}{2}V_{CC}$，可以通过调节 R_{W1} 来实现，又由于 R_{W1} 的一端接在 A 点，因此在电路中引入交、直流电压并联负反馈，一方面能够稳定放大器的静态工作点，同时也改善了非线性失真。

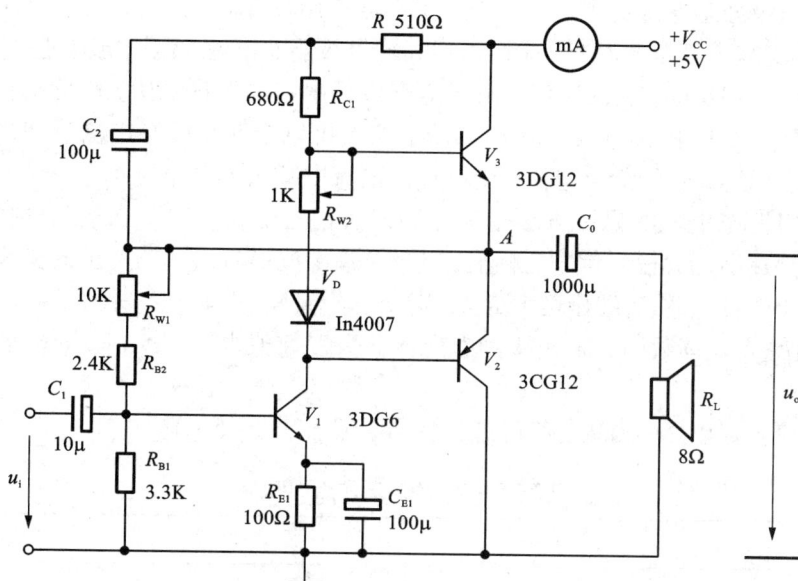

图 2 – 5 – 1　OTL 功率放大器实验电路

C_2 和 R 构成自举电路,用于提高输出电压正半周的幅度,以得到大的动态范围。

(2) OTL 电路的主要性能指标。

①最大不失真输出功率 P_{om}。理想情况下,$P_{om} = \dfrac{1}{8} \dfrac{V_{CC}^2}{R_L}$,在实验中可通过测量 R_L 两端的电压有效值,来求得实际的 $P_{om} = \dfrac{U_O^2}{R_L}$。

②效率 η。$\eta = \dfrac{P_{om}}{P_E} \times 100\%$,$P_E$——直流电源供给的平均功率。

理想情况下,$\eta_{max} = 78.5\%$。在实验中,可测量电源供给的平均电流 $\bar{I}_{dC}$,从而求得 $P_E = V_{CC} \cdot \bar{I}_{dC}$,负载上的交流功率已用上述方法求出,因而也就可以计算实际效率了。

③输入灵敏度。输入灵敏度是指输出最大不失真功率时,输入信号 U_i 之值。

3. 实验仪器与器件

(1) +5V 直流电源;(2) 函数信号发生器;(3) 双踪示波器;(4) 交流毫伏表;(5) 直流电压表;(6) 直流毫安表;(7) 频率计;(8) 晶体三极管 3DG6 × 1(9011)、3DG12 × 1(9013)、3CG12 × 1(9012);(9) 晶体二极管 IN4007 × 1;(10) 8Ω 扬声器、电阻器、电容器若干。

4. 实验内容及步骤

(1) 静态工作点的测试。按图 2 – 5 – 1 连接实验电路,将输入信号旋钮旋至零($u_i = 0$),电源进线中串入直流毫安表,电位器 R_{W2} 置最小值,R_{W1} 置中间位置。接通 +5 V 电源,观察毫安表指示,同时用手触摸输出级管子,若电流过大,或管子温升显著,应立即断开电源检查原因(如 R_{W2} 开路,电路自激,或输出管性能不好等)。如无异常现象,可开始调试。

①调节输出端中点电位 U_A。调节电位器 R_{W1},用直流电压表测量 A 点电位,使 $U_A = \dfrac{1}{2} V_{CC}$。

②调整输出级静态电流及测试各级静态工作点。调节 R_{W2}，使 V_2、V_3 管的 $I_{C2} = I_{C3} = 5 \sim$ 10 mA。从减小交越失真角度而言，应适当加大输出级静态电流，但该电流过大，会使效率降低，所以一般以 5～10 mA 左右为宜。由于毫安表是串在电源进线中，因此测得的是整个放大器的电流，但一般 V_1 的集电极电流 I_{C1} 较小，从而可以把测得的总电流近似当作末极的静态电流。如要准确得到末级静态电流，则可从总电流中减去 I_{C1} 之值。

调整输出级静态电流的另一方法是动态调试法。先使 $R_{W2} = 0$，在输入端接入 $f = 1$ kHz 的正弦信号 u_i。逐渐加大输入信号的幅值，此时，输出波形应出现较严重的交越失真（注意：没有饱和和截止失真），然后缓慢增大 R_{W2}，当交越失真刚好消失时，停止调节 R_{W2}，恢复 u_i = 0，此时直流毫安表读数即为输出级静态电流。一般数值也应在 5～10 mA 左右，如过大，则要检查电路。

输出极电流调好以后，测量各级静态工作点，记入表 2-5-1。

表 2-5-1　静态工作点的测量

	V_1	V_2	V_3
U_B(V)			
U_C(V)			
U_E(V)			

注意：

①在调整 R_{W2} 时，一是要注意旋转方向，不要调得过大，更不能开路，以免损坏输出管。

②输出管静态电流调好，如无特殊情况，不得随意旋动 R_{W2} 的位置。

（2）最大输出功率 P_{om} 和效率 η 的测试。

①测量 P_{om}。输入端接 $f = 1$ kHz 的正弦信号 u_i，输出端用示波器观察输出电压 u_o 波形。逐渐增大 u_i，使输出电压达到最大不失真输出，用交流毫伏表测出负载 R_L 上的电压 U_{om}，则

$$P_{om} = \frac{U_{om}^2}{R_L}。$$

②测量 η。当输出电压为最大不失真输出时，读出直流毫安表中的电流值，此电流即为直流电源供给的平均电流 $\bar{I}_{dc}$（有一定误差），由此可近似求得 $P_E = U_{CC} \bar{I}_{dc}$，再根据上面测得的 P_{om}，即可求出 $\eta = \dfrac{P_{om}}{P_E}$。

（3）输入灵敏度测试。根据输入灵敏度的定义，只要测出输出功率 $P_o = P_{om}$ 时的输入电压值 u_i 即可。

（4）频率响应的测试。测试方法参见 2.1.1，数据记入表 2-5-2。

表 2-5-2　频率特性的测试

			f_L		f_o		f_H		
f(Hz)					1000				
U_o(V)									
A_u									

在测试时，为保证电路的安全，应在较低电压下进行，通常取输入信号为输入灵敏度的 50% 。在整个测试过程中，应保持 u_i 为恒定值，且输出波形不得失真。

（5）研究自举电路的作用。

①测量有自举电路，且 $P_0 = P_{Omax}$ 时的电压增益 $A_u = \dfrac{U_{Om}}{U_i}$

②将 C_2 开路，R 短路（无自举），再测量 $P_0 = P_{Omax}$ 的 A_u。

用示波器观察①、②两种情况下的输出电压波形，并将以上两项测量结果进行比较，分析研究自举电路的作用。

（6）噪声电压的测试。测量时将输入端短路（$u_i = 0$），观察输出噪声波形，并用交流毫伏表测量输出电压，即为噪声电压 U_N，本电路若 $U_N < 15\ mV$，即满足要求。

（7）试听。输入信号改为录音机输出，输出端接试听音箱及示波器。开机试听，并观察语言和音乐信号的输出波形。

注意在整个测试过程中，电路不应有自激现象。

5. 实验总结

（1）整理实验数据，计算静态工作点、最大不失真输出功率 P_{Om}、效率 η 等，并与理论值进行比较。画出频率响应曲线。

（2）分析自举电路的作用。

（3）讨论实验中发生的问题及解决办法。

2.5.2　OTL 功率放大电路的仿真

1. 实验目的

①进一步熟悉和掌握 Multisim 7 中虚拟仪器的设置和使用。

②观察交越失真现象，学习克服交越失真的方法。

③掌握自举电路在电路中的作用，观察其电路有无自举电路所出现的现象。

2. 实验原理

参见 2.5.1。

3. 实验内容及步骤

（1）创建实验仿真电路。启动 Multisim 7，创建实验仿真电路，如图 2 - 5 - 2 所示。

（2）观察 OTL 功率放大。

①设置信号发生器：选择频率 1 kHz，幅值 4 mV 的正弦信号。

②设置双踪示波器："Time base" 设置 "1ms/div"；"Y/T" 显示方式；"Channel A" 和 "Channel B" 分别为 "5mV/div" 和 "500mV/div"；"Trigger" 设置 "Auto" 触发方式。

③改变电位器 R_{W1} 的值，使 A 点的电压为 $V_{CC}/2$。

④将仪器接入相应的端口，如图 2 - 5 - 3 所示。

⑤按下仿真开关，得到仿真的输出波形，如图 2 - 5 - 4 所示。

（3）观察交越失真现象。改变 R_{W2} 的值，其值小于 50% 时，产生交越失真，如图 2 - 5 - 5 所示。继续增加 R_{W2}，当大于 50% 时，交越失真消失。

（4）观察自举电路的作用。将 C_3 开路，R 短路，当信号幅度增大时，出现输出波形的失真，如图 2 - 5 - 6 所示。再将自举电路接入，失真消失。

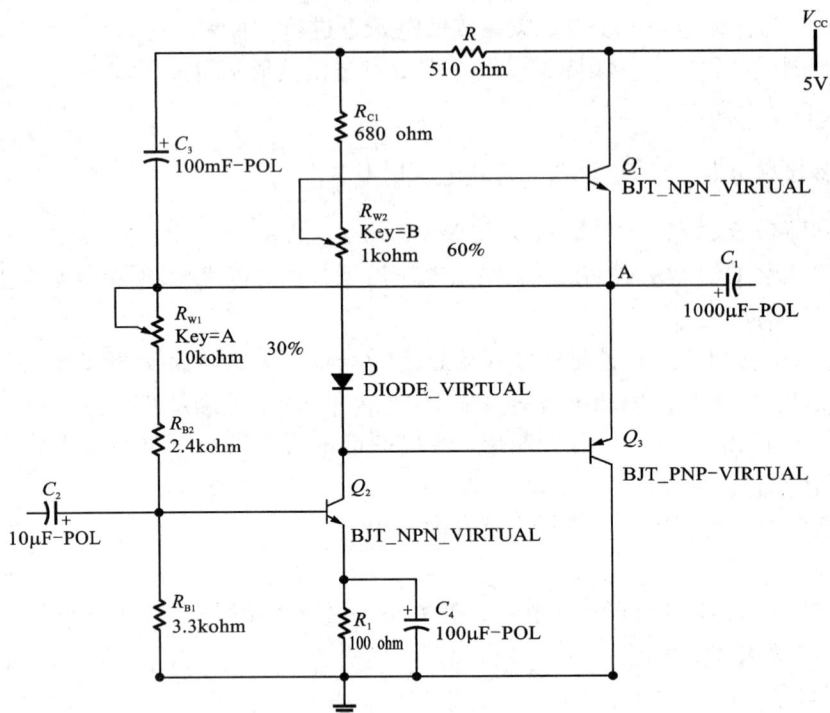

图 2-5-2　OTL 功率放大电路仿真实验电路

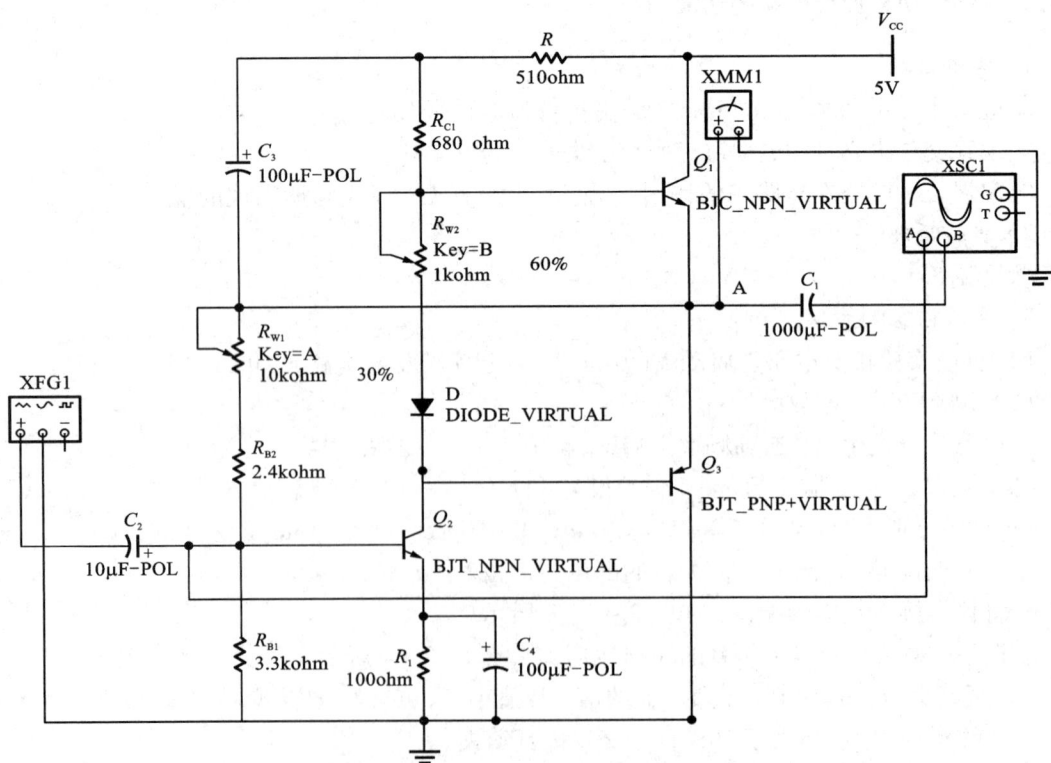

图 2-5-3　OTL 功率放大电路仿真实验电路

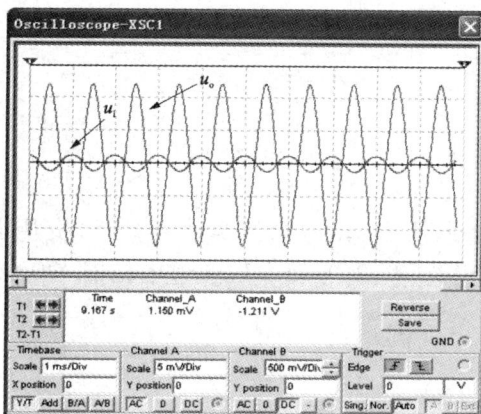

图 2 – 5 – 4　OTL 放大电路仿真波形

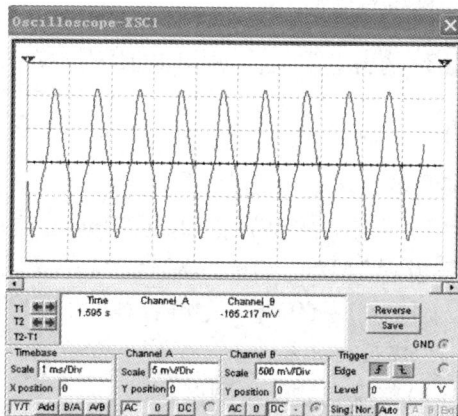

图 2 – 5 – 5　交越失真波形

（5）动态参数测量。调节输入信号幅度，使功放输出为最大不失真电压，记录电压表读数，根据测量结果计算最大不失真输出功率、电源供给功率和效率，并与理论值进行比较。

4．实验总结

（1）整理测量记录，分析测量结果。

（2）根据观测结果，总结信号大小对交越失真的影响及克服交越失真的方法。

（3）分析两个电位器在电路中的作用。

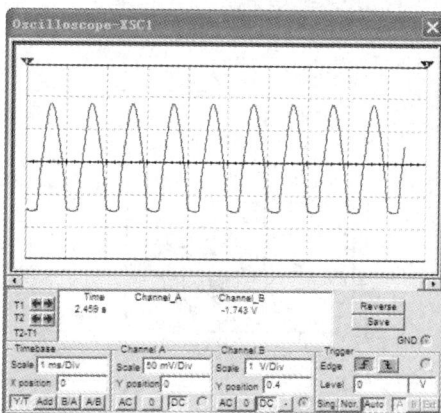

图 2 – 5 – 6　输出信号底部失真

2.6　直流稳压电源

2.6.1　晶体管串联型稳压电源

1．实验目的

（1）验证整流、滤波及稳压电路的功能，加深对直流电源工作原理的理解。

（2）测量电路稳压系数和输出电阻。

2．实验原理

（1）实验电路介绍。晶体管串联型稳压电源电路如图 2 – 6 – 1 所示。它由调整元件 V_1；比较放大器 V_2、R_1，取样电路 R_3、R_4、R_W；基准电源 V_Z、R_2 等组成。输出电压 U_O 和输出电压调节范围为：$U_O = \dfrac{R_3 + R_4 + R_W}{R_4 + R''_W}(U_Z + U_{BE})$。

（2）稳压系数 S_u。稳压系数是表征稳压电路在电网电压变化时，输出电压稳定能力的参数，即输出电流不变时，输出电压相对变化量与输入电压相对变化量之比。即

$$S_u = \left. \frac{\Delta U_O / \Delta U_O}{\Delta U_I / U_I} \right|_{\Delta I_O = 0} \times 100\%$$

由于工程中常把电网电压波动 ±10% 作为测试条件,因此将该条件下的输出电压的相对变化量作为衡量指标。

(3)输出电阻 R_0。输出电阻的计算公式为

$$R_0 = \frac{\Delta U_0}{\Delta I_0}\bigg|_{\Delta U_1 = 0}$$

3. 实验仪器与器件

(1)可调工频电源;(2)双踪示波器;(3)数字万用表;(4)交流毫伏表;(5)变压器;(6)三极管 3AD6C×1、3AX31C×1;(7)二极管 2CP12×4、2CW13×1;(8)电位器 470 Ω×1、2.2 kΩ×1;(9)电阻、电容若干。

4. 实验内容及步骤

(1)整流滤波电路测试。

①按图 2-6-1 接线,检查无误后,接通交流电源。

②用双踪示波器观察交流电源 μ_1 和整流滤波输出电压的波形,并测量整流滤波输出电压的值。记录实验数据。

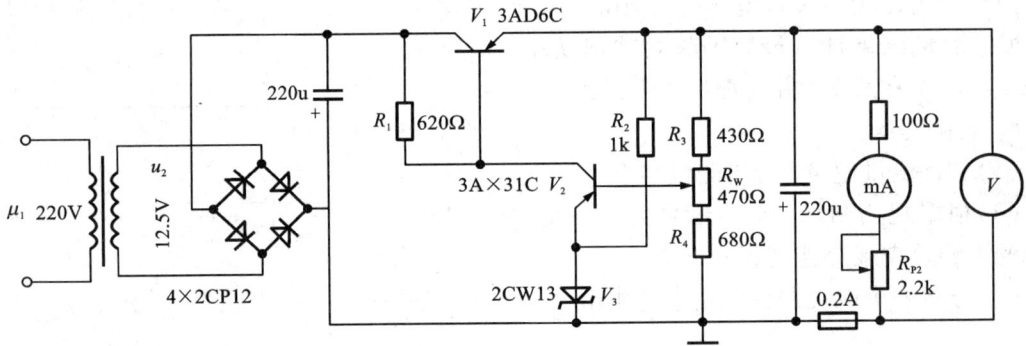

图 2-6-1　晶体管串联型稳压电源

(2)观察直流稳压电源的工作特点。

①调节工频电源,使电源电压变化 ±10%,观察输出电压值,分析稳压电路对输入电压的稳定作用。

②调节 2.2 kΩ 电位器,改变负载电流,观察输出电压变化,分析稳压电路对负载变化的稳定作用。

(3)测量输出电压可调范围。接入负载 R_L,并调节负载 R_L,使输出电流 $I_0 = 10$ mA,再调节 R_W,用直流电压表测量输出电压可调范围 $U_{Omin} \sim U_{Omax}$。

(4)测量稳压系数 S_u。取 $I_0 = 10$ mA,按表 2-6-1 改变输入电压,分别测量输出电压值,记录数据。

(5)测量输出电阻 R_0。取输入交流电压 $U_I = 220$ V,改变 2.2 kΩ 电位器,使 I_0 为 5 或 50 mA,测量相应的输出电压值,记入表 2-6-1 中。

(6)测量输出纹波电压。

①接入负载,用示波器观察输出电压波形。

②取 $U_O = 12$ V，用交流毫伏表测量输出纹波电压值。

表 2 – 6 – 1　稳压系数和输出电阻的测量

	测　试　值			计　算　值	
U_I	U_O	I_O	U_O	S_u	R_O

5．实验总结

(1)说明稳压电源电路的整流滤波电压与输入交流电压之间的关系。

(2)将稳压电源电路的整流滤波电压波形与输出电压波形比较，说明稳压电源的工作原理。

(3)计算稳压电路的稳压系数 S_u 和输出电阻 R_O，并进行分析。

2.6.2　集成稳压电源的仿真

1．实验目的

(1)了解三端集成稳压块的作用。

(2)进一步加深对集成稳压电源工作原理的理解。

(3)测量电路稳压系数和输出电阻。

2．实验原理

参见 2.6.1。

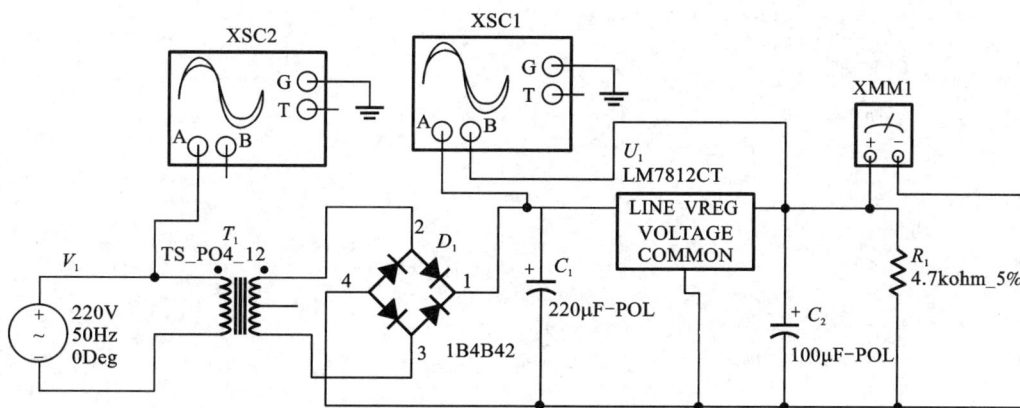

图 2 – 6 – 2　集成直流稳压电源

3．实验内容及步骤

(1)建立如图 2 – 6 – 2 所示的实验电路，仪器按图需要进行设置。

(2)观察整流滤波电压和输出电压。

①单击仿真开关运行。观察记录示波器 XSC1 显示的整流滤波电压 U_I 和稳压器输出电压

U_0 的波形。同时观察记录示波器 XSC2 显示的交流电源 V_1 的波形。

②用数字万用表测量整流滤波电压和稳压器输出电压的大小，并记录数据。

（3）稳压系数的测量。将交流电源电压由 180 V 改为 240 V，用数字万用表分别测试两种情况下的整流滤波电压和稳压器输出电压的大小。并记录数据，计算稳压系数。

（4）输出电阻的测量。

①用数字万用表测试负载电阻 R_L 支路的电流和输出电压，并记录。

②断开负载电阻 R_L，串入 2 kΩ 电阻，再用数字万用表测量负载电阻 R_L 支路的电流和输出电压，并记录。计算输出电阻 R_0。

4．实验总结

（1）总结三端集成稳压电路的作用。

（2）将稳压电源电路的输入交流电压、整流滤波电压以及输出电压波形比较，说明稳压电源的工作原理。

第 3 篇　数字电子技术实验

3.1　集成门电路

3.1.1　TTL 和 CMOS 集成与非门的逻辑功能与参数测试

1. 实验目的

(1)掌握 TTL、CMOS 集成与非门的逻辑功能测试。

(2)掌握 TTL 与非门主要参数的测试。

(3)熟悉数字电路实验装置的结构、基本功能和使用方法。

2. 实验原理

(1)与非门逻辑功能。与非门的逻辑功能是：当输入端中有一个或一个以上是低电平时，输出端为高电平；只有当输入端全部为高电平时，输出端才是低电平(即有"0"得"1"，全"1"得"0")。本实验采用的四输入双与非门 74LS20 和 CC4012，即在一块集成块内含有两个互相独立的与非门，每个与非门有四个输入端。其逻辑表达式为 $Y = \overline{ABCD}$，逻辑符号和引脚排列如图 3-1-1 所示。

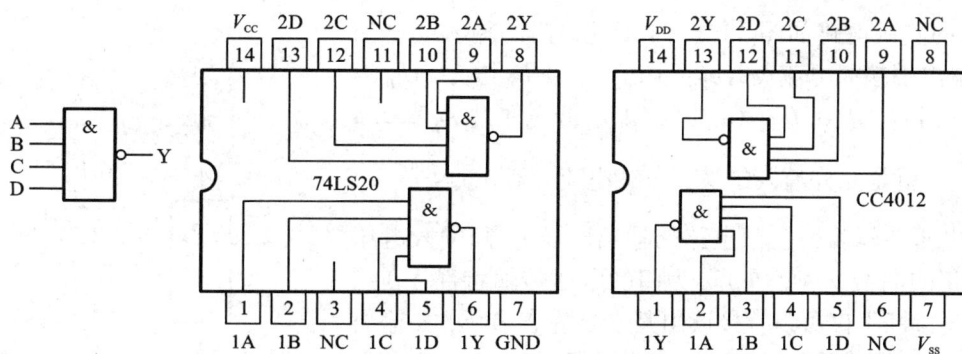

图 3-1-1　74LS20 和 CC4012 的逻辑符号及引脚排列

(2)TTL 与非门的主要参数。

①低电平输出电源电流 I_{CCL} 和高电平输出电源电流 I_{CCH}。与非门处于不同的工作状态，电源提供的电流是不同的。I_{CCL} 是指所有输入端悬空，输出端空载时，电源提供器件的电流。一般产品规定指标 $I_{CCL} \leqslant 10$ mA。I_{CCH} 是指输出端空载，每个门各有一个以上的输入端接地，其余输入端悬空，电源提供给器件的电流。一般产品规定指标 $I_{CCH} \leqslant 5$ mA。通常 $I_{CCL} > I_{CCH}$，它们的大小标志着器件静态功耗的大小。器件的最大功耗为 $P_{CCL} = V_{CC} I_{CCL}$。I_{CCL} 和 I_{CCH} 测试电路如图 3-1-2(a)、(b)所示。

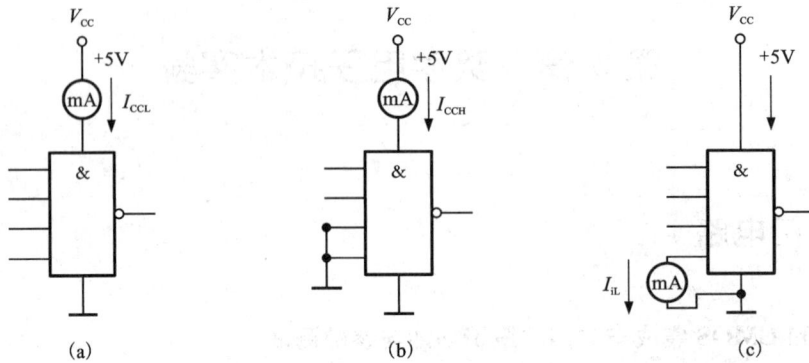

图 3 - 1 - 2　TTL 与非门静态参数测试电路图

②低电平输入电流 I_{iL} 和高电平输入电流 I_{iH}。I_{iL} 是指被测输入端接地，其余输入端悬空，输出端空载时，由被测输入端流向接地端的电流。I_{iL} 的大小与前级门电路带动负载的个数有关，一般产品规定指标 $I_{iL} \leqslant 1.5$ mA，因此希望 I_{iL} 小些。I_{iH} 是指被测输入端接高电平，其余输入端接地，输出端空载时，流过接高电平输入端的电流，其大小关系到前级门的拉电流负载能力，希望 I_{iH} 小些。一般产品规定指标 $I_{iH} \leqslant 50$ μA。由于 I_{iH} 较小，难以测量，一般免于测试。I_{iL} 的测试电路如图 3 - 1 - 2(c) 所示。

③扇出系数 N_0。扇出系数 N_0 是衡量门电路负载能力的一个参数，它指门电路能驱动同类门的个数。N_0 的大小主要受输出低电平时，输出端允许灌入的最大电流的限制。74LS20 的 $N_0 \geqslant 8$。

N_0 的测试电路如图 3 - 1 - 3 所示，门的输入端全部悬空，输出端接灌电流负载 R_L，调节 R_L 使 I_{OL} 增大，U_{OL} 随之增高，当 U_{OL} 达到 U_{OLm}（手册中规定低电平规范值 0.4 V）时的 I_{OL} 就是允许灌入的最大负载电流，则 $N_0 = \dfrac{I_{OL}}{I_{iH}}$。

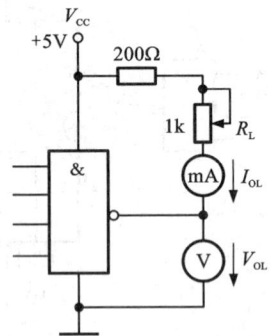

图 3 - 1 - 3　扇出系数测试电路

④电压传输特性。门电路的输出电压 u_o 随输入电压 u_i 而变化的曲线 $u_o = f(u_i)$ 称为门的电压传输特性，利用电压传输特性不仅可以直接读出其主要静态参数，如输出高电平 U_{OH}、输出低电平 U_{OL}、关门电平 U_{OFF}、开门电平 U_{ON}、阈值电平 U_{TH} 等值，还可以检查和判断 TTL 与非门的好坏，如果 U_{ON} 和 U_{OFF} 这两个数值越接近阈值电平 U_{TH}，就说明与非门电路的特性曲线越陡，抗干扰能力越强，TTL 和 CMOS 集成与非门测试电路如图 3 - 1 - 4 (a)、(b) 所示。

3. 实验仪器与器件

（1）数字电子技术实验箱；（2）直流数字电压表；（3）直流毫安表；（4）74LS20 × 1、CC4012 × 1；（5）电位器 1.2 k × 1、1 k × 1；（6）二极管 IN4148 × 4；（7）电阻若干。

4. 实验内容及步骤

（1）TTL 与非门逻辑功能测试。在数字电子技术实验箱合适的位置上选取一个 14P 插

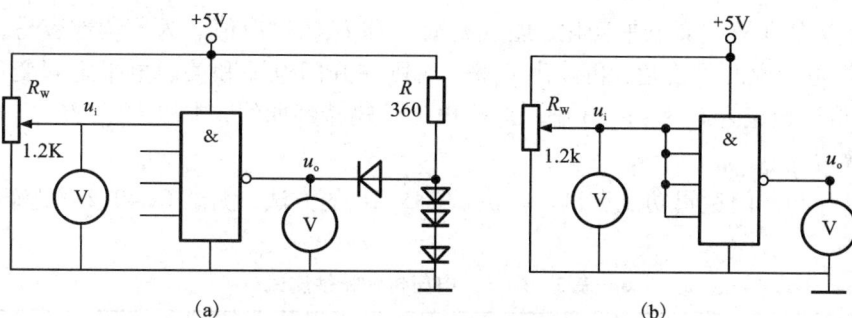

图 3 - 1 - 4 传输特性测试电路

座,按定位标记插好 74LS20 集成电路。将四个输入端接逻辑开关输出插口,以提供"0"与"1"电平信号,开关向上,输出逻辑"1",向下为逻辑"0"。门的输出端接由 LED 发光二极管组成的逻辑电平指示器(又称 0 - 1 指示器)的显示插口,LED 亮为逻辑"1",不亮为逻辑"0"。接通与非门的电源,按表 3 - 3 - 1 的真值表逐个测试集成块中两个与非门的逻辑功能。

表 3 - 1 - 1　与非门的逻辑功能测试

输		入		输	出
A	B	C	D	Y1	Y2
1	1	1	1		
0	1	1	1		
1	0	1	1		
1	1	0	1		
1	1	1	0		

74LS20 有 4 个输入端,有 16 个最小项,在实际测试时,只要通过对输入 1111、0111、1011、1101、1110 五项进行检测就可判断其逻辑功能是否正常。

(2)TTL 与非门的主要参数测试。

①低电平输出电源电流 I_{CCL} 和高电平输出电源电流 I_{CCH}。按图 3 - 1 - 2(a)、(b)接线并进行测试,将测试数据记入表 3 - 1 - 2 中。

②低电平输入电流 I_{iL} 和扇出系数 N_0 测试。按图 3 - 1 - 2(c)、3 - 1 - 3 接线并进行测试,将测试数据记入表 3 - 1 - 2 中。

表 3 - 1 - 2　TTL 主要参数测试

I_{CCL}	I_{CCH}	I_{iL}	I_{OL}	计算值 N_0

③电压传输特性曲线测试。用 74LS20 中的一只与非门，按图 3 – 1 – 4（a）接线，调节电位器 R_W，使 U_i 从 0 V 向高电平变化，逐点测量 U_i 和 U_o 的对应值。为了读数容易，在调节 U_i 时，可先监视输出电压的变化，再读出 U_i 来，否则在开门电平和关门电平之间变化的电压不易读出来。将读数记入表 3 – 1 – 3 中。画出电压传输特性曲线，求出 U_{ON}、U_{OFF}、U_{OH}、U_{OL} 主要参数，计算 U_{NL}、U_{NH}。

（3）CMOS 与非门逻辑功能测试。按测试 74LS20 的方法，测试 CC4012 的逻辑功能。

表 3 – 1 – 3　　电压传输特性测试

U_i								
U_o								

（4）CMOS 门电路 CC4012 电压传输特性测试。测试 CC4012 一个门的电压传输特性，按图 3 – 1 – 4（（b）接线，测试与 TTL 门电路相同。自拟表格，记录数据。

5．实验总结

（1）记录、整理实验结果，并对结果进行分析。

（2）画出实测的电压传输特性曲线，并从中求出各有关参数值。

（3）思考以下问题：

①为什么 TTL 与非门输入端悬空就相当于输入逻辑"1"电平？

②静态参数测试时若将 CC4012 三个多余输入端悬空测试一次，结果正确吗？

3.1.2　集成逻辑门的逻辑功能测试

1．实验目的

（1）验证常用 TTL、CMOS 基本门电路的逻辑功能。

（2）掌握三态门的逻辑功能和应用。

（3）掌握 TTL 和 CMOS 门电路器件的使用规则。

2．实验原理

（1）TTL 门电路。

①TTL 门电路使用规则。TTL 集成电路的工作特点是工作速度高，输出幅度较大，种类多，不易损坏。其中 74LS 系列应用非常广泛，其工作电源电压为 4.5 ~ 5.5 V，输出逻辑高电平 1 时，$V_{OH} \geq 2.4$ V；输出逻辑低电平 0 时，$V_{OL} \leq 0.4$ V。要求输入逻辑高电平不低于 2 V；输入逻辑低电平不大于 0.8 V。使用时要注意输出端不能直接接电源或地；输出端严禁并联使用（三态门、OC 门除外）；输出端所接负载不能超过规定的扇出系数；与非门多余输入端的处理方法如图 3 – 1 – 5 所示。

②常用 TTL 基本门电路。图 3 – 1 – 6 为 2 输入"与门"、2 输入"或门"、"非门"和 2 输入"与非门"的逻辑符号图，对应的集成芯片的型号分别为四与门 74LS08、四或门 74LS32、六反向器 74LS04 和四与非门 74LS00。它们的逻辑表达式为：与门 $Y = AB$，或门 $Y = A + B$，反向器 $Y = \overline{A}$，与非门 $Y = \overline{AB}$。用它们可以组成复杂的组合逻辑电路，74LS08、74LS00、74LS04 的引脚排列和对应的内部逻辑符号见图 3 – 1 – 7。

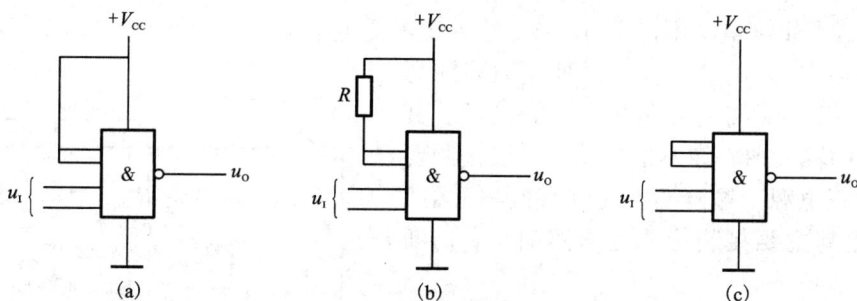

图 3-1-5 与非门多余输入端的处理

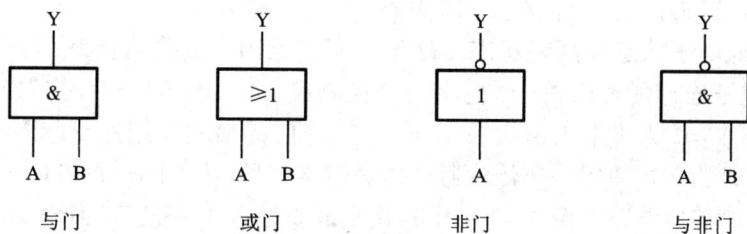

图 3-1-6 逻辑符号图

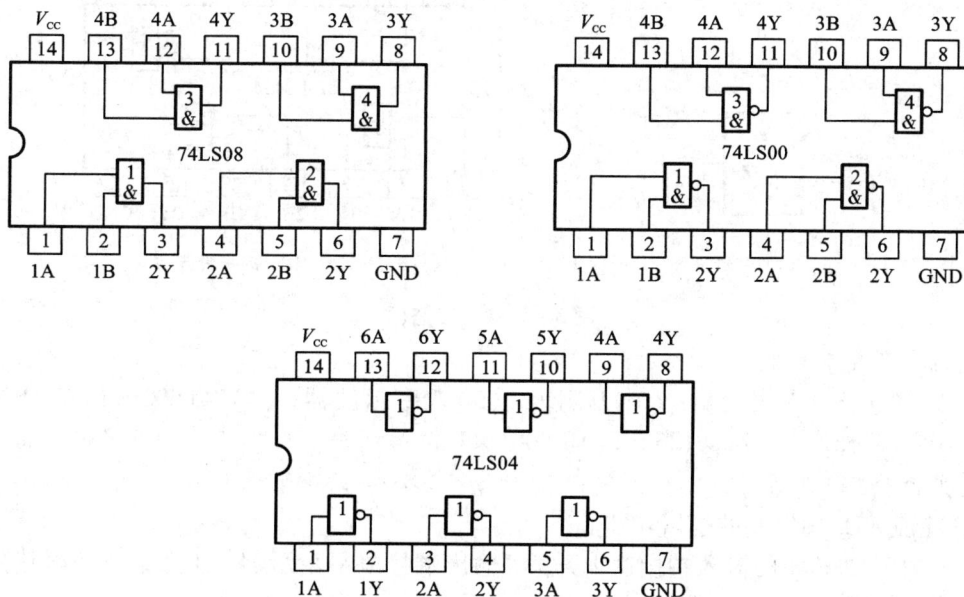

图 3-1-7 常用 TTL 基本门电路引脚排列图

（2）CMOS 电路。

①CMOS 电路的特点。CMOS 集成电路的特点是功耗极低，输出幅度大，噪声容限大，扇出能力强。它的电源电压范围宽，例如常用的 CC4000（CD4000）系列，其工作电压为 +3 V

~ +18 V。当工作电源为 5 V 时，它的输出逻辑高电平约为 4.95 V，输出逻辑低电平约为 0.05 V。输入逻辑高电平不低于 3.5 V，输入逻辑低电平不大于 1.5 V。

②CMOS 门电路的使用规则。使用时要注意 V_{DD} 接电源正极，V_{SS} 接电源负极，不能接反。其次多余不用的输入端一律不准悬空，可以按照要求接地或接正电源。输出端不允许直接与 V_{DD} 或 V_{SS} 连接。尤其主要在装接改变电路时，应切断电源。

③CMOS 门电路。CMOS 集成电路的逻辑符号、逻辑关系均与 TTL 电路相同。CD4001 是 2 输入 4 或非门，其引脚排列见图 3 - 1 - 8。

图 3 - 1 - 8　CD4001 引脚排列图

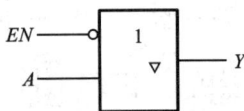

（3）三态门。三态门有三种状态，即输出高电平状态、输出低电平状态和高阻状态。处于高阻状态时，电路与负载门之间相当于开路。图 3 - 1 - 9(a) 是三态门的逻辑符号，它有一个控制端 EN。当 $EN = 1$ 时为禁止工作状态，Y 端呈高阻状态；$EN = 0$ 为正常工作状态，$Y = A$。三态门的最主要用途是起隔离作用，形成总线。它可以用选通的方式使用一个传输通道传送多路信号，如图 3 - 1 - 11 所示，因此，三态门常作为计算机的接口电路。图 3 - 1 - 9(b) 是集成 2 输入 4 三态门 74LS125 的引脚排列图。

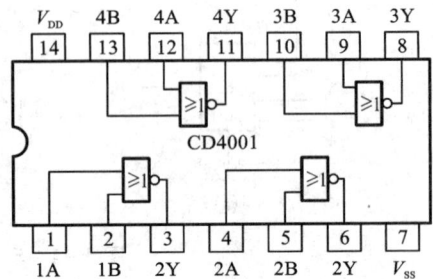

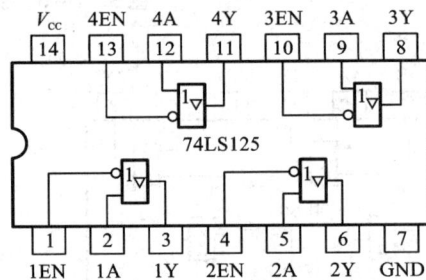

(a) 三态门的逻辑符号　　　　　(b) 三态门 74LS125 的引脚排列图

图 3 - 1 - 9　三态门

3. 实验仪器与器件

（1）数字电子技术实验箱；（2）万用表；（3）双踪示波器；（4）74LS00 × 1、74LS04 × 1、74LS08 × 1、74LS32 × 1、74LS125 × 1、CD4001 × 1。

4. 实验内容及步骤

（1）验证 TTL 门电路的逻辑功能。

①将与门 74LS08 的输入端接逻辑开关，输出端接电平指示器，注意集成门电路的电源和地必须正确连接。

②按表 3 - 1 - 4 中的输入要求，通过逻辑开关改变输入 A、B 的状态，通过输出端的电平指示器观察输出结果，将测试结果填入表中。

③按同样的方法，验证与非门 74LS00，或门 74LS32，非门 74LS04 的逻辑功能。并把结果填入表 3 - 1 - 4 中 (74LS32 的管脚排列与 74LS08 类似)。

④用万用表测量并记录 TTL 门电路的输出逻辑低电平和逻辑高电平所对应的输出电压。

表 3 - 1 - 4　门电路逻辑功能测试表

输　　入		输　　　　　　出			
A	B	与非门	与	或	非
0	0				
0	1				
1	0				
1	1				

⑤观察与非门控制特性。取 74LS00 中任一只与非门，按图 3 - 1 - 10 连接电路，将频率等于 1 kHz、幅度等于 5 V 的方波送入与非门输入端 u_i。当控制端 A 分别加上逻辑 0 和逻辑 1 电平，用双踪示波器同时观察 u_i、u_o 波形，比较两者的相位关系，体会控制端作用，将结果记入表 3 - 1 - 5 中。

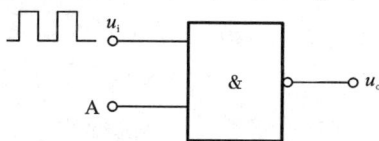

图 3 - 1 - 10　与非门的控制特性

表 3 - 1 - 5　逻辑电平对信号的控制

输　入	u_i		
	A	1	0
输　出	Y		

（2）验证 CMOS 门电路的逻辑功能。

①验证 CD4001 集成或非门的逻辑功能。CMOS 门电路逻辑功能的验证方法与 TTL 门电路相同，记录测量结果在表 3 - 1 - 6 中。注意 CD4001 不用的输入端要可靠接地。

②CMOS 集成块的工作电压定为 5 V，用万用表测量并记录 CD4001 的输出逻辑低电平和逻辑高电平所对应的输出电压。

（3）三态门实验。

①测试 74LS125 三态门的逻辑功能。选用三态门 74LS125 四个门中的任意一个，三态门输入端 A 和 EN 接逻辑开关，输出 Y 接电平指示器。先使 $EN = 1$，改变 A 的状态，观察输出逻辑电平的变化。并用万用表测量门电路的输出逻辑电平。再使 $EN = 0$，重复上述步骤，记录数据，填入表 3 - 1 - 7 中。

②三态门的应用。将四个三态缓冲器按图 3 - 1 - 11 接线，控制端接逻辑开关，输入端按图加输入信号，输出端接电平指示器。首先使四个三态门的控制端均为高电平"1"，然后接通电源，轮流使其中一个门的控制端接低电平"0"，观察总线的逻辑状态，自拟表格，记录数

据。注意应使工作的三态门转换到高阻态，再让另一个门开始传递数据。

表 3 - 1 - 6　CMOS 门电路的逻辑功能测试表

输　入		输　出
A	B	Y
0	0	
0	1	
1	0	
1	1	

表 3 - 1 - 7　三态门的测试

输　入		输　出
EN	A	Y
0	0	
0	1	
1	0	
1	1	

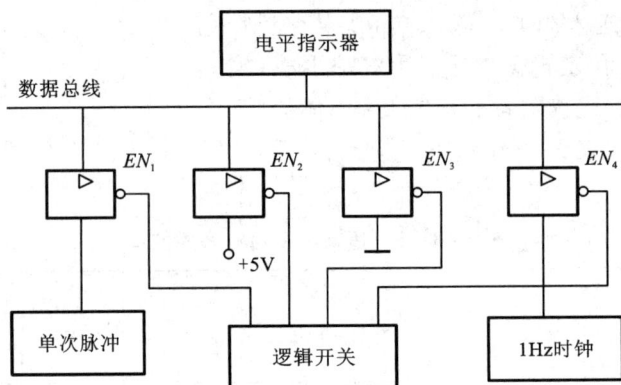

图 3 - 1 - 11　三态门的应用

5．实验总结

（1）列表格整理实验数据。

（2）比较 TTL 门电路和 CMOS 门电路的逻辑电平对应的电压值。

（3）写出 TTL 门电路、CMOS 门电路实验中的注意事项。

（4）总结三态门的逻辑功能和应用。

3.2　组合逻辑电路

3.2.1　组合逻辑电路的分析与设计

1．实验目的

（1）掌握组合逻辑电路的分析方法。

（2）掌握用集成门电路设计测试组合逻辑电路的方法。

（3）初步培养解决实际问题的能力。

2．实验原理

（1）组合逻辑电路的分析。

①半加器的分析。如图 3 - 2 - 1 所示电路，应用组合逻辑电路的分析方法，首先列出逻

辑函数表达式, 然后列出真值表, 如表 3 – 2 – 1 所示。

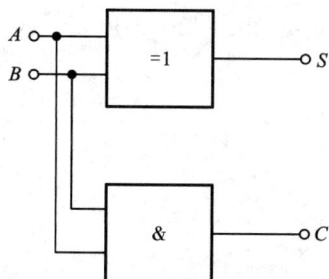

图 3 – 2 – 1　半加器逻辑电路

表 3 – 2 – 1　半加器真值表

A	B	S	C
0	0	0	0
0	1	1	0
1	0	1	0
1	1	0	1

从表 3 – 2 – 1 中不难看出该电路实现半加器逻辑功能。

②全加器的分析。如图 3 – 2 – 2 所示电路, 应用组合逻辑电路的分析方法, 得出如表 3 – 2 – 2 所示的真值表, 从真值表中可看出该电路为全加器。

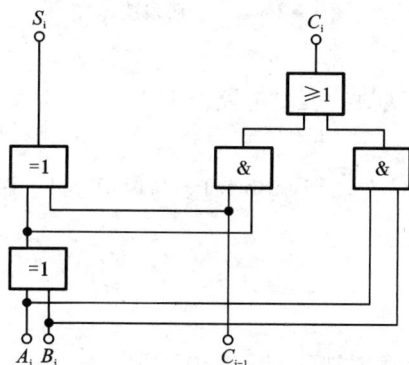

图 3 – 2 – 2　全加器逻辑电路

表 3 – 2 – 2　全加器真值表

A_i	B_i	C_{i-1}	C_i	S_i
0	0	0	0	0
0	0	1	0	1
0	1	0	0	1
0	1	1	1	0
1	0	0	0	1
1	0	1	1	0
1	1	0	1	0
1	1	1	1	1

(2)组合逻辑电路的设计。试设计裁判表决电路。在举重比赛中, 有三个裁判员(其中有一个是主裁判), 当裁判员认为杠铃已举上时, 按一下自己的按钮, 只有在两个以上的裁判员按下按钮(其中必须有一个为主裁判员)时指示灯亮, 才表示有效。本设计要求用与非门实现。

①首先确定输入变量和输出变量。设三裁判 A、B、C 为输入变量, 其中 A 是主裁判。1 表示裁判按一下按钮, 0 表示裁判未按按钮。取 Y 为输出变量, 1 表示有效, 0 表示无效。

②由题意列出真值表。如表 3 – 2 – 3 所示。

表 3 – 2 – 3　裁判表决电路真值表

A	B	C	Y
0	0	0	0
0	0	1	0
0	1	0	0
0	1	1	0
1	0	0	0
1	0	1	1
1	1	0	1
1	1	1	1

③由真值表得逻辑函数表达式。

$$Y = A\overline{B}C + AB\overline{C} + ABC$$

④用卡诺图将逻辑函数化成最简与－或形式。卡诺图如图 3－2－3 所示，经卡诺图化简得

$$Y = AC + AB$$

⑤将与或表达式变换成与非表达式。

$$Y = \overline{\overline{AC} \cdot \overline{AB}}$$

⑥画出逻辑电路图。如图 3－2－4 所示。

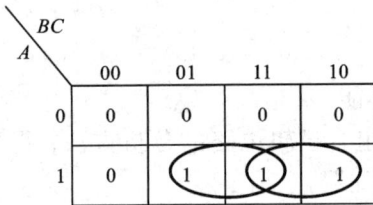

图 3－2－3　裁判表决电路卡诺图

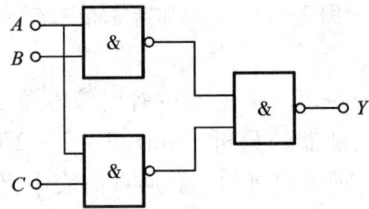

图 3－2－4　裁判表决电路

⑦选用 74LS00 一片，按图 3－2－4 接线，就可实现裁判表决电路。

3. 实验仪器与器件

（1）数字电子技术实验箱；（2）74LS00 × 3、74LS32 × 1、74LS86 × 1、74LS08 × 1、74LS20 × 1。

4. 实验内容及步骤

（1）分析半加器的逻辑功能。

①测试 74LS86 和 74LS08 的逻辑功能。74LS86 的管脚排列与 74LS00 相同。

②按图 3－2－1 所示电路接线。

③将输入端接逻辑开关，输出端接电平指示器。按表 3－2－1 改变输入端 A、B 的状态，测试输出端 S、C 状态。

④比较输出端 S、C 状态是否与理论分析得到的真值表相符，验证半加器的逻辑功能。

⑤用与非门实现半加器。自行设计全部用与非门 74LS00 实现半加器，测试其逻辑功能，验证电路的正确性。

（2）分析全加器的逻辑功能。

①测试 74LS32 的逻辑功能。74LS32 的管脚排列与 74LS00 相同。

②按图 3－2－2 所示电路接线。

③将输入端接逻辑开关，输出端接电平指示器，按表 3－2－2 改变输入端 A_i、B_i、C_{i-1} 的状态，测试输入端 S_i、C_i 状态。

④比较输出端 S_i、C_i 状态是否与表 3－2－2 相符，验证全加器的逻辑功能。

⑤用与非门设计全加器。自行设计全部用与非门 74LS00 实现全加器。测试其逻辑功能，验证电路的正确性。

（3）设计三变量多数表决电路。

①试设计一个三变量多数表决器，如三个变量 A、B、C 中，有二个或三个表示同意，则表决通过，否则为不通过。用与非门实现。

②根据要求设计出逻辑电路图，参考电路如图 3 - 2 - 5 所示。

③测试 74LS20 的逻辑功能。

④按电路图接线，将输入端接逻辑开关，输出端接电平指示器。自拟测试表格，记录实验数据。

⑤验证所设计电路的功能是否符合设计要求。

（4）设计比较电路。

①设计一个能比较一位二进制数 A 与 B 大小的比较电路。

②根据要求设计逻辑电路图。

③自拟实验步骤，测试所设计电路的逻辑功能，验证该电路是否符合设计要求。

（5）设计一个 4 位码变换器。

①要求用 74LS86 设计一个能将 4 位二进制码转换成 4 位格雷码的逻辑电路。

②根据设计任务，画出逻辑电路图。

③自拟实验步骤，测试所设计电路的逻辑功能。

④验证该电路是否符合设计要求。

图 3 - 2 - 5　三变量多数表决器

5．实验总结

（1）分析半加器、全加器的逻辑功能。

（2）画出用与非门实现半加器、全加器的逻辑电路图。

（3）总结三变量多数表决器、比较器、数码转换器电路的设计方法。要求写出设计的全过程，画出逻辑电路图，记录测试结果。

（4）总结组合逻辑电路的设计体会。

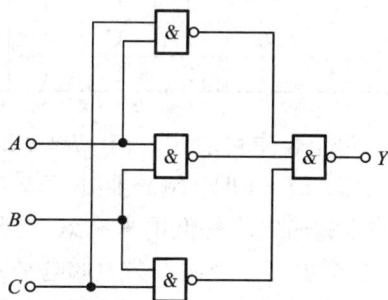

3.2.2　常用组合逻辑功能器件的测试与应用

1．实验目的

（1）掌握中规模集成编码器、译码器、数据选择器的逻辑功能和使用方法。

（2）能够灵活运用译码器进行逻辑设计与应用。

（3）学习用集成数据选择器实现组合逻辑函数。

2．实验原理

（1）中规模集成优先编码器 74LS148。74LS148 是集成 8 线—3 线优先编码器，在数字系统中能够识别信号的优先级别并进行优先编码。图 3 - 2 - 7 是 74LS148 的引脚排列图，其中 EI 为输入使能端，EO 为输出使能端，GS 为优先编码工作状态标志，$I_0 \sim I_7$ 为 8 个信号输入端，A_2、A_1、A_0 为二进制码输出端，表 3 - 2 - 4 为 74LS148 逻辑功能表。

表 3 - 2 - 4　74LS148 逻辑功能表

输　　入									输　　出				
EI	I_0	I_1	I_2	I_3	I_4	I_5	I_6	I_7	A_2	A_1	A_0	GS	EO
1	×	×	×	×	×	×	×	×	1	1	1	1	1
0	1	1	1	1	1	1	1	1	1	1	1	1	0
0	×	×	×	×	×	×	×	0	0	0	0	0	1
0	×	×	×	×	×	×	0	1	0	0	1	0	1
0	×	×	×	×	×	0	1	1	0	1	0	0	1
0	×	×	×	×	0	1	1	1	0	1	1	0	1
0	×	×	×	0	1	1	1	1	1	0	0	0	1
0	×	×	0	1	1	1	1	1	1	0	1	0	1
0	×	0	1	1	1	1	1	1	1	1	0	0	1
0	0	1	1	1	1	1	1	1	1	1	1	0	1

从功能表中可看出,当 $EI=0$ 时,编码器工作;$EI=1$ 时,编码器处于非工作状态,输入和输出均是低电平有效。当 $EI=0$ 时,且至少有一个输入端为低电平时,优先编码工作状态 $GS=0$,表明编码器处于工作状态,否则为 1。当 $EI=0$ 且所有输入端都为 1 时,输出为 0,此时,$EO=0$,它可与另一片同样器件连接,以便组成更多输入端的优先编码器,输入优先级别依次是 7,6,5,…,0。

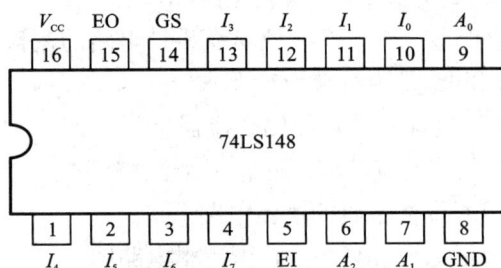

图 3 - 2 - 6　74LS148 管脚排列图

(2)译码器的逻辑功能和应用。

①中规模集成译码器 74LS138。74LS138 是集成 3 线—8 线译码器,在数字系统中应用广泛,图 3 - 2 - 7 是 74LS138 的引脚排列图。其中 $A_0 \sim A_2$ 是 3 个输入端,$Y_0 \sim Y_7$ 是 8 个输出端,G_1、G_{2A}、G_{2B} 为 3 个使能输入端。表 3 - 2 - 5 是 74LS138 逻辑功能表。

表 3 - 2 - 5　74LS138 逻辑功能表

输　　入						输　　出							
G_1	G_{2A}	G_{2B}	A_2	A_1	A_0	Y_0	Y_1	Y_2	Y_3	Y_4	Y_5	Y_6	Y_7
0	×	×	×	×	×	1	1	1	1	1	1	1	1
×	1	×	×	×	×	1	1	1	1	1	1	1	1
×	×	1	×	×	×	1	1	1	1	1	1	1	1
1	0	0	0	0	0	0	1	1	1	1	1	1	1
1	0	0	0	0	1	1	0	1	1	1	1	1	1
1	0	0	0	1	0	1	1	0	1	1	1	1	1
1	0	0	0	1	1	1	1	1	0	1	1	1	1
1	0	0	1	0	0	1	1	1	1	0	1	1	1
1	0	0	1	0	1	1	1	1	1	1	0	1	1
1	0	0	1	1	0	1	1	1	1	1	1	0	1
1	0	0	1	1	1	1	1	1	1	1	1	1	0

从功能表看出，当 $G_1 = 1$，G_{2A} 或 $G_{2B} = 0$ 时，译码器工作，且输出低电平有效，其中：

$$Y_0 = \overline{\overline{A_2}\,\overline{A_1}\,\overline{A_0}} \qquad Y_1 = \overline{\overline{A_2}\,\overline{A_1}\,A_0}$$

$$Y_2 = \overline{\overline{A_2}\,A_1\,\overline{A_0}} \qquad Y_3 = \overline{\overline{A_2}\,A_1\,A_0}$$

$$Y_4 = \overline{A_2\,\overline{A_1}\,\overline{A_2}} \qquad Y_5 = \overline{A_2\,\overline{A_1}\,A_0}$$

$$Y_6 = \overline{A_2\,A_1\,\overline{A_0}} \qquad Y_7 = \overline{A_2\,A_1\,A_0}$$

②逻辑功能扩展。利用使能端，可以用两片 74LS138 实现 4 线—16 线译码器，如图 3 - 2 - 8 所示：

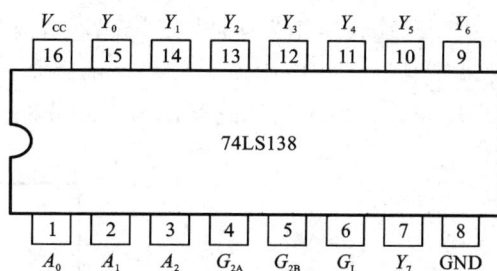

图 3 - 2 - 7　74LS138 管脚排列图

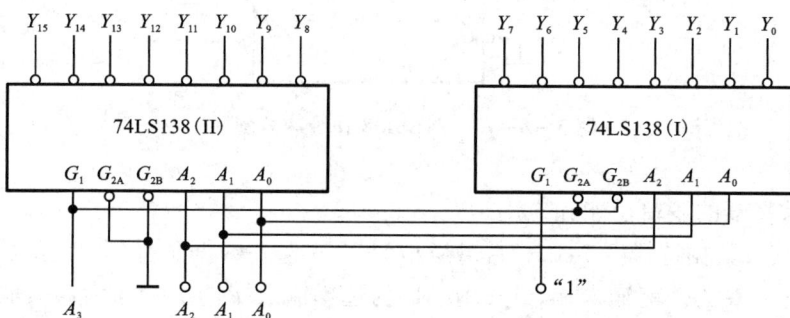

图 3 - 2 - 8　74LS138 的逻辑功能扩展

③译码器的应用。

a. 实现组合逻辑函数。由于一个 3 线—8 线译码器能产生 3 变量函数的全部最小项，利用这一点能方便地实现 3 变量逻辑函数，图 3 - 2 - 9 是利用 74LS138 译码器和与非门实现全加器的原理图。

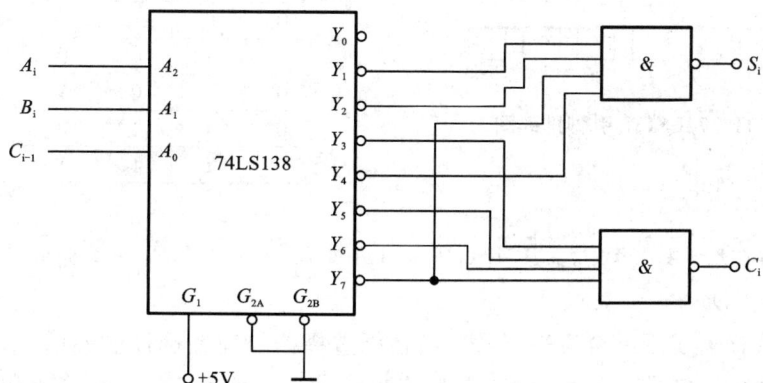

图 3 - 2 - 9　用 74LS138 构成的全加器

b. 作数据分配器和脉冲分配器使用。若利用 74LS138 使能端中的一个输入端输入数据信息，二进制码输入端作为地址码，译码器就成为一个数据分配器。利用选定的地址码，就可决定数据要传送的相应通道。若数据信息是时钟脉冲，则数据分配器便成为时钟脉冲分配器。图 3 - 2 - 10 所示为译码器作为脉冲分配器。

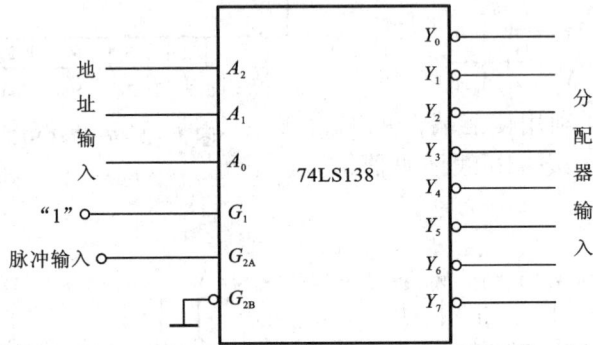

图 3 - 2 - 10　74LS138 作脉冲分配器

（3）数据选择器的逻辑功能和应用。

①中规模集成数据选择器 74LS151。74LS151 为八选一数据选择器，引脚排列如图 3 - 2 - 11 所示，其中，G 为使能输入端，A_2、A_1、A_0 为选择输入端，$D_0 \sim D_7$ 为数据输入端，Y 和 W 为互补输入端。表 3 - 2 - 6 为 74LS151 的逻辑功能表。

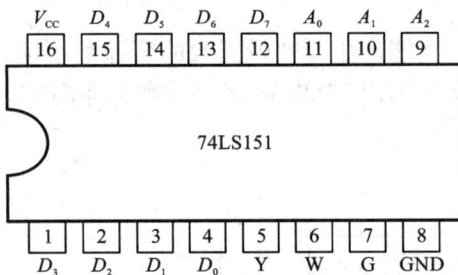

图 3 - 2 - 11　74LS151 引脚排列图

表 3 - 2 - 6　74LS151 逻辑功能表

输　入				输　出	
G	A_2	A_1	A_0	Y	W
1	×	×	×	0	1
0	0	0	0	D_0	$\overline{D_0}$
0	0	0	1	D_1	$\overline{D_1}$
0	0	1	0	D_2	$\overline{D_2}$
0	0	1	1	D_3	$\overline{D_3}$
0	1	0	0	D_4	$\overline{D_4}$
0	1	0	1	D_5	$\overline{D_5}$
0	1	1	0	D_6	$\overline{D_6}$
0	1	1	1	D_7	$\overline{D_7}$

当 $G = 0$ 时，$Y = \overline{A_2}\,\overline{A_1}\,\overline{A_0}D_0 + \overline{A_2}\,\overline{A_1}A_0D_1 + \overline{A_2}A_1\overline{A_0}D_2 + \overline{A_2}A_1A_0D_3 + A_2\overline{A_1}\,\overline{A_0}D_4 + A_2\overline{A_1}A_0D_5 + A_2A_1\overline{A_0}D_6 + A_2A_1A_0D_7$

②用数据选择器实现组合逻辑函数。将数据选择器的地址选择输入信号 A_2、A_1 和 A_0 作为函数的输入变量，数据输入 $D_0 \sim D_7$ 作为控制信号，控制各最小项在输出逻辑函数中是否出现，并且令使能端始终保持低电平，这样八选一数据选择器就成为一个 3 变量的函数发生器。

当函数 Y 的输出变量小于数据选择器的地址选择端时，应将不同的地址端及不用的数据输入端都接地处理。

3. 实验仪器与器件

（1）数字电子技术实验箱；（2）74LS138 × 2、74LS148 × 1、74LS151 × 1、74LS20 × 1。

4. 实验内容和步骤

（1）74LS148 逻辑功能测试。

①将 EI 使能端和 $I_0 \sim I_7$ 8 个输入端接逻辑开关，输出端接电平指示器，当 EI 为高电平时，任意改变 $I_0 \sim I_7$ 的状态，观察 EI 的作用。

②当 EI 为低电平时，按照表 3 - 2 - 4 改变 $I_0 \sim I_7$ 的状态，测试 74LS148 的逻辑功能。

（2）74LS138 逻辑功能测试。

①将 G_1、G_{2A} 和 G_{2B} 3 个使能端和 $A_0 \sim A_2$ 3 个输入端接逻辑开关，输出端接电平指示器，当 G_1 分别为高电平或低电平时，任意改变 G_{2A}、G_{2B} 和 $A_0 \sim A_2$ 3 个输入端的状态，观察输出端的状态变化，理解 G_1 的作用。

②同理，观察 G_{2A} 和 G_{2B} 的作用。

③当 G_1 为高电平、G_{2A} 和 G_{2B} 为低电平时，按照表 3 - 2 - 5 改变 $A_0 \sim A_2$ 状态，测试 74LS138 的逻辑功能。

（3）74LS138 逻辑功能扩展。按图 3 - 2 - 8 所示电路接线，输入端接逻辑开关，输出端接电平指示器，测试电路的逻辑功能。

（4）用 74LS138 实现组合逻辑函数。

①按图 3 - 2 - 9 所示电路接线，输入端接逻辑开关，输出端接电平指示器，测试该全加器功能，填入表 3 - 2 - 7 中。

②实现一个三人表决器，自己设计电路进行实验。

（5）译码器作脉冲分配器。按图 3 - 2 - 10 连接线路，G_1 接高电平，G_{2A} 接 1 Hz 连续脉冲信号，G_{2B} 接地，输入端 A_2、A_1、A_0 接逻辑开关，输出端接电平指示器。依次改变 A_2、A_1、A_0 逻辑开关状态，观察输出端变化。设计表格记录实验现象。

表 3 - 2 - 7　全加器功能测试

A_i	B_i	C_{i-1}	C_i	S_i
0	0	0		
0	0	1		
0	1	0		
0	1	1		
1	0	0		
1	0	1		
1	1	0		
1	1	1		

(6)74LS151 逻辑功能测试。

①将地址端、数据输入端和使能端接逻辑开关，输出端接电平指示器，观察使能端 G 的作用。

②当 G 为低电平时，按表 3-2-6 改变地址端变量状态，测试 74LS151 逻辑功能。

(7)用 74LS151 实现下列函数。

①构成三人表决器，自行设计电路，测试逻辑功能。

②构成 $F = \bar{A}B + A\bar{B}$ 函数。自行设计电路，测试逻辑功能。

5. 实验总结

①整理实验数据，分析实验结果与理论是否相符。

②总结 74LS138、74LS148、74LS151 各使能端的作用，以及在级联时的使用。

③画出用 74LS138 实现一个三人表决器的实验电路。设计表格，列出测试数据。

④总结利用数据选择器实现逻辑函数的过程。画出用 74LS151 实现三人表决器和异或逻辑功能的电路，设计表格，列出测试数据。

⑤总结译码器和数据选择器实现组合逻辑函数的优点。

3.2.3　组合逻辑电路的仿真

1. 实验目的

(1)学习用 Multisim 7 分析和设计组合逻辑电路。

(2)在 Multisim 7 仿真软件平台上观察竞争与冒险现象。

(3)了解消除竞争冒险现象的方法。

2. 实验原理

组合逻辑电路的分析与设计方法参见 3.2.1。

组合电路中输入端信号的变化传输到电路中某级集成门时，由于传输信号所给途径不同而产生的延迟时间也不同，致使到达某级集成门就会有先后时间之差，这种先后所形成的时差称为竞争。由于竞争，使逻辑输出发生错误，即输出端出现不应有的干扰脉冲，这种现象叫冒险。由此可见，竞争和冒险之间有一定的关系，有竞争不一定有冒险，但有冒险一定存在竞争。

冒险分为两种，即 0 型冒险和 1 型冒险。检查竞争冒险现象有两种方法。第一种是代数法，如果某电路的输出最后能改写成 $A + \bar{A}$ 或 $A \times \bar{A}$ 形式的，说明该电路将存在竞争冒险现象；第二种方法是利用卡诺图来判断。首先画出逻辑函数的卡诺图，若卡诺图中填 1 的格所形成的卡诺图有两个相邻的圈相切，则该电路存在竞争冒险的可能性。组合逻辑电路存在竞争就有可能产生冒险，造出错误的输出动作，克服竞争冒险的常用方法有：增加冗余项；加选通脉冲；加封锁脉冲；在输出端接滤波电容等。

3. 实验内容及步骤

(1)半加器逻辑电路分析。

①创建如图 3-2-12(a)所示电路。

②双击"逻辑转换仪"，打开逻辑转换面板，如图 3-2-12(b)。单击"逻辑门→真值表"按钮，则该逻辑门电路转换成真值表，得到进位端 C 的真值表如图 3-2-13 所示。说明该电路实现了半加器进位功能。

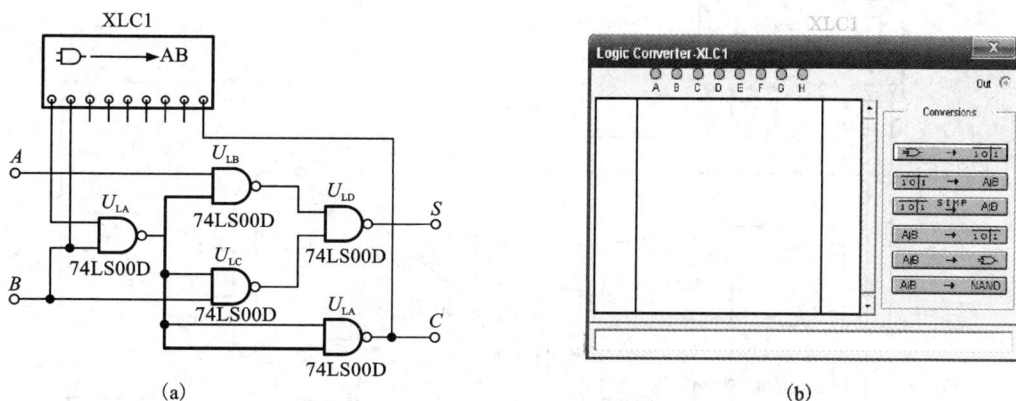

图 3 – 2 – 12 半加器逻辑电路

③将逻辑转换仪的输出端接到图 3 – 2 – 12(a)中的 S 端,再单击"逻辑转换仪"中的"逻辑门→真值表"按钮,得到 S 的真值表如图 3 – 2 – 14 所示,这和半加器真值表 3 – 2 – 1 中的 S 值完全一致,说明该电路实现了半加器求和功能。

④单击"逻辑转换仪"中的"真值表→最简表达式"按钮,则把真值表转换成最简表达式,该表达式和半加器求和端 S 的表达式完全一致,这也说明该电路实现了半加器求和功能。

图 3 – 2 – 13 C 的真值表

图 3 – 2 – 14 S 的真值表

(2)全加器逻辑电路分析。

①创建如图 3 – 2 – 15 所示电路。

②单击"逻辑转换仪"上的"逻辑门→真值表"按钮,得到进位端 C_i 的真值表。比较该真值表和表 3 – 2 – 2 全加器真值表。

③将逻辑转换仪的输出端接到图中的 S_i 端,再单击逻辑转换仪上的"逻辑门→真值表"按钮,得到求和端 S_i 的真值表,比较该真值表和表 3 – 2 – 2 全加器真值表。判断该逻辑电路的功能。

(3)设计一位数值比较器。

①根据组合逻辑电路的设计方法,用门电路实现一位数值比较器,参考电路如图 3 – 2 – 16 所示。

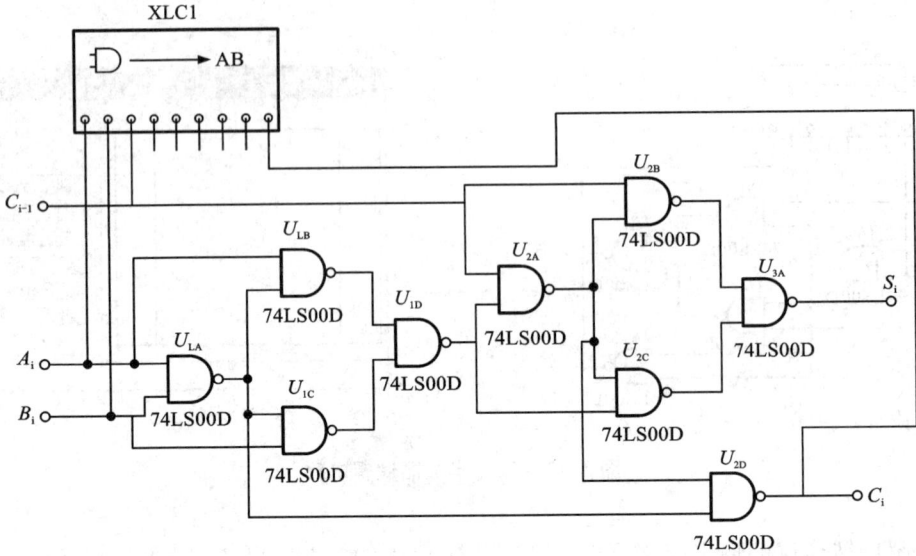

图 3 - 2 - 15　全加器仿真电路

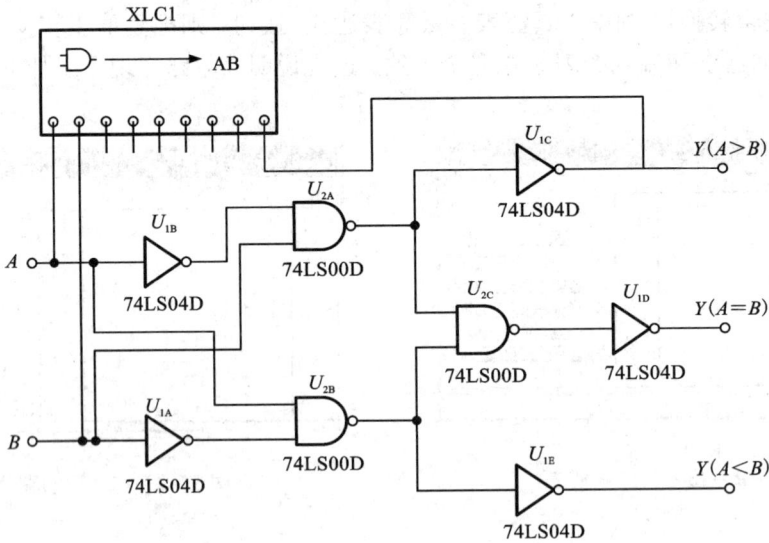

图 3 - 2 - 16　一位数值比较器

②首先查看 $Y(A < B)$ 的输出，将逻辑转换仪的输出接到图中 $Y(A < B)$ 端。再单击"逻辑转换仪"上的"逻辑门→真值表"按钮，得到 $Y(A < B)$ 的真值表，单击"真值表→最简表达式"，得到逻辑函数表达式。

③然后将逻辑转换仪的输出分别接到 $Y(A = B)$ 和 $Y(A < B)$ 端，依次查看 $Y(A = B)$ 和 $Y(A > B)$ 的真值表和逻辑函数表达式。

④分析实验测得的真值表和逻辑函数表达式。判断电路是否实现了数值比较功能。

(4)设计一个二进制码转换成格雷码电路。

①根据组合逻辑电路的设计方法，画出逻辑电路，参考电路如图 3 - 2 - 17 所示。

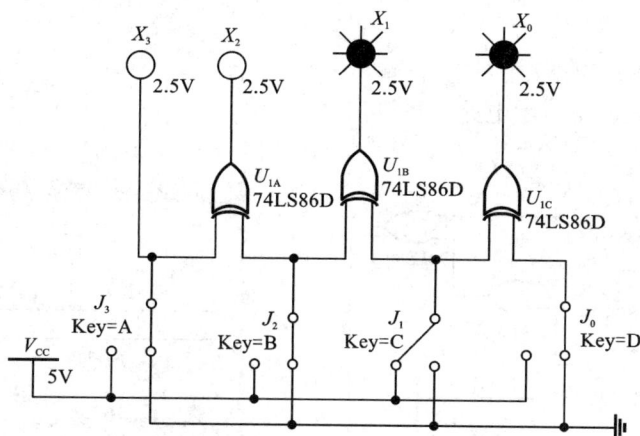

图 3 – 2 – 17　二进制码转换成格雷码电路

②输入信号 $A_3A_2A_1A_0$ 通过开关 $J_3 \sim J_0$ 接电源或地。输出信号的电平高低由红色探针 $X_3 \sim X_0$ 的亮灭来表示。

③自拟测试表格，按下仿真开关，改变 $A_3A_2A_1A_0$ 状态。观察输出信号的变化，记录数据。

④分析测试数据，判断电路是否实现了将 4 位二进制码转换成格雷码。

（5）观察竞争冒险现象。

①创建如图 3 – 2 – 18 所示电路。

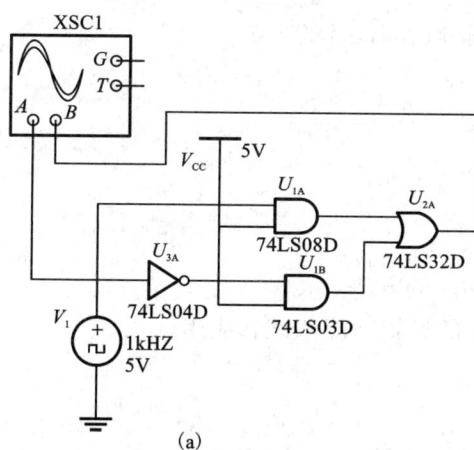

(a)

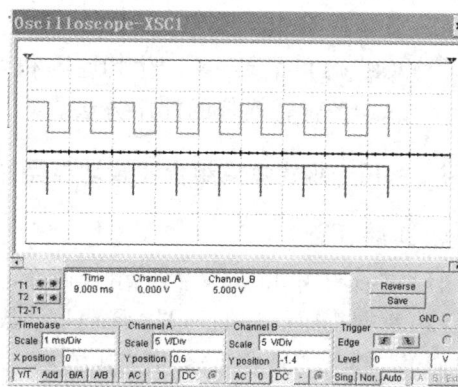

(b)

图 3 – 2 – 18　观察竞争冒险现象

②双击示波器图标，打开示波器面板，进行设置。"Time Base"设置为"1 ms/div"；"Channel A"和"Channel B"设置为"5 V/div"；选择"Y/T"显示方式；A、B 通道的输入方式都选择"DC"输入方式；"Trigger"设置为"Auto"触发方式。双击"Channel B"的输入线，将其设置为红色。

③按下仿真按钮,运行电路。观察输出信号波形,判断电路是否产生竞争冒险现象、冒险类型。

(6)竞争冒险现象的消除。

①创建如图 3 – 2 – 19 所示电路。

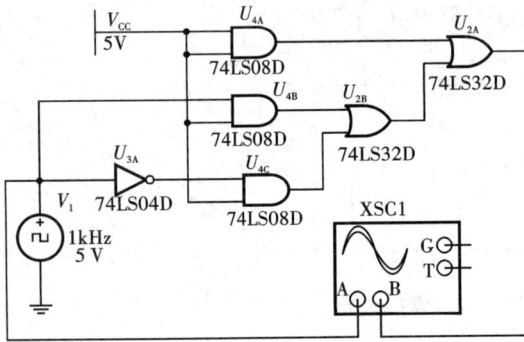
(a)

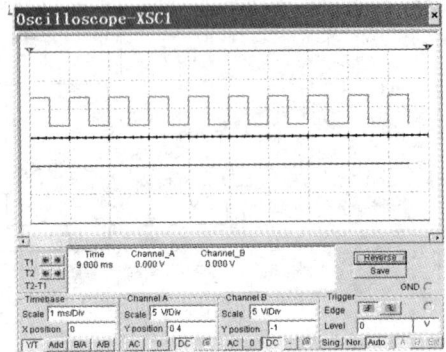
(b)

图 3 – 2 – 19　竞争冒险现象的消除

②双击示波器图标,进行设置,设置参数同上。

③按下仿真按钮,运行电路。观察输出信号波形,判断电路是否消除了竞争冒险现象。判断分析为克服竞争冒险采取的措施。

4.实验总结

(1)自拟实验表格,记录、整理和分析数据。

(2)总结在 Multisim 7 仿真平台上进行组合逻辑分析与设计的方法。

(3)总结竞争冒险现象产生的原因和克服的措施。

(4)总结逻辑转换仪的使用方法。

3.2.4　常用中规模集成组合逻辑功能器件的仿真

1.实验目的

(1)学习用 Multisim 7 测试组合逻辑电路逻辑功能的方法。

(2)掌握集成优先编码器、译码器、数据选择器的逻辑功能测试和应用。

(3)掌握字信号发生器的使用方法。

2.实验原理

实验原理参见 3.2.2

3.实验内容和步骤

(1)74LS148 的逻辑功能测试。

①创建如图 3 – 2 – 20 所示编码器电路。输入信号通过开关接优先编码器的输入端,其高、低电平由电源和地提供,并能通过开关 $J_0 \sim J_7$ 来控制。输出信号的电平高低由红色探针的亮、灭来表示。$A_2A_1A_0$ 由红色探针 $X_2X_1X_0$ 表示。GS 和 EO 由红色探针 X_3X_4 表示。74LS148 的使能输入端 EI 接地。

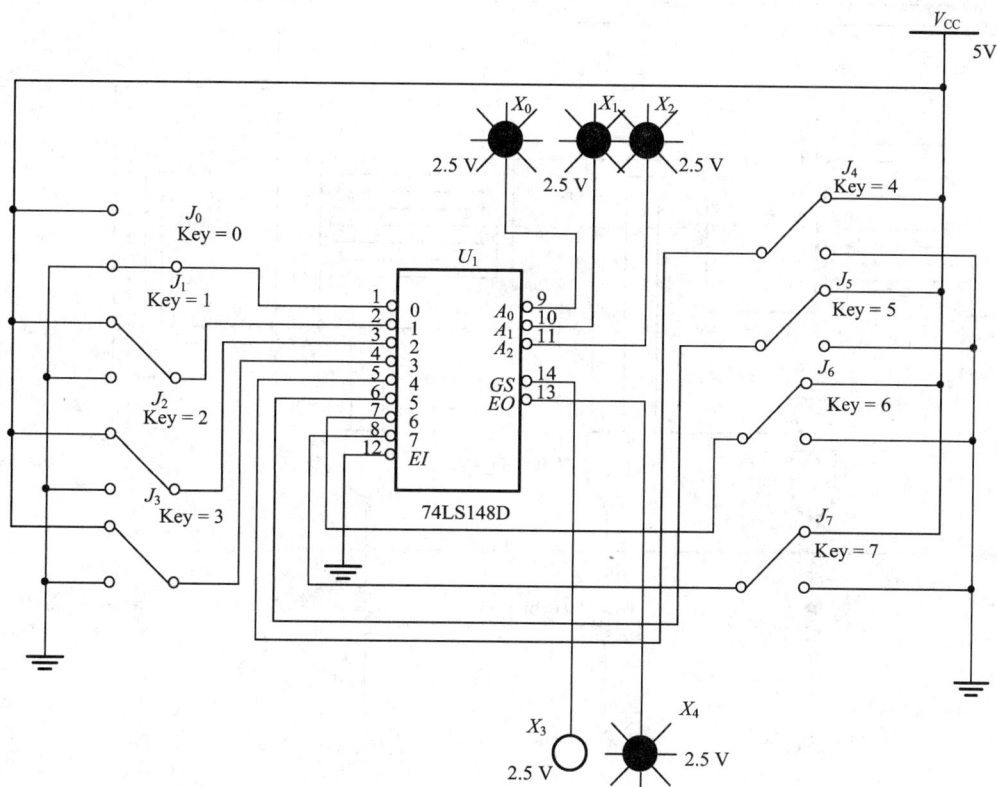

图 3 – 2 – 20　74LS148 编码器电路

②按下仿真按钮，令优先编码器的 $I_0 \sim I_7$ 所有输入端均为高电平。观察表示输出信号的红色探针的状态，自拟测试表格，记录数据变化。

③令 I_7 输入低电平，即把开关 J_7 拨到低电平观察红色探针的变化，记录数据。

④各输入端依次输入低电平，即将开关 $J_0 \sim J_6$ 依次拨到低电平，注意一次只有一个输入端为低电平，观察输出端红色探针的变化，记录数据。

⑤输入几个低电平信号，同时观察红色探针的变化，总结各输入信号的优先级别。

（2）74HC148 的逻辑功能扩展。

①74HC148N 是 8 线—3 线优先编码器，用两片 74HC148N 可以构成 16 线—4 线优先编码器。其逻辑功能扩展电路如图 3 – 2 – 21 所示。输入信号的高、低电平由电源和地提供。输出信号 $A_3 A_2 A_1 A_0$ 的低高电平由四个发光二极管 LED1 ~ LED4 的亮、灭来指示。LED 亮表示输出信号为低电平，高位片的使能输入端接地，低位片的 EI 由高位片的 EO 控制。

②如图 3 – 2 – 21 所示 I_{15} 接地，表示输入低电平，按下仿真按钮，观察输出端 LED 的亮灭，自拟测试表格，记录数据。

③依次将 $I_{14} \sim I_0$ 分别接地，激活电路，观察输出端 LED 的亮灭，记录数据。

④同时将几个输入端接地，激活电路，观察 LED 的变化，总结各输入信号的优先级别。测试并总结编码器的逻辑功能。

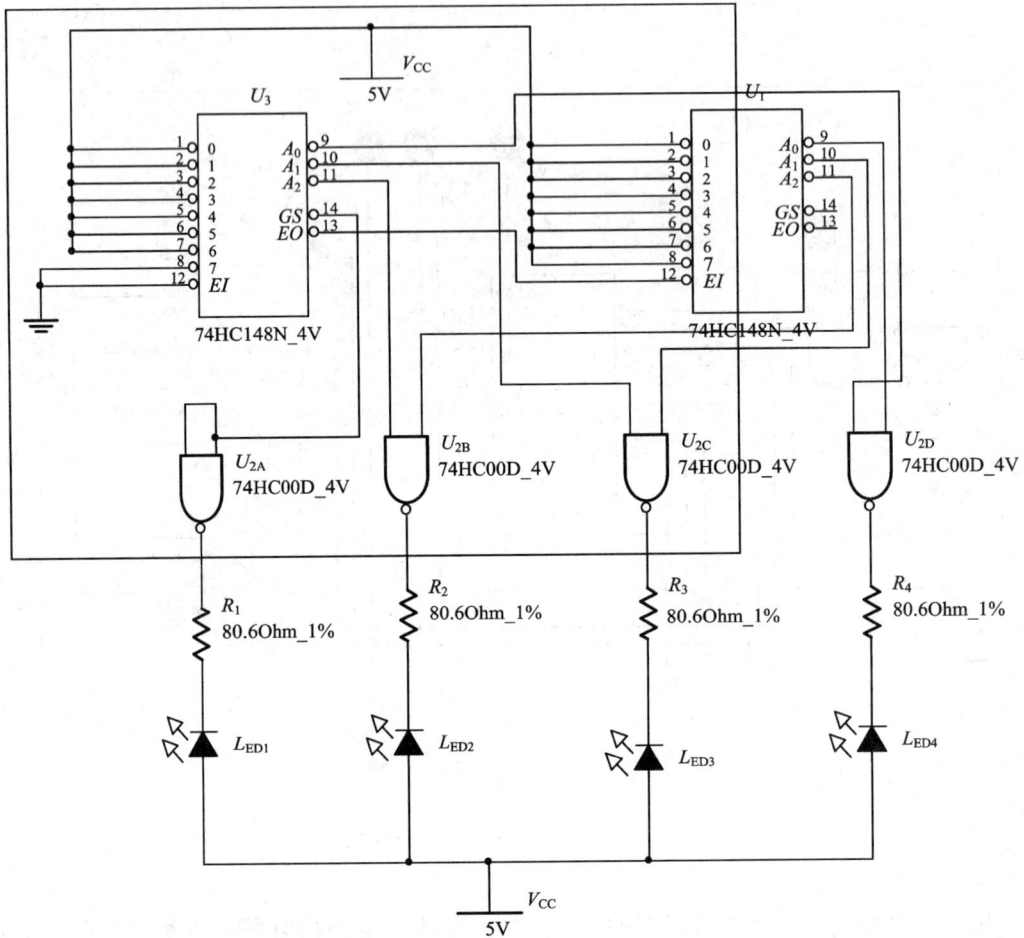

图 3 - 2 - 21　74HC148 的逻辑功能扩展

（3）测试 74LS138 的逻辑功能。

①创建如图 3 - 2 - 22 所示的译码器电路。输入信号通过开关接译码器的输入端。其高、低电平由电源和地提供，并通过开关 J_0、J_1、J_2 来控制。G_1、G_{2A} 和 G_{2B} 通过开关 J_3、J_4、J_5 接电源或地。$Y_0 \sim Y_7$ 是输出端，外接红色探针 $X_0 \sim X_7$，探针亮表示高电平输出，熄灭表示输出为低电平。

②令 $G_1 = 0$，即将开关 J_3 拨到低电平，任意选取 G_{2A}、G_{2B} 和 A、B、C 输入端的状态。观察输出信号的变化，自拟表格，记录数据。

③令 G_{2A} 或 $G_{2B} = 1$，即将开关 J_4 或 J_5 拨到高电平，任意选取 G_1 和三个输入端的状态，观察输出信号的变化，自拟表格，记录数据。

④令 $G_1 = 1$，G_{2A} 和 $G_{2B} = 0$，输入端 C、B、A 按真值表取八种组合状态输入。观察输出信号的变化，记录数据。

（4）用 74LS138 构成全加器。

①创建如图 3 - 2 - 23 所示电路，全加器的真值表如表 3 - 2 - 1 所示。此处用字信号发

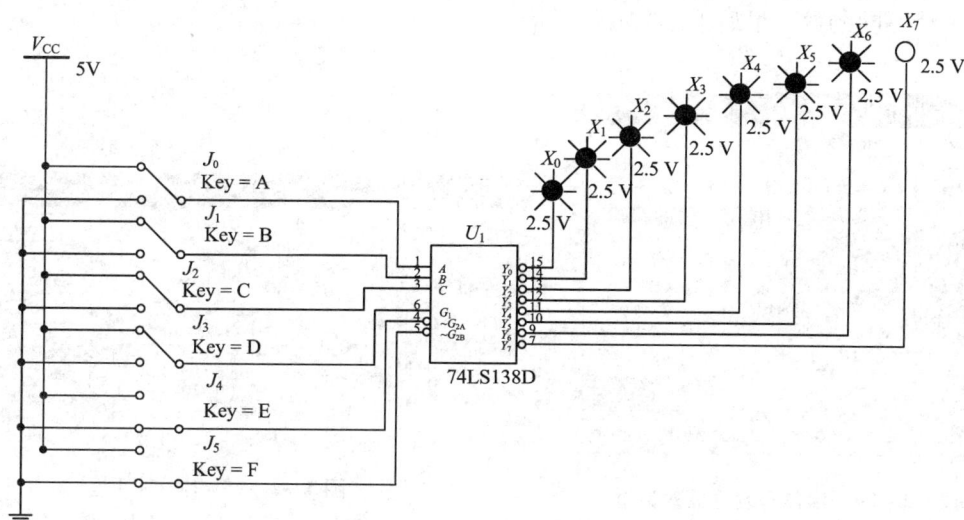

图 3 - 2 - 22　74LS138 译码器电路

生器来模拟输入的数字信号 A_i、B_i、C_{i-1}，输入和输出都接上红色探针来观察高、低电平的变化。138 译码器的 G_1 端高电平，G_{2A}、G_{2B} 端接地。X_1 代表求和端 S_i，X_2 代表进位端 C_i，X_3、X_4、X_5 表示输入端 A_i、B_i、C_{i-1} 高、低电平状态。

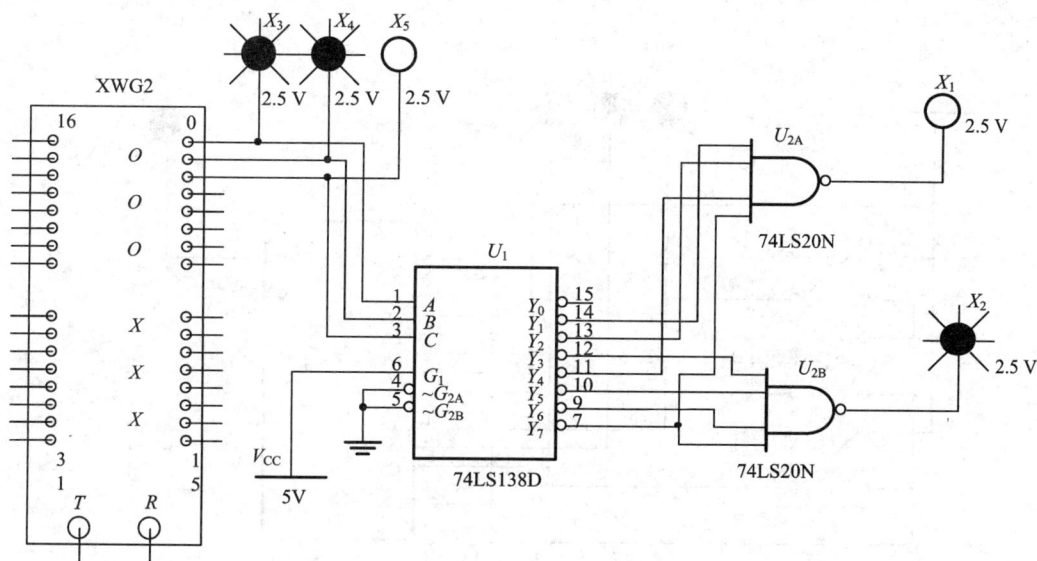

图 3 - 2 - 23　74LS138 构成全加器

　　②双击字信号发生器图标，弹出如图 3 - 2 - 24 所示的对话框。设置输出频率为 1 kHz、十六进制，触发方式选择内触发，采用单步输出。

　　单击图中的"Set"钮，弹出如图 3 - 2 - 25 所示的对话框。设置为"UP Counter"，"Initial Pattern"为"00000000"，"Buffer Size"大小为"0008"，表示从初始值开始按逐个加 1 递增的方

式产生 8 个不同的数。最后单击"Accept"按钮。

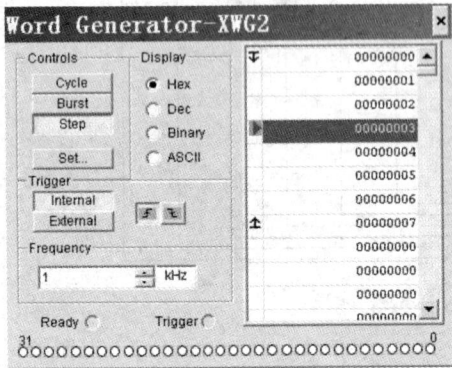

图 3 – 2 – 24　字信号发生器对话框

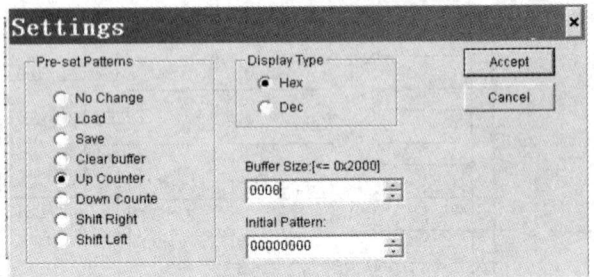

图 3 – 2 – 25　Set 对话框

③按下仿真开关，点击一次"Step"表示产生一组二进制数。若当前产生脉冲为"00000003"，表示 $A_i = 1$，$B_i = 1$，$C_{i-1} = 0$，对应真值表的值 $S_i = 0$，$C_i = 1$。从图中可看出 X_1 灭，X_2 亮。实验结果观察和真值表的结果吻合。单击"Step"改变输入信号状态，观察输出状态，自拟表格，记录数据。

（5）用 74LS151 实现三人表决电路。

①用 74LS151 实现三人表决电路如图 3 – 2 – 26 所示。

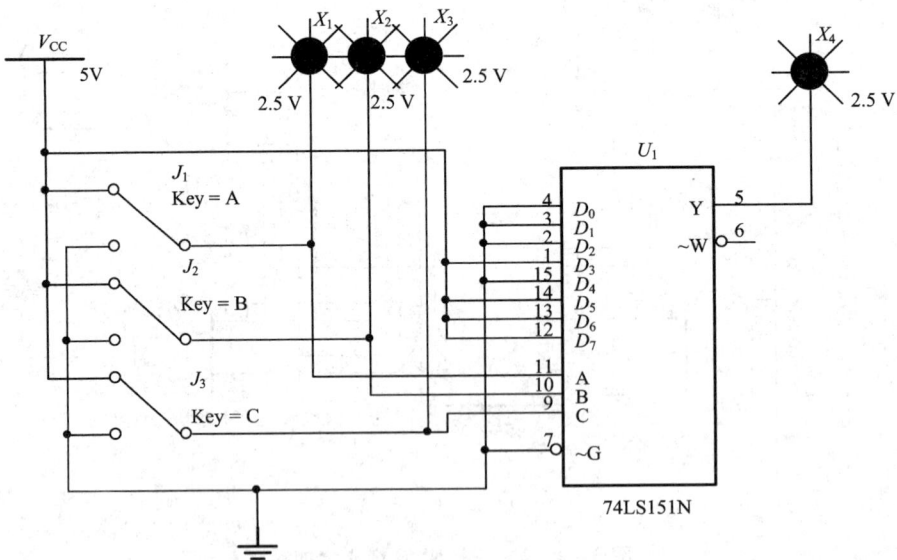

图 3 – 2 – 26　74LS151 实现三人表决电路

输入信号 A、B、C 通过开关 J_1、J_2、J_3 接数据选择器的三个地址选择端 A、B、C。其电平高低由电源和地提供，并由蓝色探针指示。数据输入端 D_3、D_5、D_6、D_7 接电源，D_0、D_1、D_2、D_4 接地，使能输入端 G 接地，输出信号的状态由红色探针指示。

②自拟测试表格,按下仿真开关,改变 A、B、C 的状态,记录输出结果。

(6)用 74LS153 实现全加器。

①创建如图 3 - 2 - 27 所示由 74LS153 实现的全加器电路。输入信号 A_i、B_i、C_{i-1} 通过开关 J_1、J_2、J_3 接数据选择器的地址输入端和数据输入端。其高、低电平由电源和地提供。输出信号 S_i、C_i 的高低电平由发光二极管 LED1 和 LED2 的亮灭指示。1G 和 2G 接地。

②自拟测试表格,按下仿真开关。改变 A_i、B_i、C_{i-1} 状态,观察输出信号的变化,记录数据。

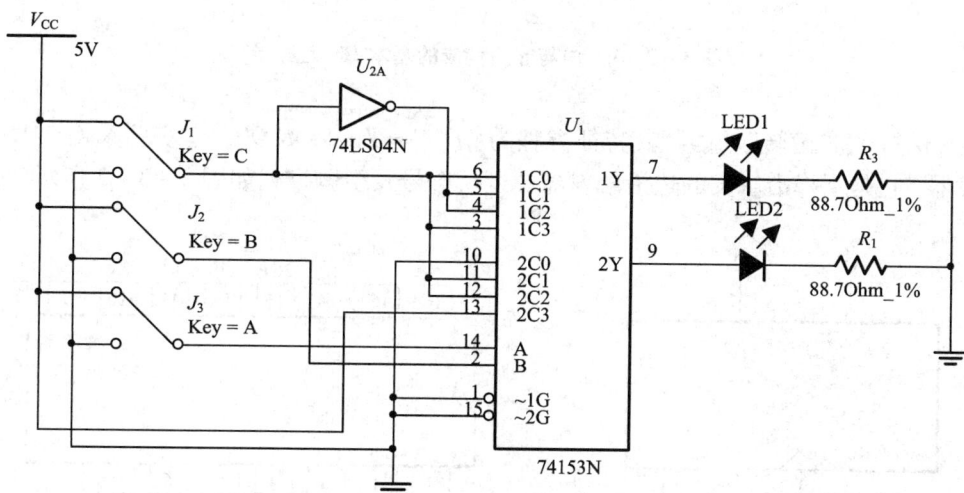

图 3 - 2 - 27　74LS153 实现全加器

4. 实验总结

①自拟实验表格,记录、整理和分析数据。

②总结在 Multisim 7 平台上创建组合逻辑电路测试的方法。

③总结 Multisim 7 中字信号发生器的使用方法。

3.3　触发器

3.3.1　触发器及其应用

1. 实验目的

①熟悉常用触发器的逻辑功能及测试方法。

②了解触发器逻辑功能的转换。

③掌握触发器的基本应用。

2. 实验原理

(1)基本 RS 触发器。由两个与非门交叉耦合构成的基本 RS 触发器如图 3 - 3 - 1(a)所示,逻辑符号如图 3 - 3 - 1(b)。它是无时钟控制低电平直接触发的触发器,具有置"0"、置"1"和"保持"功能。其特征方程为:$Q^{n+1} = S + \overline{R} Q^n$;约束条件为:$\overline{R} + \overline{S} = 1$。

(2)JK 触发器。JK 触发器是功能完善、使用灵活和通用性强的集成电路。具有置"0"、

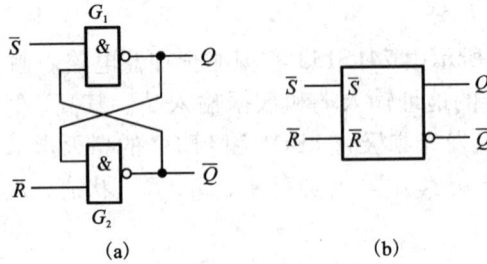

图 3 - 3 - 1　由与非门构成的基本 RS 触发器

置"1"、"保持"和"翻转"功能。其特征方程为：$Q^{n+1} = J\overline{Q^n} + \overline{K}Q^n$。本实验采用 74LS112 双 JK 触发器，它是下降沿触发的边沿触发器。逻辑符号及引脚排列如图 3 - 3 - 2 所示。

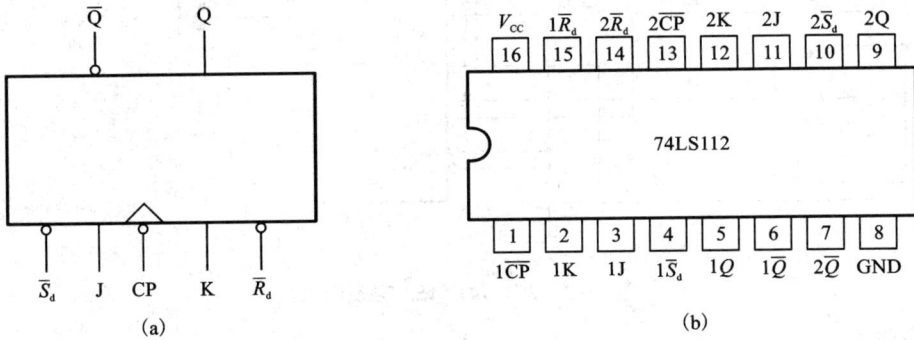

图 3 - 3 - 2　74LS112 JK 触发器

（3）D 触发器。D 触发器是另一种使用广泛的触发器，它是在 CP 脉冲上升沿触发翻转，具有置"0"、置"1"功能。其特征方程为：$Q^{n+1} = D$。本实验采用 74LS74 双 D 触发器，逻辑符号及引脚排列如图 3 - 3 - 3 所示。

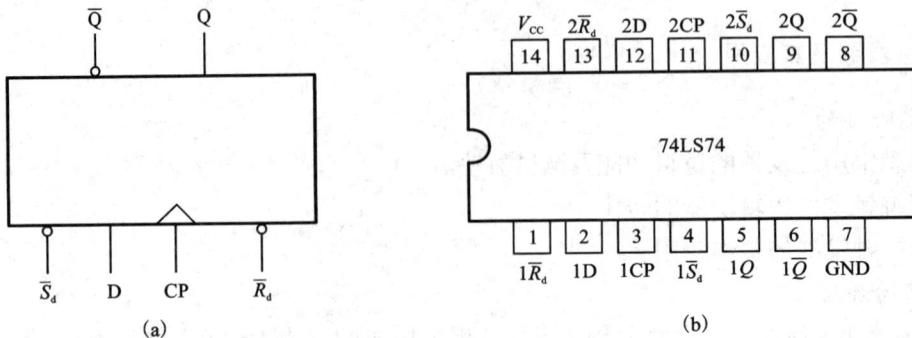

图 3 - 3 - 3　74LS74 D 触发器

（4）触发器逻辑功能的转换。

①将 JK 触发器转换成 D 触发器、T 触发器和 T' 触发器。

a. 转换电路如图 3 – 3 – 4 所示。

b. 各触发器的状态方程为：

$$Q^{n+1} = J\,\overline{Q}^n + \overline{K}\,Q^n \qquad Q^{n+1} = J\,\overline{Q}^n + \overline{K}\,Q^n \qquad Q^{n+1} = J\,\overline{Q}^n + \overline{K}\,Q^n$$
$$= D\,\overline{Q}^n + \overline{\overline{D}}\,Q^n \qquad\quad = T\,\overline{Q}^n + \overline{T}\,Q^n \qquad\quad = T\,\overline{Q}^n + \overline{T}\,Q^n$$
$$= D \qquad\qquad\qquad\qquad\qquad\qquad\qquad\qquad\qquad = \overline{Q}^n$$

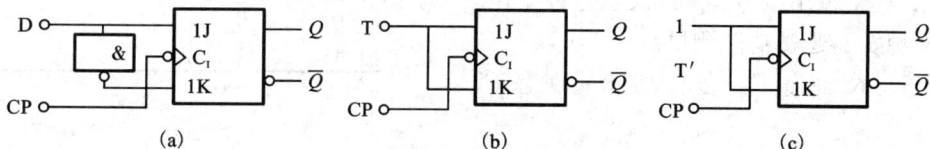

图 3 – 3 – 4　JK 触发器转换成 D、T、T' 触发器

②将 D 触发器转换成 JK 触发器、T 触发器。

a. 转换电路如图 3 – 3 – 5 所示。

b. 触发器的状态方程为：

$$Q^{n+1} = D = J\,\overline{Q}^n + \overline{K}\,Q^n \qquad Q^{n+1} = D = T\,\overline{Q}^n + \overline{T}\,Q^n$$

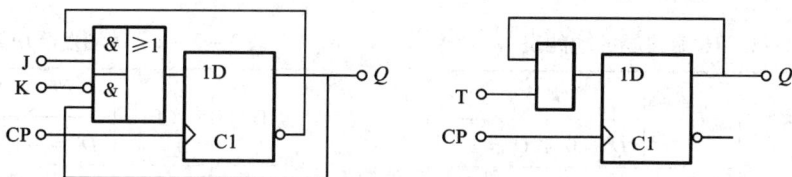

图 3 – 3 – 5　D 触发器转换成 JK、T 触发器

3. 实验仪器与器件

（1）数字电子技术实验箱；（2）双踪示波器；（3）集成电路 74LS112 × 1、74LS74 × 1、74LS00 × 1、74LS86 × 1、74LS08 × 1、74LS04 × 1、74LS32 × 1；（4）电阻若干。

4. 实验内容及步骤

（1）基本 RS 触发器逻辑功能测试。按图 3 – 3 – 1 接线，输入端 $\overline{R}$、$\overline{S}$ 接逻辑开关，输出端 Q、$\overline{Q}$ 接电平指示器，按表 3 – 3 – 1 要求测试，记录数据。在观察 $\overline{R}$、$\overline{S}$ 从 11→00→11 变化时的不定状态时，应将 $\overline{R}$、$\overline{S}$ 接在同一只逻辑开关上，以保证 $\overline{R}$、$\overline{S}$ 同时变化。对于不同的与非门组成的 RS 触发器，$\overline{R}$、$\overline{S}$ 从 11→00→11 变化时的实验结果各不相同。但对某一具体 RS 触发器来说，反复做几次所得的结果应是一样的。

表 3 – 3 – 1　基本 RS 触发器的功能表

$\overline{R}$	$\overline{S}$	Q	$\overline{Q}$
0	1		
1	1		
1	0		
1	1		
0	0		
1	1		

（2）JK 触发器逻辑功能测试。任取一只 JK 触发器，$\overline{R}_d$、$\overline{S}_d$、J、K 端接逻辑开关，CP 端接单次脉冲源，Q、$\overline{Q}$ 接电平指示器。

①异步置位端 $\overline{S}_d$ 和异步复位端 $\overline{R}_d$ 的功能测试。J、K、CP 端为任意状态，当 $\overline{R}_d$、$\overline{S}_d$ 加不同逻辑电平时，记录输出 Q、$\overline{Q}$ 端相应的状态，并把结果记入表 3 – 3 – 2 中。在 $\overline{R}_d$ 或 $\overline{S}_d$ 作用期间（即 $\overline{R}_d = 0$ 或 $\overline{S}_d = 0$），任意改变 J、K、CP 端的状态，观察输出端 Q、$\overline{Q}$ 的状态是否变化。

②JK 触发器逻辑功能测试。

a. 用 $\overline{S}_d$、$\overline{R}_d$ 的置位、复位功能使现态 Q^n 为 0 或 1。

b. 使 $\overline{S}_d$、$\overline{R}_d$ 置"1"，根据表 3 – 3 – 3 给定 J、K 的值，在 CP 端输入单次脉冲源，观察 CP 脉冲由 0→1（上升沿）和由 1→0（下降沿）时输出端 Q^{n+1} 状态的变化，并把结果记入表 3 – 3 – 3 中。

（3）D 触发器逻辑功能的测试。

①置位复位端 $\overline{R}_d$、$\overline{S}_d$ 的功能测试。测试方法及步骤同 JK 触发器。

②D 触发器逻辑功能的测试。按表 3 – 3 – 4 的要求测试输出端的状态，并观察触发器状态的更新是否发生在 CP 脉冲的上升沿，把测试结果记入表中。测试方法及步骤同 JK 触发器。

表 3 – 3 – 2　JK 触发器的置位、复位功能表

$\overline{R}_d$	$\overline{S}_d$	Q	$\overline{Q}$
1	0		
1	1		
0	1		
1	1		
0	0		
1	1		

表 3 – 3 – 3　JK 触发器的功能表

J	K	CP	Q^{n+1}	
			$Q^n = 0$	$Q^n = 1$
0	0	↑		
		↓		
0	1	↑		
		↓		
1	0	↑		
		↓		
1	1	↑		
		↓		

表 3 – 3 – 4　D 触发器功能表

D	CP	Q^{n+1}	
		$Q^n = 0$	$Q^n = 1$
0	↑		
	↓		
1	↑		
	↓		

（4）触发器的应用。

①图 3 – 3 – 6 是用 D 触发器组成的二分频电路，在 CP 输入端加 1 kHz 的连续脉冲信号，用双踪示波器同时观察输入脉冲和输出端 Q 的波形。

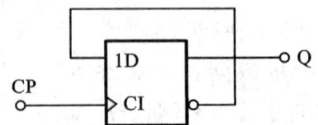

图 3 – 3 – 6　二分频电路

②由与非门构成的基本 RS 触发器、电阻 R 和开关 S 组成的消抖动开关电路如图 3 – 3 – 7 所示，说明电路消抖动原理。触发器的哪些输入端一定要使用消抖动开关？

③JK 触发器的应用。按图 3 – 3 – 8 所示的电路连接线路，在 CP 端加入 1 Hz 连续脉冲信

号，观察并记录输出端 Q_2、Q_1 的变化，说明此电路能够完成的逻辑功能。

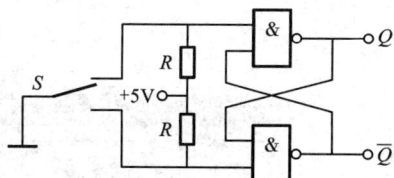

图 3 - 3 - 7　消抖动电路

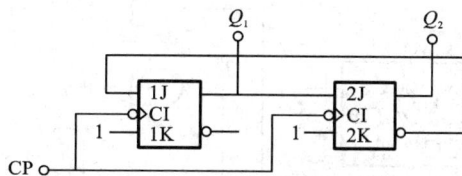

图 3 - 3 - 8　JK 触发器应用电路

（5）触发器逻辑功能的转换。

①将 JK 触发器转换成 D 触发器、T 触发器和 T′触发器。按图 3 - 3 - 4 所示电路接线，测试转换电路的逻辑功能，测试方法自拟。

②将 D 触发器转换成 JK 触发器、T 触发器。按图 3 - 3 - 5 所示电路接线，测试转换电路的逻辑功能，测试方法自拟。

5. 实验小结

（1）总结用与非门构成的基本 RS 触发器的约束条件是什么？如果改用或非门构成基本 RS 触发器，其约束条件又是什么？

（2）总结使用不同触发器进行功能转换后的触发器与原触发器的相同点和不同点。

3.3.2　触发器的仿真

1. 实验目的

（1）掌握用仿真软件仿真触发器的方法。

（2）掌握基本 RS 触发器、JK 触发器、D 触发器和 T 触发器的逻辑功能。

（3）熟悉各种触发器之间逻辑功能的相互转换方法。

2. 实验原理

参见 3.3.1。

3. 实验内容及步骤

（1）JK 触发器的逻辑功能及应用。

①在 Multisim 7 仿真软件工作平台上用 74LS112 双 JK 触发器连接基本仿真电路如图 3 - 3 - 9（a）所示。

②图 3 - 3 - 9（a）输入端 1CLK 接连续脉冲，函数信号发生器的面板设置如图 3 - 3 - 9（b）所示。用示波器观察并描绘 CLK、Q、$\bar{Q}$、Q_A、Q_B 端的波形，参考波形如图 3 - 3 - 10 所示。分析电路功能。

③将 JK 触发器转化成其他功能的触发器，转换电路可参看图 3 - 3 - 4 所示，读者可自行设计相应的仿真电路。

（2）趣味应用（红、绿频闪灯）仿真。将图 3 - 3 - 9（a）中的示波器改接为红、绿发光二极管，输入端 1CLK 接连续脉冲（$f = 2 \sim 10$ Hz），即可实现红、绿频闪灯的仿真效果。电路如图 3 - 3 - 11 所示。

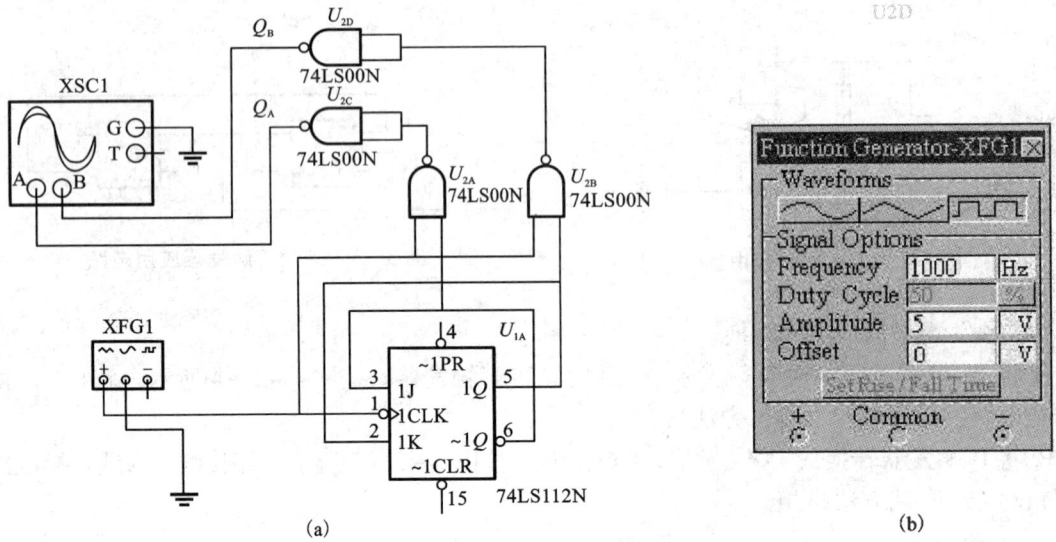

图 3 - 3 - 9　触发器仿真电路

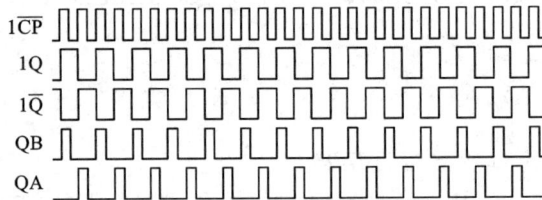

图 3 - 3 - 10　JK 触发器应用仿真实验波形

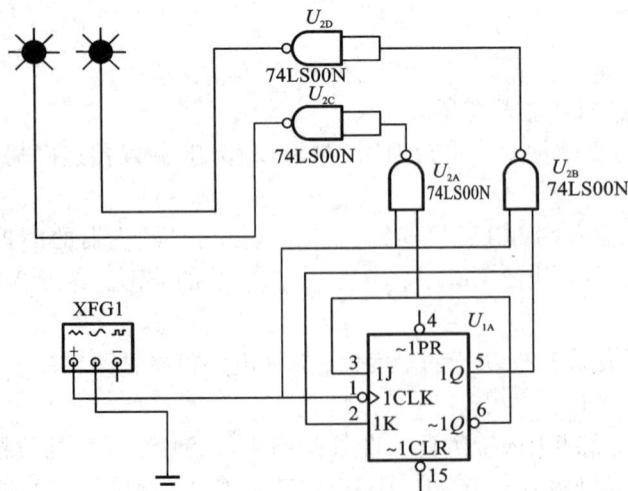

图 3 - 3 - 11　趣味仿真实验

4．实验总结

①画出 JK 触发器作为 D 或 T 触发器时其 CLK、Q 端的波形图，并讨论它们之间的相位和时间关系。

②观察 JK 触发器和 D 触发器在实现正常逻辑功能时，$\overline{R}_D$、$\overline{S}_D$ 端应处于什么状态？

③总结触发器的时钟脉冲输入为什么不能直接用逻辑开关作脉冲源，而要用单次脉冲源或连续脉冲源？

3.4　脉冲信号的产生及整形

3.4.1　555 定时器及其应用

1．实验目的

(1)了解集成定时器的电路结构和引脚功能。

(2)熟悉集成定时器的典型应用。

2．实验原理

(1)集成定时器 5G1555。集成定时器是一种模拟、数字混合型的中规模集成电路，只要外接适当的电阻电容等元件，可方便地构成单稳态触发器、多谐振荡器和施密特触发器等脉冲产生或波形变换电路。定时器有双极型和 CMOS 两大类，结构和工作原理基本相似。通常双极型定时器具有较大的驱动能力，而 CMOS 定时器则具有功耗低，输入阻抗高等优点。国产定时器 5G1555 与国外 555 类同，可互换使用。图 3－4－1(a)、(b)为集成定时器内部逻辑图及引脚排列，具体见表 3－4－1。

表 3－4－1　引脚列表情况

引脚号	1	2	3	4	5	6	7	8
引脚名	GND	$\overline{T}_L$	OUT	R_D	V_C	T_H	C_T	V_{CC}
	地	触发端	输出端	复位端	电压端	外接控制	阀值端	放电端	电源端

从定时器内部逻辑图可见，它含有两个高精度比较器 A_1、A_2，一个基本 RS 触发器及放电晶体管 V。比较器的参考电压由三只 5 kΩ 的电阻组成的分压提供，它们分别使比较器 A_1 的同相输入端和 A_2 的反相输入端的电位为 $2/3V_{CC}$ 和 $1/3V_{CC}$，如果在引脚5(控制电压端 V_C)外加控制电压，就可以方便地改变两个比较器的比较电平，若控制电压端 5 不用时需在该端与地之间接入约 0.01 μF 的电容以清除外接干扰，保证参考电压稳定值。比较器 A_1 的反相输入端接高电平触发端 T_H(脚6)，比较器 A_2 的同相输入端接低电平触发端 $\overline{T}_L$(脚2)、T_H 和 T_L 控制两个比较器工作，而比较器的状态决定了基本 RS 触发器的输出，基本 RS 触发器的输出一路作为整个电路的输出(脚3)，另一路接晶体管 V 的基极控制它的导通与截止，当 V 导通时，给接于脚7的电容提供低阻放电通路。

(2)555 定时器的典型应用。

①构成单稳态触发器。单稳态触发器在外来脉冲作用下，能够输出一定幅度与宽度的脉冲，输出脉冲的宽度就是暂稳态的持续时间 t_W。图 3－4－2 为由 555 定时器和外接定时元件

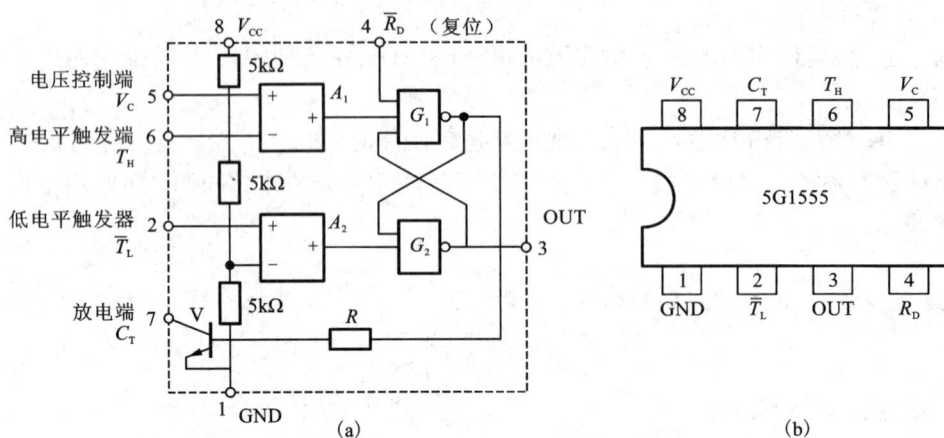

图 3 – 4 – 1　内部逻辑及引脚排列

R_T、C_T 构成的单稳态触发器。

②构成多谐振荡器。图 3 – 4 – 3 所示为由 555 定时器和外接元件 R_A、R_B、C_1 构成的多谐振荡器，脚 2 和脚 6 直接相连，它将自激，成为多谐振荡器。

③构成施密特触发器。图 3 – 4 – 4 为由 555 定时器及外接阻容元件构成的施密特触发器。

3. 实验仪器与器件

(1)数字电子技术实验箱；(2)信号源及频率计；(3)集成定时器 5G1555 × 2；(4)示波器；(5)二极管 2CK13 × 1；(6)电阻、电容若干。

4. 实验内容及步骤

(1)单稳态触发器。

①按图 3 – 4 – 2 连接实验线路，V_{CC} 接 +5V 电源，输入信号 u_i 由单次脉冲源提供，用双踪示波器观察并记录 u_i、u_c、u_o 波形，标出幅度与暂稳时间。

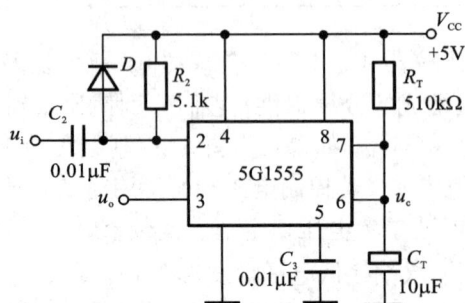

图 3 – 4 – 2　单稳态触发器

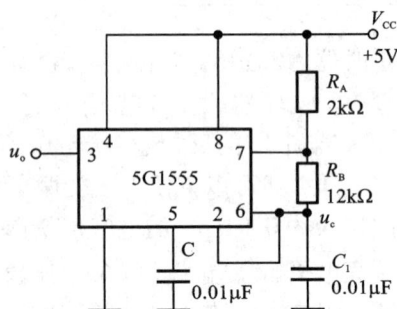

图 3 – 4 – 3　多谐振荡器

②将 C_T 改为 0.01 μF，输入端送 1 kHz 连续脉冲，观察并记录 u_i、u_c、u_o 波形，标出幅度与暂稳时间。

(2)多谐振荡器。按图 3 – 4 – 3 连接实验电路，用双踪示波器观测 u_c 和 u_o 的波形，测定频率。

（3）施密特触发器。按图 3 - 4 - 4 中连接实
验线路。

①输入信号 u_S 由信号源提供，预先调好 u_S
频率为 1 kHz，接通 $+V_{CC}$（5 V）电源后，逐渐加大
u_S 幅度，并用示波器观察 u_S 波形，直至 u_S 峰峰
值为 5 V 左右。用示波器观察并记录 u_S、u_i、u_o
波形，标出 u_S 的幅度、接通 UT_+、断开电位 UT_-
及回差电压 ΔU。

②观察电压传输特性。

（4）模拟声响电路。

①用两片 555 定时器构成两个多谐振荡，如
图 3 - 4 - 5 所示。调节定时元件，使
振荡器 Ⅰ 振荡频率较低，并将其输出
（脚 3）接到高频振荡器 Ⅱ 的电压控制
端（脚 5）。则当振荡器 Ⅰ 输出高电平
时，振荡器 Ⅱ 的振荡频率较低。当 Ⅰ
输出低电平时，Ⅱ 的振荡频率高，从
而使 Ⅱ 的输出端（脚 3）所接的扬声器
发出"嘟、嘟……"的间歇响声。

②按图 3 - 4 - 5 接好实验线路，
接通电源，试听音响效果。调换外接
阻容元件，再试听音响效果。

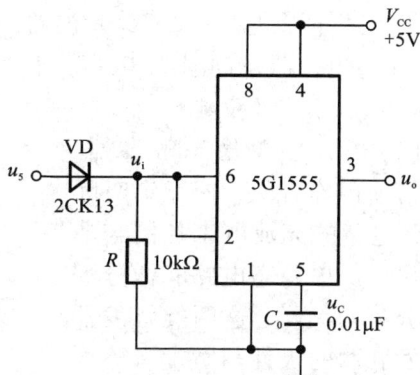

图 3 - 4 - 4 施密特触发器

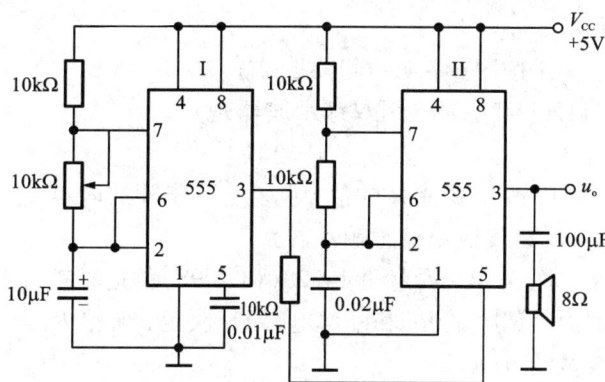

图 3 - 4 - 5 模拟声响电路

5. 实验总结

（1）画出所有实验电路和输入、输
出波形，注明测量值。

（2）计算理论值和误差，进行误差分析。

（3）说明单稳态触发器中 R_T 的大小对输出有何影响。

3.4.2 单稳态触发器的应用

1. 实验目的

（1）掌握集成门电路构成单稳态触发器的方法。

（2）掌握集成单稳态触发器的逻辑功能及使用方法。

2. 实验原理

在数字电路中，常用矩形脉冲作为信号，进行信息传递，或作为时钟信号来控制和驱动
电路，使各部分协调动作。单稳态触发器，需要在外加触发信号作用下输出具有一定宽度的
矩形脉冲波；施密特触发器（整形电路），能对外加输入的正弦波等波形进行整形，使电路输
出矩形脉冲波。

3．实验仪器与器件

①＋5V 直流电源；②双踪示波器；③连续脉冲源；④数字频率计；⑤CC4011、CC14528、2CK15；⑥电位器；⑦电阻、电容若干。

4．实验内容及步骤

（1）微分型单稳态触发器。利用与非门作开关，依靠定时元件 RC 电路的充放电来控制与非门的启闭。单稳态电路有微分型与积分型两大类，这两类触发器对触发脉冲的极性与宽度有不同的要求。这里主要针对微分型单稳态触发器说明，如图 3 - 4 - 6 所示。

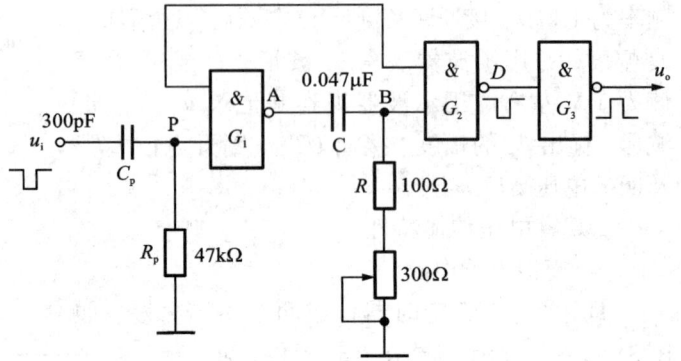

图 3 - 4 - 6　微分型单稳态触发器

①按图 3 - 4 - 6 连线，输入 1 kHz 连续脉冲，用双踪示波器观察 u_i、u_P、u_A、u_B、u_D、u_o 的波形并记录。

②改变 C 或 R 的值，重复上一步骤的内容。

（2）集成单稳态触发器。

图 3 - 4 - 7 为 CC14528（CC4098）的逻辑符号及功能表。该器件能提供稳定的单脉冲，脉宽由外部电阻 R_X 和外部电容 C_X 决定，调整 R_X 和 C_X 可使 Q 端和 $\overline{Q}$ 端输出脉冲宽度有一个较宽的范围。

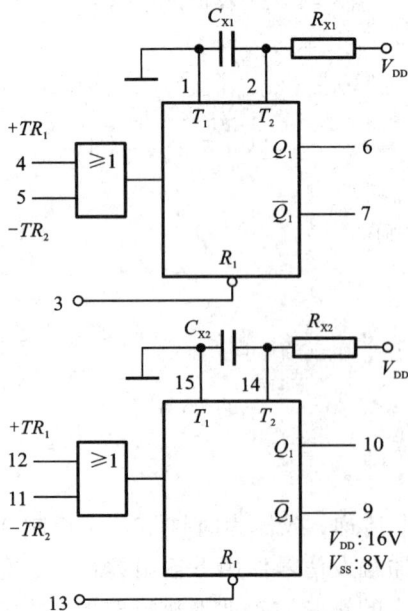

图 3 - 4 - 7　CC14528 的逻辑符号及功能表

①实现脉冲延时。该单稳态触发器的时间周期约为 $T_X = R_X C_X$，所有的输出级都有缓冲级，以提供较大的驱动电路。实现脉冲延迟，如图 3 - 4 - 8 所示。

按图 3 - 4 - 8 连线，输入 1 kHz 连续脉冲，用双踪示波器观测输入、输出波形，测定 T_1 与 T_2。

②实现多谐振荡器。按图 3 - 4 - 9 连线，用示波器观测输出波形，测定振荡频率。

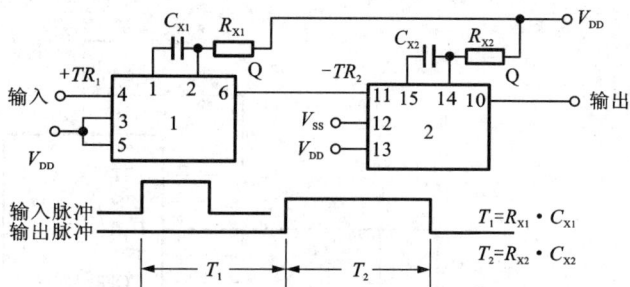

图 3 - 4 - 8　实现脉冲延迟

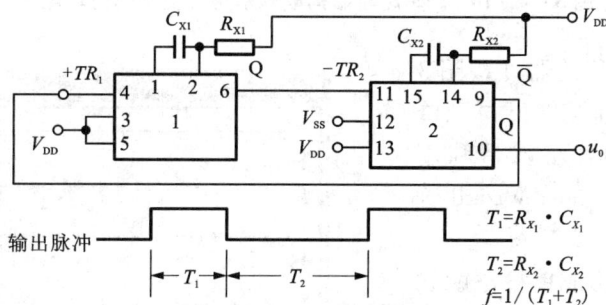

图 3 - 4 - 9　实现多谐振荡器

5. 实验总结

①绘出实验线路图，并记录波形。

②分析实验结果的波形，验证有关的理论。

③总结单稳态触发器的特性及其应用。

3.4.3　555 定时器的应用仿真

1. 实验目的

①熟悉 Multisim 7 的仿真工作环境。

②了解 555 定时器构成施密特触发器、单稳态触发器和多谐振荡器的工作过程。

2. 实验原理

参见 3.4.1。

3. 实验内容及步骤

(1)用 555 定时器构成施密特触发器。施密特触发器(双稳态触发器)的仿真电路如图 3 - 4 - 10 所示，按照该图在仿真软件平台上画出原理图。

其中，CON 端所接电容 10 nF 起滤波作用，用来提高比较器参考电压的可靠性。$\overline{R}$ 清零端接高电平 V_{CC}。将两个比较器的输入端 THR 和 TRI 连在一起，作为施密特触发器的输入端。

启动仿真，通过示波器观察电路输入 u_i 和输出 u_o 波形如图 3 - 4 - 11 所示。

(2)用 555 定时器构成单稳态触发器。利用 555 定时器构成单稳态触发器有两种方法：

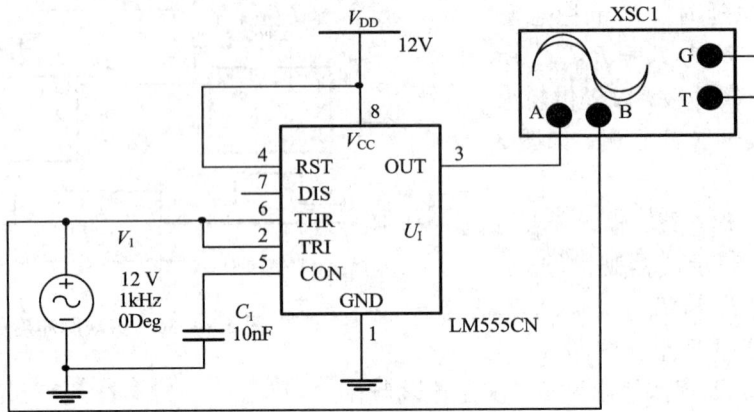

图 3 – 4 – 10   555 定时器构成施密特触发器的仿真电路

一是通过 555 模块和相关器件按图 3 – 4 – 12 所示的电路连接即可得到单稳态触发器；另一种方法就是利用 Multisim 7 提供的 555 Timer Wizard 直接生成单稳态触发器。

①用 555 定时器构成单稳态触发器。用 555 定时器构成单稳态触发器的电路如图 3 – 4 – 12 所示。按照该图在仿真软件平台上画出原理图，构成积分型单稳态触发器。其输入与输出波形如图 3 – 4 – 13 所示，A 通道是输出波形，B 通道是输入波形。

②用 555 Timer Wizard 生成单稳

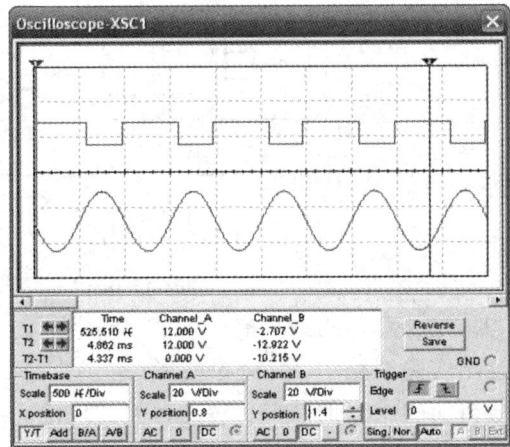

图 3 – 4 – 11   施密特触发器的输入 u_i 和输出 u_o 波形

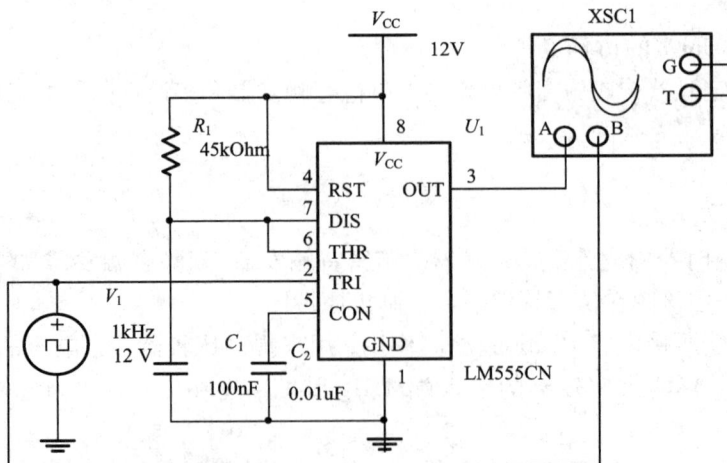

图 3 – 4 – 12   用 555 定时器构成单稳态触发器

态触发器。单击 Multisim 7 仿真软件用户界面"Tools"菜单下的"555 Timer Wizard"命令,弹出如图 3 – 4 – 14 所示对话框。

　　"555 Timer Wizard"对话框提供了生成单稳态触发器(Monostable Opreation)的向导。在图中单击"Build Circuit"按钮,即可生成所需的电路。例如单击"Default Setting"按钮,生成的仿真电路如图 3 – 4 – 15。

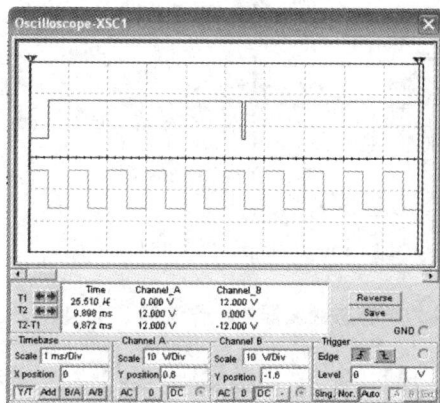

图 3 – 4 – 13　用 555 定时器构成单稳态触发器的波形

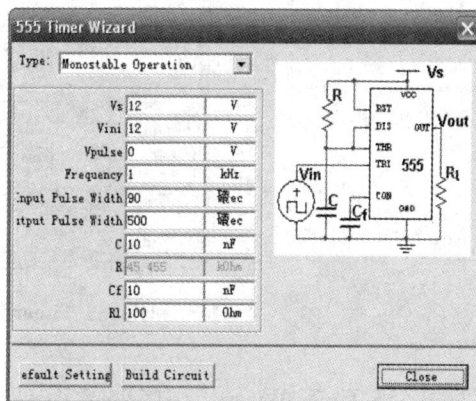

图 3 – 4 – 14　555 Timer Wizard 对话框

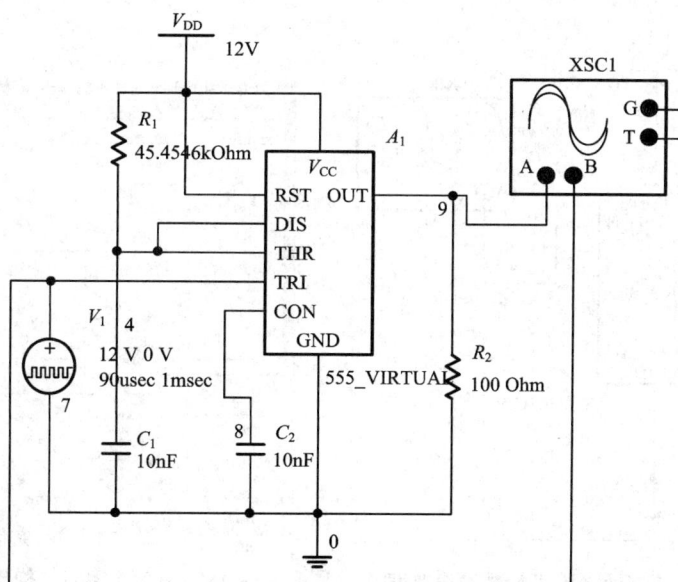

图 3 – 4 – 15　555 Timer Wizard 生成的单稳态触发器

　　用示波器观察电路的输入 u_i 和输出信号如图 3 – 4 – 16 所示。A 通道是输出波形,B 通道是输入波形。测出输出脉冲的宽度 t_W,与理论计算得出的输出宽度比较,判断仿真结果与理论是否一致。并通过改变 R 和 C 的值来改变输出脉冲的宽度。

　　(3)用 555 定时器构成多谐振荡器。利用 555 定时器构成多谐振荡器有两种方法:一是通过调用元件库中的 555 模块和相关器件组成多谐振荡器;另一种方法就是利用 Multisim 7

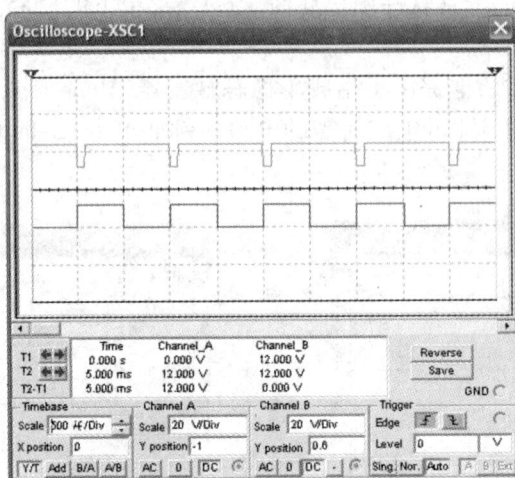

图 3 – 4 – 16　利用 555 Timer Wizard 生成的单稳态触发器的工作波形

提供的"555 Timer Wizard"直接生成多谐振荡器。

　　①用 555 定时器构成多谐振荡器。用 555 定时器构成多谐振荡器的电路如图 3 – 4 – 17 所示。用示波器观测其工作波形如图 3 – 4 – 18 所示。

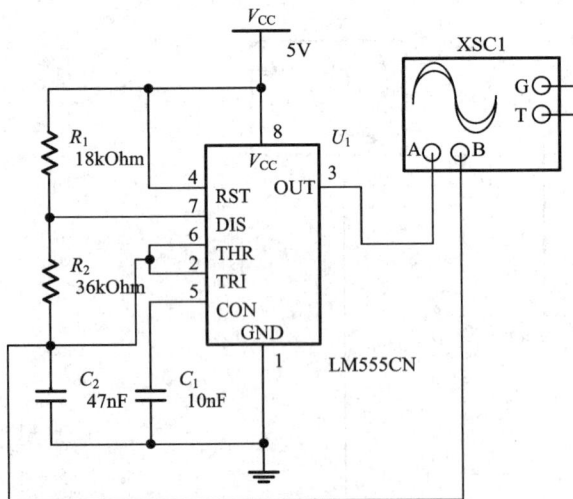

图 3 – 4 – 17　用 555 定时器构成的多谐振荡器　　图 3 – 4 – 18　用 555 定时器构成多谐振荡器工作波形

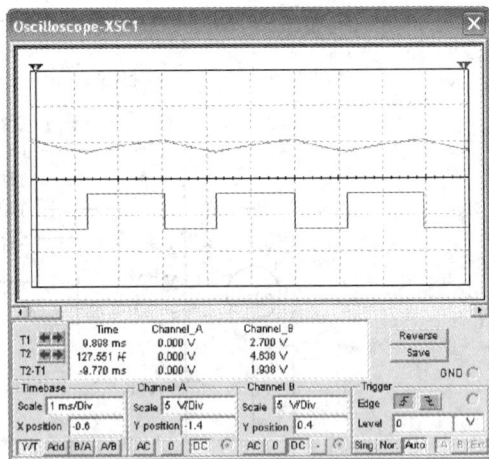

　　②用"555 Timer Wizard"产生多谐振荡器。与利用"555 Timer Wizard"生成单稳态触发器类似，利用 Multisim 7 提供的"555 Timer Wizard"也可以生成多谐振荡器，在图 3 – 4 – 14 所示的"555 Timer Wizard"对话框中"Type"栏中选"Astable Operation"选项，输入电路的相关参数即可得到多谐振荡器。例如，默认参数生成的多谐振荡器如图 3 – 4 – 19 所示。用示波器观测其工作波形如图 3 – 4 – 20 所示。

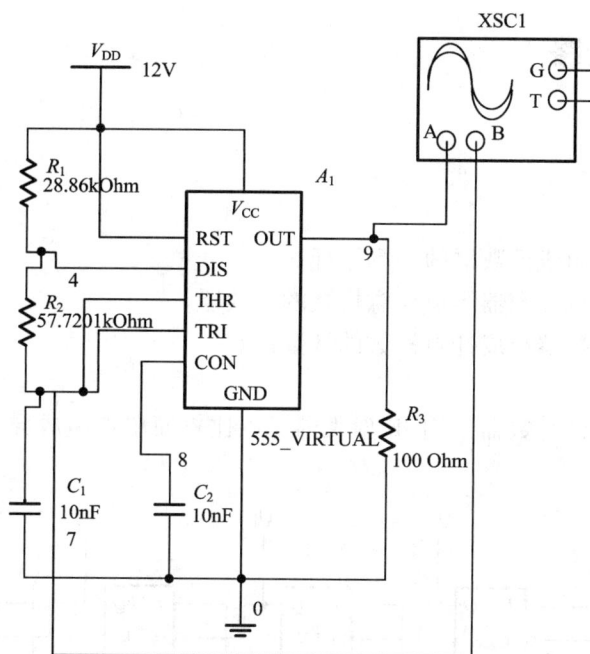

图 3 – 4 – 19 利用 555 Timer Wizard 生成的多谐振荡器

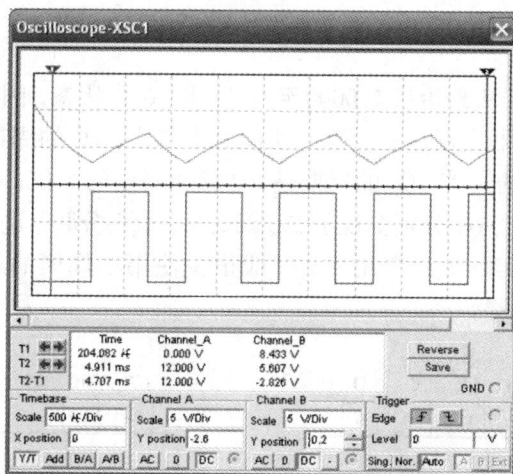

图 3 – 4 – 20 利用 555 Timer Wizard 生成的多谐振荡器的工作波形

利用示波器分别测出输出矩形脉冲的高电平、低电平持续时间 t_{W1} 和 t_{W2}。

用 555 定时器构成多谐振荡器的自激振荡过程实际上是电容 C 反复充电和放电的过程。将仿真值与理论计算值相比较，结果是否一致。并改变 R、C 的值以熟悉其工作过程。

4．实验总结

(1)改变电路中的相关参数，对施密特触发器、单稳态触发器和多谐振荡器各有何影响?

(2)根据 555 电路原理讨论输出波形的频率和占空比将发生什么变化?

3.5 时序逻辑电路

3.5.1 计数器

1. 实验目的

(1)掌握用触发器组成计数器的基本原理。

(2)熟悉中规模集成计数器组成任意模数的计数器。

(3)掌握用集成计数器组成任意模数的计数器。

2. 实验原理

(1)异步二进制加法计数器。用 JK 触发器可以比较简单地组成异步二进制加法计数器,如图 3－5－1 所示。

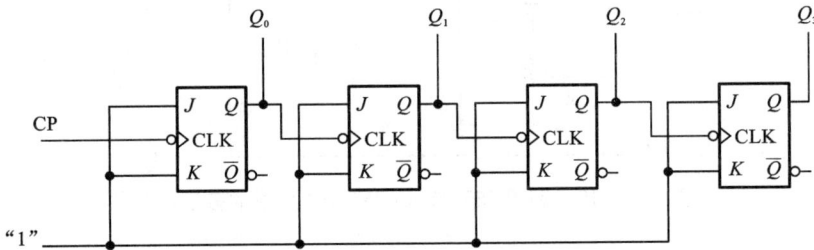

图 3－5－1　异步二进制加法计数器

4 位二进制加法计数器从起始状态 0000 到 1111 共 16 个状态,因此,它是十六进制加法计数器,也称模 16 加法计数器。根据触发器的功能可以得出,Q_0 的周期是 CP 脉冲周期的 2 倍,Q_1 的周期是 CP 脉冲周期的 4 倍,Q_2 的周期是 CP 脉冲周期的 8 倍,Q_3 的周期是 CP 脉冲周期的 16 倍。所以 Q_0、Q_1、Q_2、Q_3 分别实现了二、四、八、十六分频,这就是计数器的分频作用。

(2)集成计数器。在实际工程应用中,一般很少使用小规模的触发器组成计数器,而是直接选用中规模集成计数器。

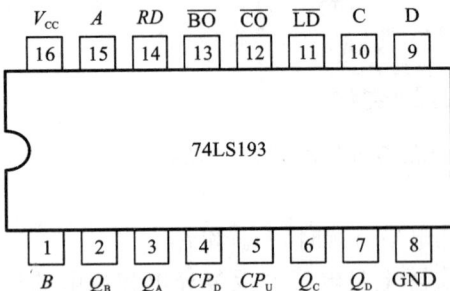

图 3－5－2　74LS193 引脚排列图

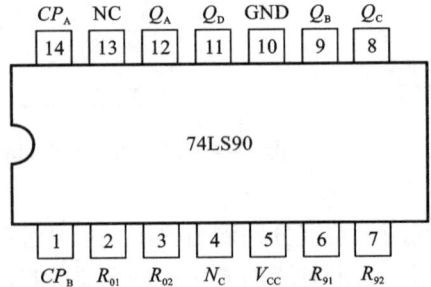

图 3－5－3　74LS90 引脚排列图

①同步可预置加减计数器 74LS193。74LS193 的引脚排列如图 3－5－2 所示,74LS193 的功能如表 3－5－1。74LS193 为双时钟输入 4 位二进制同步可逆计数器,具有计数、预置及清

零功能。

计数器的同步工作是靠时钟加在所有触发器上来实现的。因此当控制逻辑发出指令时，各输出端同时发生变化。这种操作方式通常没有异步计数器工作时所出现的输出计数尖峰。当 R_D 端为高电平时，输出 $Q_D Q_C Q_B Q_A = 0000$，与计数和预置输入端无关。LD 为预置端，该端为低电平时，将 D、C、B、A 的数据载入，作为计数的初始数据。CP_U 为加计数时钟输入端（此时 CP_D 接高电平），CP_D 为减计数时钟输入端（此时 CP_U 接高电平），CP_D、CP_U 均为上升沿有效。D、C、B、A 预置数据输入端，D 为高位，A 为低位。Q_D、Q_C、Q_B、Q_A 为数据输出端，Q_D 为高位，Q_A 为低位。CO 为进位输出，加计数上溢时输出脉冲。BO 为借位输出，减计数下溢时输出脉冲。

表 3 - 5 - 1　74LS193 的功能表

输　　入								输　　出				功能
CP_U	CP_D	$\overline{LD}$	R_D	D	C	B	A	Q_D	Q_C	Q_B	Q_A	
↑	1	1	0	×	×	×	×	加计数				加计数
1	↑	1	0	×	×	×	×	减计数				减计数
×	×	0	0	d	c	b	a	d	c	b	a	预置
×	×	×	1	×	×	×	×	0	0	0	0	复位

②异步模 2 - 5 - 10 计数器 74LS90。74LS90 引脚排列如图 3 - 5 - 3 所示，74LS90 功能如表 3 - 5 - 2 所示。74LS90 包括模 2 和模 5 两个独立的下降沿触发计数器，有清 0 和置 9 功能。模 2 计数器的时钟输入端为 A（CP_A），输出端为 Q_A；模 5 计数器的时钟输入端为 B（CP_B），输出端由高到低依次为 Q_D、Q_C、Q_B；清零端 R_{01}、R_{02} 同时为高电平，且置 9 端 R_{91}、R_{92} 有一个为低电平时执行清零功能，此时输出端 $Q_D Q_C Q_B Q_A = 0000$；置 9 端 R_{91}、R_{92} 同时为高电平时输出置 9，此时 $Q_D Q_C Q_B Q_A = 1001$。

74LS90 可接成模 2、模 5 和模 10 计数器。Q_A 端与 CP_B 时钟端相接，输出为 8421BCD 码，高低位顺序为 $Q_D Q_C Q_B Q_A$；Q_D 端与 CP_A 时钟端相接，输出为 5421BCD 码，高低位顺序为 $Q_A Q_D Q_C Q_B$。

表 3 - 5 - 2　74LS90 异步计数器的功能表

复 位 输 入				输　　出				功　　能
R_{01}	R_{02}	R_{91}	R_{92}	Q_D	Q_C	Q_B	Q_A	
1	1	0	×	0	0	0	0	清零
1	1	×	0	0	0	0	0	清零
×	×	1	1	1	0	0	1	置 9
×	0	×	0					
0	×	0	×		计数			计数
0	×	×	0					
×	0	0	×					

（3）用集成计数器实现任意 M 进制计数器。由集成二进制计数器或 BCD 计数器构成的任意 M 进制计数器，当 M 较小时通过对集成计数器的改造即可以实现，当 M 较大时，可通过多片计数器级联实现。

①用置数（清0）法构成任意进制（M 较小）计数器。74LS193 是同步计数，异步置位和清零。它由 16 个状态组成主循环，如果取其中 M 个连续状态组成一个新的循环，可以构成 M = 2 ~ 15 的任意进制计数器。

图 3 - 5 - 4 所示，用 74LS193 组成一个六进制计数器。其工作原理是使 CP_D = "1"，使用加计数功能，清零输入为无效，R_D = "0"。当电路计数未到 0110 时，Q_C、Q_B 总有一端为 "0"，与非门输出为 "1"，使 $\overline{LD}$ = "1"，置数控制为无效，计数器按状态图计数。当计数到 0110 时，Q_C、Q_B 端均为 "1"，与非门输出为 "0"，使 $\overline{LD}$ = "0"，置数控制为有效，

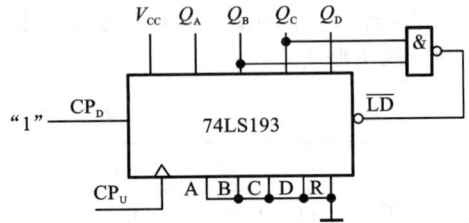

图 3 - 5 - 4　实现 M = 6 进制计数器

$Q_D Q_C Q_B Q_A$ = DCBA = 0000（因为是异步置数，0110 状态并不出现）。计数器从 0000 开始重新计数，当计数到 0110 时，计数器再次置 0。如此反复循环，实现六进制计数器。

②用级联法构成任意进制（M 较大）计数器。当所需计数器 M 值大于集成计数器本身二进制计数最大值时，可采用级联法构成任意进制计数器。

若实现一个模 24 进制计数器，可以采用两片 74LS90。首先将 74LS90 接成十进制形式，然后采用反馈清零法实现模 24 进制计数器，如图 3 - 5 - 5 所示。

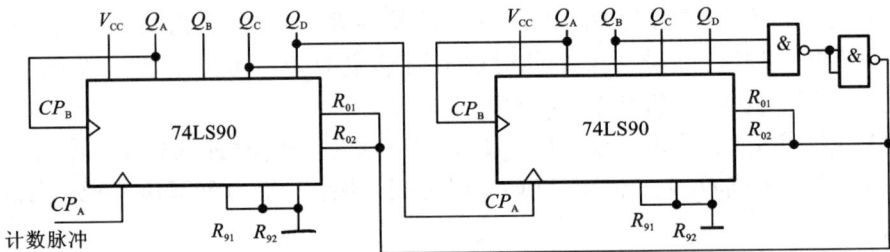

图 3 - 5 - 5　实现 M = 24 进制计数器

3. 实验仪器与器件

（1）数字电子技术实验箱；（2）74LS00 × 1、74LS112 × 2、74LS90 × 2、74LS193 × 1。

4. 实验内容及步骤

（1）按如图 3 - 5 - 1 所示，用 JK 触发器 74LS112 构成一个异步二进制计数器，将 CP 端接秒脉冲，输出接至电平指示器或译码显示器，观察计数器的输出状态，并将数据记录至表 3 - 5 - 3 中。

表 3 - 5 - 3　74LS112 构成异步二进制计数器

CP	Q_D	Q_C	Q_B	Q_A	数码显示
0					
1					
2					
3					
4					
5					
6					
7					
8					
9					
10					
11					
12					
13					
14					
15					

（2）测试 74LS193 的逻辑功能，观察各使能端的作用。

①将 74LS193 的 $\overline{LD}$ 接高电平"1"，R_D 接低电平"0"；CP_D 接高电平"1"，CP_U 接秒脉冲，输出接至电平指示器和译码显示，观察其加计数的功能。

②将 74LS193 的 $\overline{LD}$ 接高电平"1"，R_D 接低电平"0"；CP_D 接秒脉冲，CP_U 接高电平"1"，输出接至电平指示器和译码显示，观察其减计数的功能。

（3）按如图 3 - 5 - 4 所示，用 74LS00 和 74LS193 接成模 6 进制计数器电路，将输入接秒脉冲，输出接至电平指示器和译码显示，观察计数器的输出状态，并将数据记录至表 3 - 5 - 4 中。

表 3 - 5 - 4　74LS193 构成的 M 六进制计数器

CP	Q_D	Q_C	Q_B	Q_A	数码显示
0					
1					
2					
3					
4					
5					
6					

（4）测试 74LS90 的逻辑功能，观察各使能端的作用。

①将 74LS90 的 R_{01}、R_{02}、R_{91}、R_{92} 接至逻辑开关，CP 接单脉冲源，输出接至电平指示器

和译码显示，设置 R_{01}、R_{02} 为高电平"1"，R_{91}、R_{92} 为低电平"0"，观察其清零功能。设置 R_{91}、R_{92} 为高电平"1"，R_{01}、R_{02} 为低电平"0"，观察其置9功能。

②将74LS90的 R_{01}、R_{02}、R_{91}、R_{92} 接低电平"0"，CP_A 接秒脉冲，输出 Q_A 接至电平指示器，观察其模2进制计数功能。

③将74LS90的 R_{01}、R_{02}、R_{91}、R_{92} 接低电平"0"，CP_B 接秒脉冲，输出 Q_D、Q_C、Q_B 接至电平指示器，观察其模5进制计数功能。

(5)按如图3-5-5所示，用74LS00和74LS90接成模24计数器电路，将输入接秒脉冲，输出接至电平指示器和译码显示，观察计数器的输出状态。

5. 实验总结

(1)分析同步计数器与异步计数器的功能，比较其相同点与不同点。

(2)总结用集成计数器构成任意进制计数器的方法。

3.5.2 集成寄存器

1. 实验目的

(1)熟悉中规模集成移位寄存器的逻辑功能和使用方法。

(2)掌握用移位寄存器组成扭环形计数器的基本原理和设计方法。

2. 实验原理

(1)4位移位寄存器74LS194。74LS194的引脚排列如图3-5-6所示，74LS194的逻辑功能如表3-5-5所示。74LS194是4位双向移位寄存器，具有双向移位、并行输入、保持数据和清除数据等功能。其中 $\overline{R}_D$ 端为异步清零端，优先级别最高；S_0、S_1 控制寄存器的功能；S_L 为左移数据输入端；S_R 为右移数据输入端；A、B、C、D 为并行数据输入端。

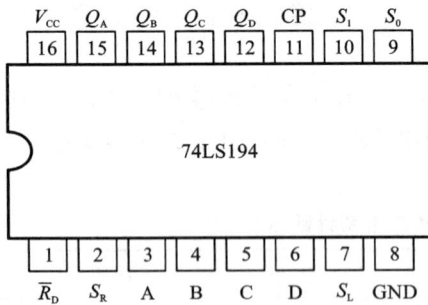

图 3-5-6 74LS194 的引脚排列图

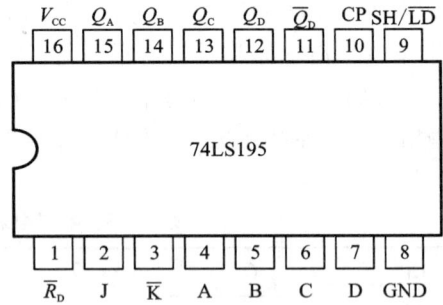

图 3-5-7 74LS195 的引脚排列图

表 3-5-5 74LS194 的逻辑功能表

				输		入				输		出	
$\overline{R}_D$	S_1	S_0	CP	S_L	S_R	A	B	C	D	Q_A	Q_B	Q_C	Q_D
0	×	×	×	×	×	×	×	×	×	0	0	0	0
1	×	×	0	×	×	×	×	×	×	Q_{A0}	Q_{B0}	Q_{C0}	Q_{D0}
1	1	1	↑	×	×	a	b	c	d	a	b	c	d

输				入						输	出		
1	0	1	↑	×	1	×	×	×	×	1	Q_{An}	Q_{Bn}	Q_{Cn}
1	0	1	↑	×	0	×	×	×	×	0	Q_{An}	Q_{Bn}	Q_{Cn}
1	1	0	↑	1	×	×	×	×	×	Q_{Bn}	Q_{Cn}	Q_{Dn}	1
1	1	0	↑	0	×	×	×	×	×	Q_{Bn}	Q_{Cn}	Q_{Dn}	0
1	0	0	×	×	×	×	×	×	×	Q_{A0}	Q_{B0}	Q_{C0}	Q_{D0}

（2）4 位移位寄存器 74LS195。74LS195 的引脚排列如图 3 – 5 – 7 所示，74LS195 的逻辑功能如表 3 – 5 – 6 所示。74LS195 是 4 位单向移位寄存器，设有 2 个串行数据输入端 J、$\overline{K}$，有置数功能和清零功能，当移位/置数控制端 $SH/\overline{LD}$ = "1"，且 $\overline{R}_D$ = "1" 时，可以移位，此时若将 J、$\overline{K}$ 相连，可作为串行数据 D_{SR} 输入端，在 CP↑ 时有 $Q_A^{n+1} = D_{SR}$。若 J、$\overline{K}$ 分别输入，则按 JK 触发器特征方程 $Q_A^{n+1} = \overline{J}Q_A^n + \overline{K}Q_A^n$ 变化。

表 3 – 5 – 6　74LS195 的逻辑功能表

输					入			输				出
$\overline{R}_D$	$SH/\overline{LD}$	CP	J	$\overline{K}$	A	B	C	D	Q_A	Q_B	Q_C	Q_D	$\overline{Q}_D$
0	×	×	×	×	×	×	×	×	0	0	0	0	0
1	0	↑	×	×	a	b	c	d	a	b	c	d	$\overline{d}$
1	1	0	×	×	×	×	×	×	Q_{A0}	Q_{B0}	Q_{C0}	Q_{D0}	$\overline{Q}_{D0}$
1	1	↑	0	1	×	×	×	×	Q_{A0}	Q_{A0}	Q_{Bn}	Q_{Cn}	$\overline{Q}_{Cn}$
1	1	↑	0	0	×	×	×	×	0	Q_{An}	Q_{Bn}	Q_{Cn}	$\overline{Q}_{Cn}$
1	1	↑	1	1	×	×	×	×	1	Q_{An}	Q_{Bn}	Q_{Cn}	$\overline{Q}_{Cn}$
1	1	↑	1	0	×	×	×	×	$\overline{Q}_{An}$	Q_{An}	Q_{Bn}	Q_{Cn}	$\overline{Q}_{Cn}$

（3）移位寄存器 74LS194 构成扭环形计数器。用集成移位寄存器 74LS194 构成自启动的扭环形计数器，如图 3 – 5 – 8 所示。

（4）移位寄存器 74LS195 构成扭环形计数器。用集成移位寄存器 74LS195 构成自启动的扭环形计数器，如图 3 – 5 – 9 所示。

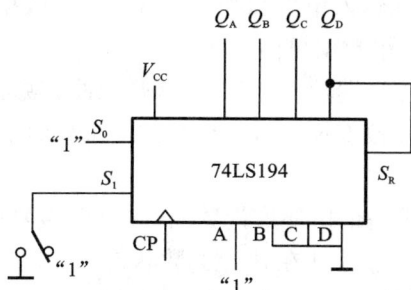

图 3 – 5 – 8　74LS194 构成扭环形计数器　　　　**图 3 – 5 – 9　74LS195 实现自启动扭环形计数器**

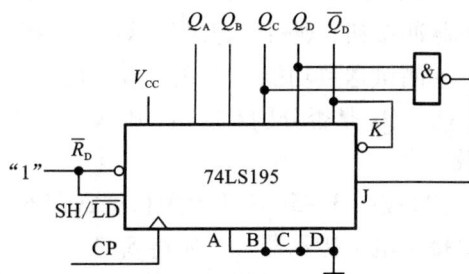

3. 实验仪器与器件

(1)示波器;(2)数字电子技术实验箱;(3)74LS00×1、74LS194×1、74LS195×1。

4. 实验内容及步骤

(1)测试74LS194的逻辑功能,观察其左移移位、右移移位、并行送数的功能。

将输入接单脉冲源,输出接至电平指示器,按表3-5-7的要求,观察并记录寄存器的输出状态。

表3-5-7　74LS194的逻辑功能表

功能	S_1	S_0	S_L	S_R	CP 脉冲数	Q_A	Q_B	Q_C	Q_D
左移功能	1	0	×	×	0	0	0	0	0
	1	0	1	×	1				
	1	0	0	×	2				
	1	0	1	×	3				
	1	0	0	×	4				
右移功能	0	1	×	×	0	0	0	0	0
	0	1	×	1	1				
	0	1	×	1	2				
	0	1	×	0	3				
	0	1	×	0	4				
并行送数	1	1	A　B　C　D		0	0	0	0	0
	1	1			1				

①将74LS194接好电源和地线,并行数据输出端 Q_A、Q_B、Q_C、Q_D 接电平指示器,方式控制端 S_1、S_0 及串行数据输入端 S_L、S_R 接逻辑开关。在清零端 $\overline{R}_D$ 端输入一低电平,使并行数据输出 Q_A、Q_C、Q_C、Q_D 全部为零。

②测试左移移位功能。使 $S_0=0$,$S_1=1$,将数据"1010"从 S_L 端输入,在 CP 端输入单次脉冲,每输入一个数据按一次单脉冲按钮,观察并记录显示结果,得出结论。换一组数据再做一次。

③测试右移移位功能。在清零端 $\overline{R}_D$ 端输入一低电平,使并行数据输出端全部为零。再使 $S_0=1$,$S_1=0$,将数据"1100"从 S_R 端输入,在 CP 端输入单次脉冲,每输入一个数据按一次单脉冲按钮,观察并记录显示结果,得出结论。换一组数据再做一次。

④测试送数功能。使 $S_0=S_1=1$,数据从 A、B、C、D 端输入,送一次 CP 脉冲,观察 Q_A、Q_B、Q_C、Q_D 是否分别对应 A、B、C、D 端输入的数据,改变输入 A、B、C、D 端输入的数据,再做一次。

(2)按图3-5-8所示用移位寄存器74LS194连成一个扭环形计数器,将 CP 接秒脉冲,输出接至电平指示器。首先将 S_0 置"1",S_1 置"1"。寄存器处在并行送数状态。ABCD 的数码 1000 在 CP 移位脉冲作用下并行存入 $Q_A Q_B Q_C Q_D$。然后将 S_1 置"0",寄存器处在右移状态,观察其输出状态,记录 Q_A、Q_B、Q_C、Q_D 的波形图。

(3)测试74LS195的逻辑功能,观察并行置数、并行输出、串行输入、串行输出功能。将

CP 接单脉冲源,输出接至电平指示器,观察寄存器的输出状态。

(4)按图 3 − 5 − 9 所示用移位寄存器 74LS195 连成一个能实现自启动的扭环形计数器,将 CP 接秒脉冲,输出接至电平指示器和数码显示器,观察其输出状态,并将数据记录在表 3 − 5 − 8 中。

表 3 − 5 − 8   74LS195 构成扭环形计数器

CP	Q_D	Q_C	Q_B	Q_A	数码显示
0					
1					
2					
3					
4					
5					
6					
7					
8					
9					
10					
11					
12					
13					
14					
15					

5. 实验总结

(1)总结双向移位寄存器 74LS194 的功能及应用。

(2)总结单向移位寄存器 74LS195 的功能及应用。

3.5.3 时序逻辑电路的设计

1. 实验目的

(1)掌握常用时序逻辑电路分析、设计和测试方法。

(2)进一步提高排除数字电路故障的能力。

2. 实验原理

(1)同步时序电路逻辑设计过程。同步时序电路逻辑设计过程方框图如图 3 − 5 − 10 所示。

其主要步骤有:

①根据设计要求确定状态转移图或状

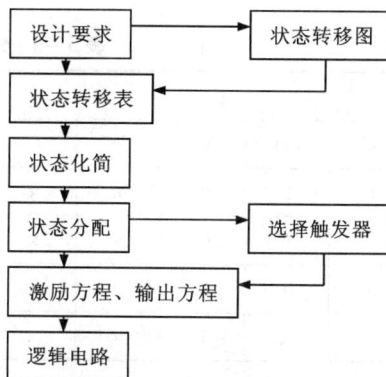

图 3 − 5 − 10 同步时序电路逻辑设计过程方框图

态转移表。根据设计要求写出状态说明，列出状态转移图或状态转移表，尽量描绘一个完整的、较简单的状态转移图或状态转移表。

②状态化简。将原始状态转移图或原始状态转移表中的多余状态消去，以得到最简状态转移图或状态转移表，这样所需的元器件也会最少。

③状态分配。这是用二进制码对状态进行编码的过程，状态数确定以后，电路的记忆元件数目也确定了，但是状态分配方式不同也会影响电路的复杂程度。状态分配是否合理需经过实践检验，因此往往需要用不同的编码进行尝试，以确定最合理的方案。

④选择触发器。选定一种触发器来进行设计，因为同步时序电路触发器状态更新与时钟脉冲同步，所以在设计时应尽量采用同一类型的触发器。选定触发器后，则可根据状态转移真值表和触发器的真值表做出触发器的控制输入函数的卡诺图，然后求得各触发器的控制输入方程和电路的输出方程。

⑤排除孤立状态。理论上完成电路的设计后，还需检查电路是否有未指定状态。若有未指定状态，则必须检查未指定状态是否有孤立状态，即无循环状态，如果未指定状态中有孤立状态存在，应采取措施排除，以保证电路具有自启动性能。

经过上述设计过程，画出电路图，最后还必须用实验方法对电路的逻辑功能进行验证，如有问题，再作必要的修改。在实际的逻辑电路设计中，以上的设计过程往往不能一次性通过，要反复经过许多次仿真和调试，才能符合设计要求。

（2）74LS192 引脚排列及功能表。74LS192是 TTL 系列可预置 BCD 双时钟可逆计数器，其引脚排列如图 3-5-11 所示，表 3-5-9 是其功能表。

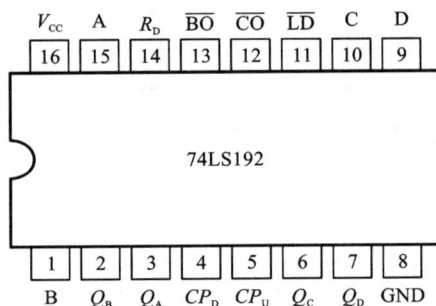

图 3-5-11　74LS192 引脚排列图

D、C、B、A——置数并行数据输入；Q_D、Q_C、Q_B、Q_A——计数数据输出；R_D——清零端；$\overline{L_D}$——置数端；CP_U——加法计数 CP 输入；CP_D——减法计数 CP 输入；$\overline{C_O}$——进位输出端；$\overline{B_O}$——借位输出端

表 3-5-9　74LS192 的功能表

输　　　　　入								输　　　出				功能
CP_U	CP_D	$\overline{LD}$	R_D	D	C	B	A	Q_D	Q_C	Q_B	Q_A	
↑	1	1	0	×	×	×	×	加计数				加计数
1	↑	1	0	×	×	×	×	减计数				减计数
×	×	0	0	d	c	b	a	d	c	b	a	预置
×	×	×	1	×	×	×	×	0	0	0	0	复位

3．实验内容及要求

用 74LS192 和门电路设计一个 8 进制减法计数器，根据题目特点写出相关设计过程的关

键步骤，如题目分析、状态转换图、逻辑表达式、设计电路图等。

（1）分析电路方框图，选择总体方案。

（2）根据设计框图设计：状态转换表、图、时序图、逻辑图，并进行原理电路的设计。

（3）根据原理电路图，设计出安装图。

（4）列出元器件清单，选择器件。

（5）组装电路，观测其功能是否满足实验任务的要求。

（6）安装调试电路，用数码管显示计数值。分析和排除可能出现的故障，直至电路能正常运行。

（7）写出实验报告。

4. 实验总结

总结时序电路的设计过程及步骤。

3.5.4 集成计数器的仿真

1. 实验目的

（1）掌握用仿真软件仿真计数器的方法。

（2）熟悉中规模集成计数器的引脚排列与功能。

（3）熟悉中规模集成计数器组成二十四进制的计数器。

2. 实验原理

图 3 - 5 - 12 所示电路是由 74HC162 构成的一个十进制计数器。令 $A = B = C = D = 0$，表示从 0 开始计数，用信号源 V1 产生 100 Hz，5 V 的脉冲来模拟时钟脉冲，用一个与非门产生进位脉冲。当 $Q_D Q_C Q_B Q_A = 1001$（十进制数为 9）时，$Q_D = 1$，$Q_A = 1$，通过与非门 U3A 后变为 0，从而使 LOAD 端为低，把初始值 0000 又重新置入，计数器又从零开始计数。

74LS90 的功能和引脚排列见图 3 - 5 - 3。图 3 - 5 - 13 所示电路是由 74LS90 构成的一个六十进制计数器，U_2 实现的是十进制计数器，U_4 实现的是六进制计数器。当计数到 60 时，开始清零并重新计数。

3. 实验内容与步骤

（1）74HC162 构成的一个十进制计数器。

①开机，开启 Multisim 7。

②从 COMS 库里找到 74HC162，按如图 3 - 5 - 12 所示找出元件，连接电路。

③打开电源开关，运行电路，观察并记录数码管计数情况。

（2）74LS90 构成的一个二十四进制计数器。

①新建一个文件，命名为"集成计数器的仿真"。

②按如图 3 - 5 - 13 所示找出元件，连接电路，用 74LS00 和 74LS90 接成模拟 24 计数器电路，将输入接脉冲信号，输出接数码管显示。

③打开电源开关，将开关 J_1 接"2"，两个数码管清零。

④将开关 J_1 接"1"，数码管开始计数。

⑤观察并记录数码管计数情况。

4. 实验总结

用 Multisim 7 仿真集成计数器的基本步骤及注意事项。

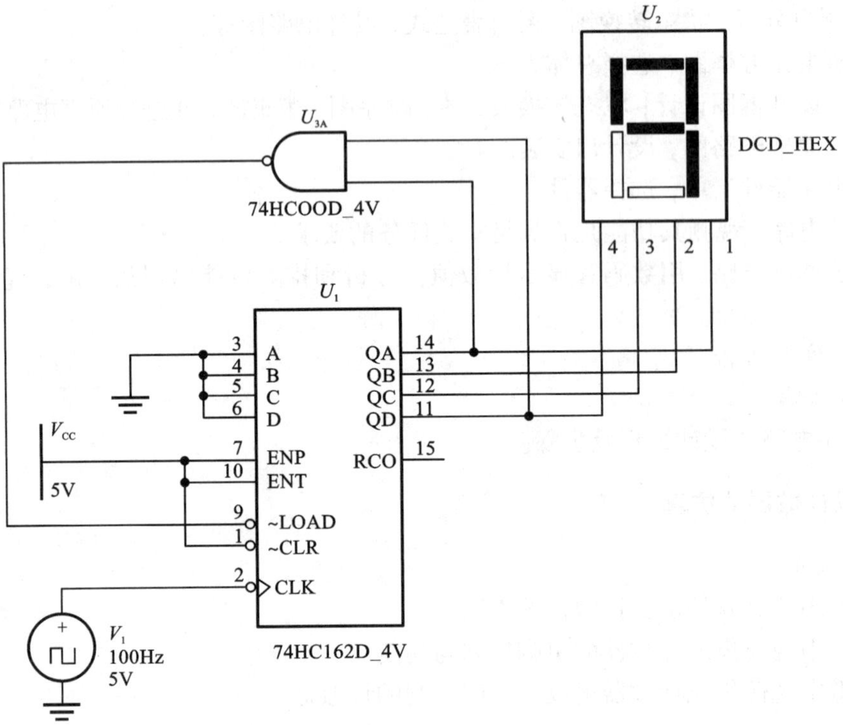

图 3 - 5 - 12　74HC162 构成十进制计数器

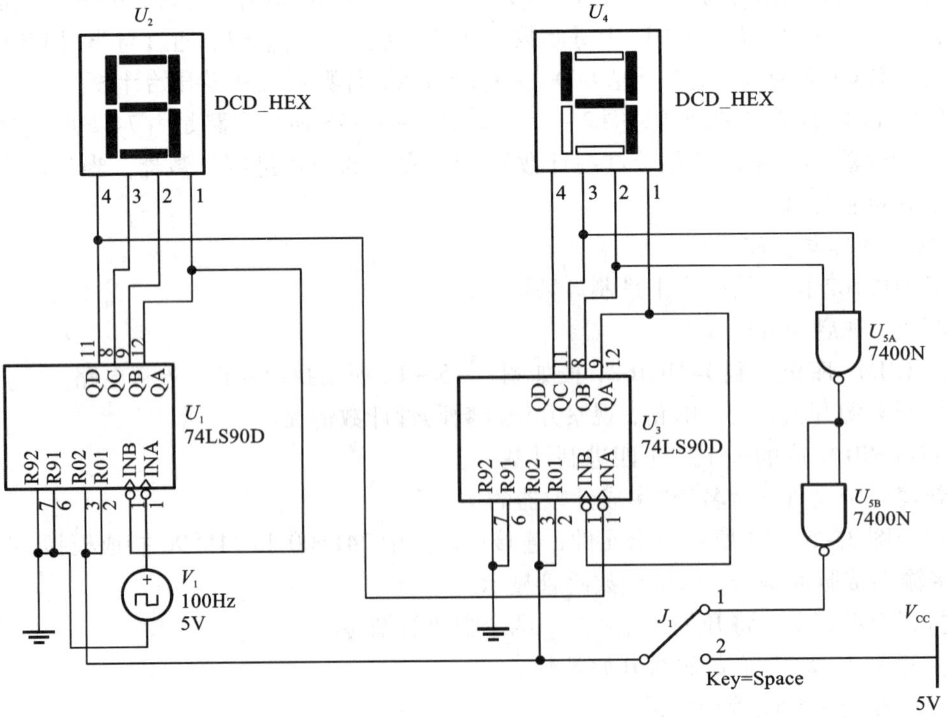

图 3 - 5 - 13　74LS90 构成六十进制计数器

3.6　A/D 与 D/A 的转换

3.6.1　A/D 与 D/A 转换器

1. 实验目的

（1）掌握 A/D、D/A 转换器的基本工作原理和基本结构。

（2）掌握 ADC0809、DAC8032 的使用及测试方法。

（3）熟悉使用集成 ADC0809 器件实现八位 A/D 转换的方法。

2. 实验原理

（1）A/D 转换器。A/D 转换器，即模/数转换器，简称 ADC（Analog to Digital Conversion）。它是将输入的模拟量 A 转换成数字量 D 输出。

ADC0809 是 NS 公司生产的 CMOS 8 位 8 通道逐次逼近型 A/D 转换器。它采用双列直插式 28 引脚封装，与 8 位微机兼容，其三态输出可以直接驱动数据总线。ADC0809 的外引线排列如图 3 - 6 - 1 所示。

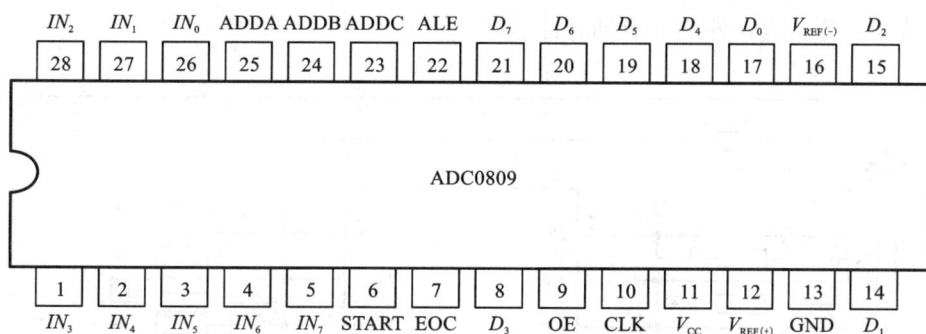

图 3 - 6 - 1　ADC0809 引脚排列图

各引脚的功能为：

$IN_0 \sim IN_7$：8 路模拟信号输入端；

$D_0 \sim D_7$：8 位数字输出端。D_0 为最低位（LSB），D_7 为最高位（MSB）；

ADDC ~ ADDA：3 位通道地址输入端，ADDC ~ ADDA = 000 ~ 111 时分别选中 $D_0 \sim D_7$；

ALE：地址锁存允许输入端，上升沿锁存地址。在 ALE 的上升沿，ADDC ~ ADDA 上的地址信号锁存到地址锁存器，并经译码后选通多路开关；

START：启动信号输入端。START 的上升沿将所有内部寄存器清零，下降沿开始 A/D 转换，要求正脉宽大于 100 ns。通常 ALE 和 START 连在一起，当送入一个正脉冲后，可立即启动 A/D 转换；

EOC：转换结束输出信号（转换结束标志），高电平有效；

OE：输出允许信号（高电平有效）。当 OE 为高电平时，打开三态输出锁存器，将结果从 $D_0 \sim D_7$ 输出，但要注意，在 EOC = 1 时才能进行此操作，所以可将 EOC 和 OE 连在一起表示 A/D 转换结束。OE 端的电平由低变高时，打开三态输出锁存器，把转换结果的数字量输出到数据总线上。当 OE 为低电平时，$D_0 \sim D_7$ 处于高阻状态；

CLOCK：工作时钟输入端，改变外接 RC 元件，可改变时钟频率，从而决定 A/D 转换的速度。典型的频率为 640 kHz，最高不超过 1.2 MHz；

$V_{REF(+)}$、$V_{REF(-)}$：参考电压输入端。单极性转换时，$V_{REF(+)}$ 与 V_{CC} 相连，$V_{REF(-)}$ 接地；

V_{CC}：电源电压，一般为 +5 V。

8 路模拟开关由 A_2、A_1、A_0 三地址输入端选通 8 路模拟信号中的任何一路进行 A/D 转换，地址译码与模拟输入通道的选通关系如表 3 - 6 - 1 所示。

表 3 - 6 - 1　地址译码与模拟输入通道的选通关系

被选模拟通道		IN_0	IN_1	IN_2	IN_3	IN_4	IN_5	IN_6	IN_7
地址	A_2	0	0	0	0	1	1	1	1
	A_1	0	0	1	1	0	0	1	1
	A_0	0	1	0	1	0	1	0	1

ADC0809 实验线路如图 3 - 6 - 2 所示。在启动端(START)加启动脉冲(正脉冲)，A/D 转换即开始。如将启动端(START)与转换结束端(EOC)直接相连，转换将是连续的，在用这种转换方式时，开始应在外部加启动脉冲。

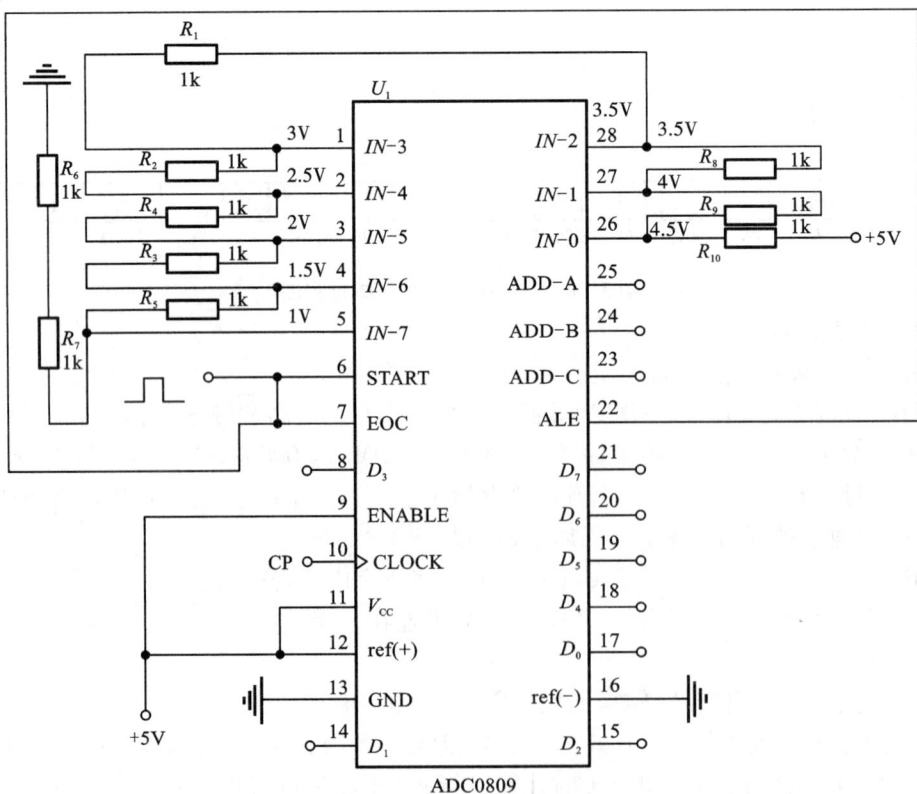

图 3 - 6 - 2　ADC0809 实验电路图

（2）D/A 转换器。D/A 转换器，即数/模转换器，简称 DAC（Digital to Analog Conversion）。它是将输入的数字量 D 转换成模拟量 A 输出。

DAC0832 是 NS 公司生产的 8 位 D/A 转换器，它采用先进的 CMOS 工艺，因而功耗低、生产漏电流误差小，是目前微机控制系统常用的 D/A 芯片，可以直接与 Z80、8085、8051 等微处理器相连。DAC0832 的引脚排列如图 3 - 6 - 3 所示。

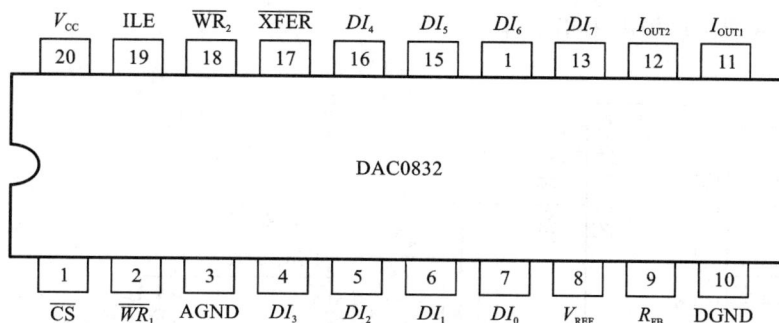

图 3 - 6 - 3　DAC0832 引脚排列图

DAC0832 的引脚功能为：

$DI_0 \sim DI_7$：8 位数字输入端，其中 DI_0 为最低位（LSB），DI_7 为最高位（MSB）；

$\overline{CS}$：片选信号输入端，低电平有效，与 ILE 共同作用，对信号进行控制；

ILE：输入寄存器锁存允许信号，输入端高电平有效；

$\overline{WR}_1$：输入寄存器写信号，低电平有效。该信号用于控制将外部数据写入输入寄存器中；

$\overline{WR}_2$：DAC 寄存器写信号，输入端低电平有效。该信号用于控制将输入寄存器的输出数据写入 DAC 寄存器中；

$\overline{XFER}$：数据传送控制信号，低电平有效，用来控制 $\overline{WR}_2$ 选通 DAC 寄存器；

I_{OUT1}：DAC 电流输出 1 端。当输入数字量全都为 1 时，为 I_{OUT1} 最大值；当输入数字量全都为 0 时，I_{OUT1} 为最小值（近似为 0）；

I_{OUT2}：DAC 电流输出 2 端。$I_{OUT1} + I_{OUT2} =$ 常数。外接运放时，I_{OUT1} 接运放的反相输入端，I_{OUT2} 接运放的同相输入端或模拟地；

R_{FB}：反馈电阻引出端，为外部运放提供一个反馈电压。R_{FB} 可由芯片内部提供（即可将此端直接连接运放输出端）或通过外部电阻再接输出端；

V_{REF}：基准电压输入端，要求是一精密电源，电压范围为 - 10 V ~ + 10 V 范围内；

V_{CC}：电源电压，一般为 + 5 V ~ + 15 V；

AGND：模拟地；

DGND：数字地。

DAC0832 需要外接运算放大器才能得到模拟电压输出。DAC0832 的实验电路如图 3 - 6 - 4 所示。图中，两片 74LS161 构成了一个 8 位二进制计数器，通过 DAC0832 将计数器输出的 8 位二进制信息转换为模拟电压，完成数字量和模拟量之间的转换。

3．实验仪器与器件

①数字电子技术实验箱；②ADC0809 × 1、DAC0832 × 1、74LS161 × 1、μA741 × 1；③1K

×10。

4．实验内容及步骤

①依据图 3 - 6 - 1、图 3 - 6 - 3 所示，熟悉 ADC0809 及 DAC0832 引脚排列和各引脚的功能。

②按如图 3 - 6 - 2 所示连接线路，八路输入模拟信号 1 V ~ 4.5 V，由 +5 V 电源经电阻 R 分压组成；变换结果 $D_0 \sim D_7$ 接电平指示器，CP 时钟脉冲由计数脉冲源提供，取 $f = 100$ kHz；$A_0 \sim A_2$ 地址端接逻辑电平指示器。

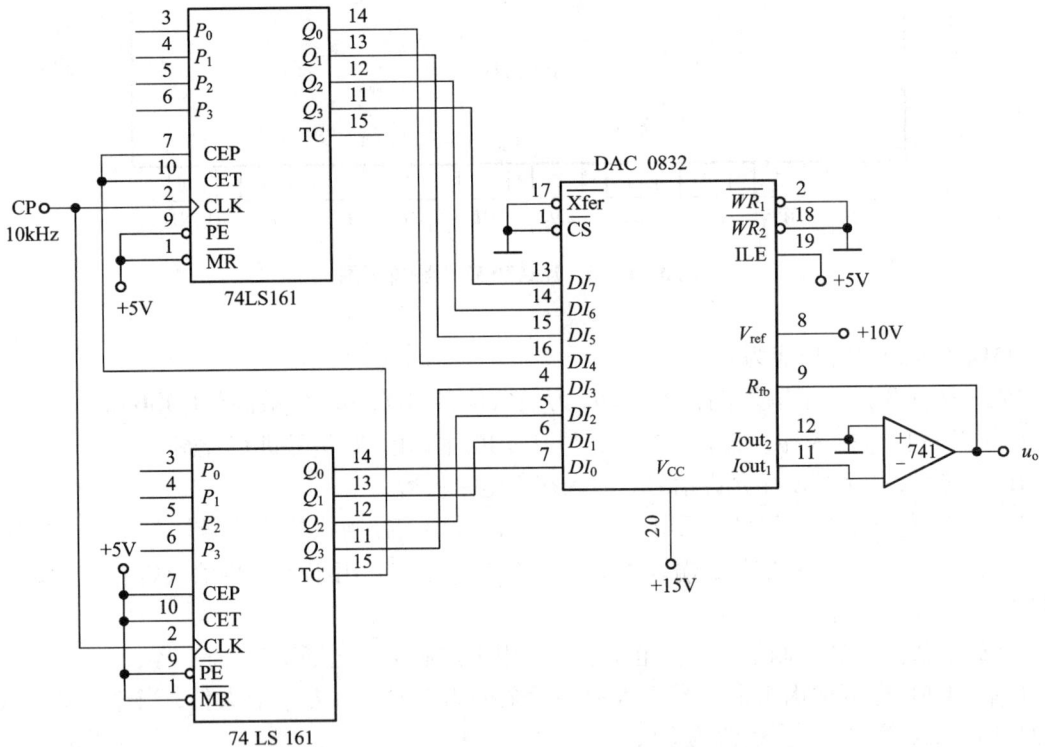

图 3 - 6 - 4　DAC0832 实验电路图

③接通电源后，在启动端(START)加入正单次脉冲，下降沿一到即开始 A/D 转换。

④按表 3 - 6 - 2 的要求观察、记录 $IN_0 \sim IN_7$ 八路模拟信号的转换结果，将转换结果换算成十进制数表示的电压值，并与数字电压表实测的各路输入电压值进行比较，分析误差原因。

⑤按图 3 - 6 - 4 所示连接实验电路，接通电源。

(6)将 CP 接入 10 kHz 的脉冲信号，观察并记录其输出的波形。

5．实验总结

(1)总结 DAC0832 的转换结果，并与理论值作比较。

(2)总结 ADC0809 的转换结果，并与理论值作比较。

表 3 – 6 – 2　八路模拟信号的转换

被选模拟通道	输入模拟量	地址			输出数字量								
IN	$u_i(V)$	A_2	A_1	A_0	D_7	D_6	D_5	D_4	D_3	D_2	D_1	D_0	十进制
IN_0	4.5	0	0	0									
IN_1	4.0	0	0	1									
IN_2	3.5	0	1	0									
IN_3	3.0	0	1	1									
IN_4	2.5	1	0	0									
IN_5	2.0	1	0	1									
IN_6	1.5	1	1	0									
IN_7	1.0	1	1	1									

3.6.2　A/D 与 D/A 应用电路仿真

1. 实验目的

(1) 进一步掌握 A/D、D/A 转换器的基本工作原理和基本结构。

(2) 熟悉仿真 A/D、D/A 转换器的性能，掌握使用方法。

(3) 掌握 A/D、D/A 转换器的应用仿真。

2. 实验原理

(1) A/D 转换器应用仿真。A/D 转换器是将输入的模拟信号转换成数字信号输出。A/D 转换器的主要技术指标有：分辨率，指输出数字信号位数，有 8 位、10 位、12 位等；转换速度，指每次转换所需要的时间；相对精度，指实际输出的数字量与理想转换特性之间的最大偏差。Multisim 7 中的 A/D 转换器只有一种，输出数字信号为 8 位，逻辑符号如图 3 – 6 – 5 中 A_1 所示，各管脚定义如下。

VIN：模拟电压输入端。

VREFP：参考电压" + "端子，要接直流参考电源的正端。因为输出为 8 位，则输出信号对应的量化离散电平为 $V_{IN} \times 256/V_{RF}$。从这个公式可看出，量化位数越多，分辨率越高，输入电压范围越小，分辨率也越高，如输入电压最高为 5 V，则最小能分辨的电压约为 20 mV。V_{IN} 为输入的信号电压，V_{RF} 为参考电压，$V_{RF} =$ VREFP – VREN。

VREN：参考电压" – "端子，一般与地连接。

SOC：启动转换信号端，只有此端子电平从低电平变成高电平时转换才开始。

EOC：转换结束标志位端，高电平表示转换结束。

OE：输出允许端，可与 EOC 接在一起，一次转换完成后允许输出。

$D_0 \sim D_7$：数字信号输出端。

创建 A/D 转换器电路如图 3 – 6 – 5 所示，采用两个数码管观察 A/D 转换器输出的数字量变化，用发光指示灯直观显示转换后的 8 位二进制数。因为该 A/D 转换器只能允许正极

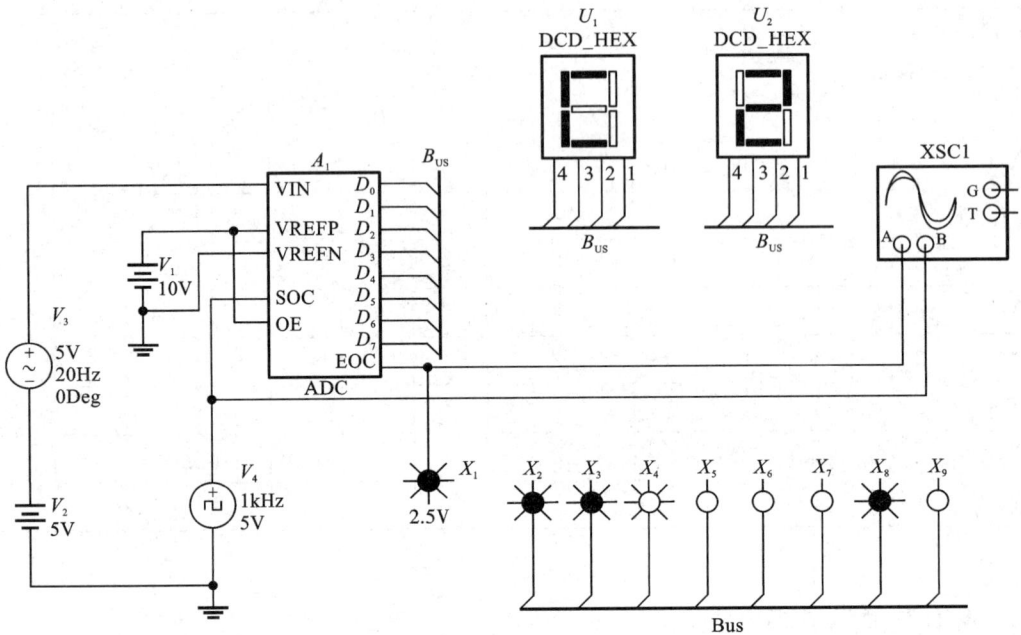

图 3 - 6 - 5　A/D 转换器电路

性电压输入，因此需在输入的 5 V 正弦信号 V_2 上叠加一个 +5 V 的直流信号 V_1，使 A/D 转换器的输入正弦电压在 0 ~ 10 V 范围内变化。此处参考电压 V_3 为 +10 V，因此 A/D 转换器输入的正弦电压为 0 V 时对应数码管显示为"00H"（十六进制），在最大电压 10 V 时，对应"FFH"，在正弦电压中点 5 V 时，对应"80H"。根据量化离散电平公式 $V_{IN} \times 256/V_{RF}$，如果参考电压不同，那么在同样的输入电压下数码管显示也会不同。

（2）D/A 转换器应用仿真。在 Multisim 7 的混合库里有两种 D/A 转换器：一种是电流型 IDAC，一种是电压型 VDAC，都是 8 位。VDAC 逻辑符号如图 3 - 6 - 6 中的 A_1 所示，其中 D_0 ~ D_7 为输入的数字量，"+"端和"-"端分别接参考电压的正负端，右侧为输入的数字量，"+"端和"-"端分别接参考电压的正负端，右侧端子为输出的模拟信号端。

采用电压型 VDAC，建立如图 3 - 6 - 6 所示电路，采用字信号发生器输出作为 D/A 转换器的数字量输入，参考电压接 10 V 直流电压。

3. 实验内容及步骤

（1）A/D 转换器应用仿真。

①开机，开启 Multisim 7。

②新建一个文件，命名为"A/D 转换器应用仿真"，按如图 3 - 6 - 5 所示找出元件，连接电路。

③启动仿真电源开关，运行电路，用示波器和数码管观察输入和输出是否一样，在刚启动电路时，输入正弦电压为 5 V，数码管为"80H"，随着输入电压升高，数码管显示数值也在增加，在输入正弦到达最大时，数码管显示为"FFH"，以后数码管显示数值又逐渐减小到"00H"，说明该 A/D 转换器工作正常。

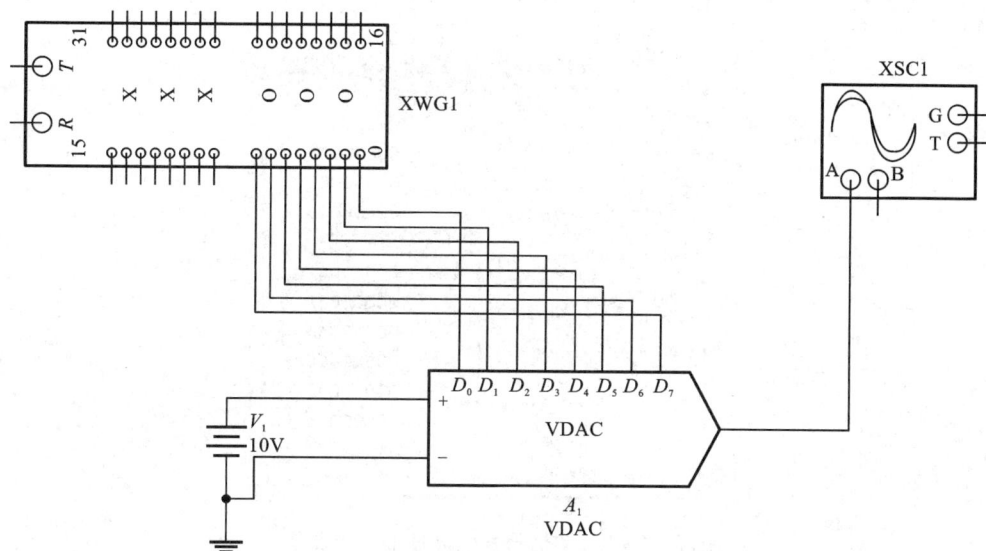

图 3 − 6 − 6　D/A 转换器应用仿真

④改变参考电压为 20 V，重新启动仿真开关，观察数码管在开始时显示值为"40H"。开始时正弦电压输入为 5 V，参考电压为 20 V，根据公式 $V_{IN} \times 256/V_{RF}$，则有输入对应的十进制数为 64，转换为十六进制即"40H"，说明数码管显示正确。

（2）D/A 转换器应用仿真。

①新建一个文件，命名为"D/A 转换器应用仿真"。按如图 3 − 6 − 6 所示找出元件，连接电路。

②双击字信号发生器弹出其控制面板，单击其中的"Settings"按钮，弹出如图 3 − 6 − 7 所示的对话框。选中"加法计数器"，显示类型设置为"Hex"（十六进制），在缓冲区大小设置为"0020"（十六进制），表示输出 32 个不同字信号，设置"初始值"为 0，单击"接受"按钮。

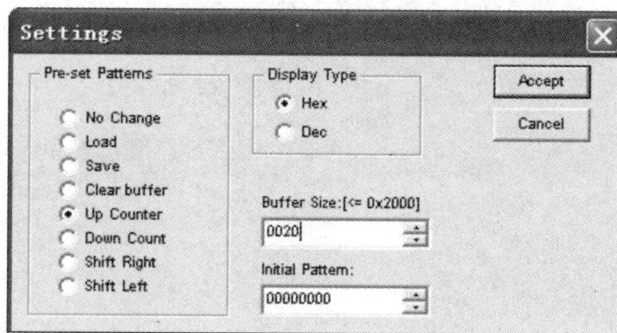

图 3 − 6 − 7　字信号发生器初始值设置

③选中字信号发生器的"Cycle"选项，如图 3 − 6 − 8 所示，表示数据循环输出。在字信号发生器的数据输入位置输入数据从"00000000"到"0000000F"，再继续输入数据从

"0000000E"到"00000000"，如图 3 - 6 - 8 所示。

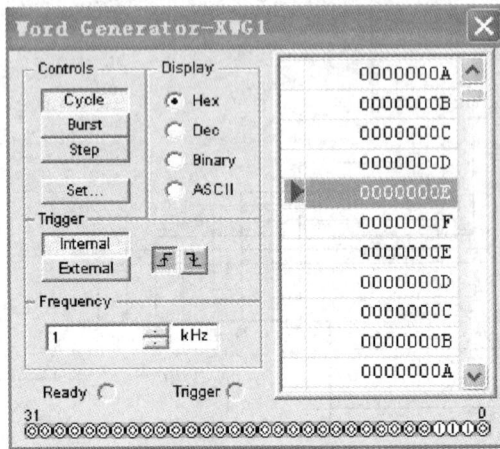

图 3 - 6 - 8　字信号发生器输出模式设置

④调试好示波器各挡位设置，观察并记录示波器的波形。用示波器的读数指针测试波形的电压与周期，记录实验数据。

4. 实验总结

(1)A/D、D/A 转换器的功能。

(2)D/A 转换器仿真注意事项。

第 4 篇　电子技术综合实训

　　根据高职电子类专业就业指向和办学定位要求，电子技术综合训练的主要任务是通过解决一两个实际问题，巩固和加深"模拟电子技术"和"数字电子技术"课程中所学的理论知识和实践技能，基本掌握常用电子电路的一般分析和设计方法，提高电子电路的实践和设计能力，为以后从事生产和科技开发打下基础。

　　电子电路综合训练的主要内容包括根据样板来分析电子电路功能和根据功能要求设计电子电路、安装与调试及写出设计总结报告等，其中分析电子电路功能主要是根据现有的电路样机板来分析电路的工作原理及工作过程，目的在于掌握产品的故障分析，达到快速检修；设计电子电路包括选择总体方案、设计单元电路、选择元器件及计算参数等步骤，是综合训练的关键环节。安装与调试是把理论付诸于实践的过程，通过安装与调试，进一步完善电路，使之达到课题所要求的性能指标，使理论设计转变为实际产品。综合训练的最后要求写出综合训练总结报告，把理论设计的内容、组装调试的过程及性能指标的测试结果进行全面的总结，把实践内容上升到理论的高度。

　　衡量综合实训完成好坏的标准是：电子电路分析和理论设计是否正确无误；产品工作是否稳定可靠，是否能达到所需要的性能指标；电路设计性价比是否高，是否便于生产、测试和维修；总结报告是否翔实，数据是否完整可靠等。

　　本篇先介绍电子电路的开发方法和步骤；然后分别针对模拟电子电路和数字电子电路的设计方法进行详细的介绍，在设计过程中特别强调了 EDA 技术的应用，并且给出了模拟电路和数字电路综合训练的设计实例；最后介绍了综合性电子电路的分析和设计实例。

4.1　电子电路的开发

　　电子电路开发能力是电子信息类专业学生的一项基本技能，本课程掌握的好坏直接影响到就业。所以，学好电子技术对培养学生的科技开发意识、创新思维能力、树立工程思想具有十分重要的意义。电子技术是一门实践性很强的课程，在学习了基本单元电路的理论知识和实验之后，学会根据市场现有产品的电路板来分析、改进电路性能（即根据样板来分析电子电路）或根据用户提出的某些功能要求来设计制作电子产品（即根据功能要求来设计电子电路）为毕业设计打下基础，并使电子信息类专业学生在就业竞争中处于优势地位。

4.1.1　电子电路开发的基本方法和一般步骤

　　电子电路的开发有两种情况：一是根据现有的样板，画出对应的 PCB 板图和原理电路图，并分析电路性能，目的在于分析和改善电路性能，这个过程也叫做电子电路分析；二是根据用户提出的产品性能要求，设计制作电子电路并调试使之达到功能要求，这个过程称为电子电路设计。电子电路通常由输入电路、信号处理、输出电路三部分组成，用来实现对某种信息的处理、控制或者带动负载。一般我们把规模比较小、功能比较单一的电路称为单元电路，而功能复杂，由若干个单元电路、功能块组成的规模比较大的电子电路称为电子系统。

1. 电子电路的分析方法和步骤

电子电路的分析是指根据已有的焊好了电子元件的电路样板机，通过绘制电路的原理图来分析电路的功能和工作原理，为电子电路的检测和维修打好基础，这是高职电子类专业学生学习电子电路积累电子电路专业知识的最好途径，也是高职电子类专业学生所要掌握的一项基本功。

电子电路的分析方法是针对现有的电路板，问清楚应用场合，再画出电路原理图，检测每个元件的参数和各关键点的电位。

绘制原理图是电子电路分析的关键。具体步骤是：

（1）根据给定的电路板绘制 PCB 板图。先测量每一个元件的尺寸，对 PCB 图库里没有的元件封装，要单独设计封装图；按实际尺寸大小布板；单面板可以直接对焊接面进行布线，画完之后再镜像，再放元件，或先放元件，再镜像布线。双面板一定要先放元件，再布线，而且是测一个画一个，再测一个。

（2）由板图绘制原理电路图。有了 PCB 板图，绘制原理图时就简单了，对照板图，根据信号走向用原理图符号代替 PCB 元件封装，布好元件并连线。

（3）检测元件参数，列出元件清单。对于贴片元件，有的元件上未标型号，所以要用仪器去测量参数。

（4）查找集成电路资料。当知道了集成电路的型号后，可以通过查找该芯片的技术参数手册来了解芯片功能和引脚的使用。

（5）分析电路功能，写出电路工作原理。先以集成电路为中心划分模块来分析局部功能，再把多个局部归到一起分析整体电路功能。

（6）检测电路中各关键点电位，以便维修和分析电路参数之用。

在具体做的过程中要注意：

（1）最好先用数码相机把实物照个相，能看清楚各元器件的布局位置。这样当把元件焊下之后，再装回去时就不至归不了位。

（2）对照实物板，在 PROTEL 99 下画 PCB 图时，一定要根据实物大小按 1:1 的比例放置元件。

（3）对于双面板，要把元器件焊下来之后画上层走线，画完之后，再把图镜像，画底层布线。这样画完后就可以直接看到双层的布线。

（4）PCB 库里没有的元件封装要自己做。要习惯用英制单位（100 mil = 2.54 mm）测量尺寸。

（5）根据 PCB 板图绘制原理图时，要以集成电路为中心向四周扩散来画图。最好根据信号从左边输入、右边输出、上边为高电位点、下边为低电位点的习惯布局元件。

（6）分析电路原理及功能时，先分析局部功能，即分成块来理顺关系，再来看电路的整体功能。

2. 电子电路的设计方法和步骤

（1）电子电路的设计方法。电子电路的设计方法有自顶向下、自底向上以及自顶向下与自底向上相结合的设计方法。自顶向下方法的特点是将电路按"电子系统—子系统—功能模块—单元电路—元器件—板图"的过程来设计。自底向上的设计方法则相反，按"元器件—单元电路—功能模块—子系统—电子系统"的过程来设计。

自顶向下法从电子系统级设计开始，首先根据设计课题中对系统的指标要求，将系统的功能全面、准确地描述出来，然后根据该系统应具备的各项功能将系统划分和定义为若干个适当规模的、能够实现某一功能且相对独立的子系统，全面、准确地描述它们的功能及相互之间的联系；之后，设计或选用一些部件去组成实现这些既定功能的子系统；最后进行元件级的设计，即选用适当的元件去实现前面所设计的各个部件。自顶向下法是一种概念驱动的设计方法，该方法要求在整个设计中尽量运用概念去描述和分析设计对象，而不要过早地考虑实现该设计的具体电路、元器件和工艺，以便抓住主要矛盾，避免纠缠在细节上，这样才能控制住设计的复杂性。

自底向上的设计方法与其相反，它是根据要实现系统各个功能的要求，先从可用的元件中选出适用的，设计成一个个部件，当一个部件不能直接实现系统的某个功能时，就需由多个部件组成子系统去实现该功能，直至系统所要求的全部功能都能实现为止。显然，由于在设计过程中，部件设计在先，设计人员的思想将受限于这些所设计出的或选用的现成部件，便不容易实现系统化、清晰易懂、可靠性高、可维护性好的设计，因此在现代电子电路设计中普遍采用自顶向下法。但自底向上法在系统的组装和测试过程中却是行之有效的。

自顶向下法的要领在于整个设计在概念上的演化，从顶层到底层应当逐步由概括到展开，由粗略到精细。只有当整个设计在概念上得到验证与优化后，才能考虑"采用什么电路、元器件和工艺去实现该设计"这类具体问题。

此外，设计人员在运用该方法时还必须遵循下列原则，方能得到一个系统化的、清晰易懂的以及可靠性高、可维护性强的设计。

①正确性和完备性原则。该方法要求在每一级的设计完成后，都必须对涉及的正确性和完备性进行反复的仔细检查，即检查指标要求的各项功能是否都实现了，且留有必要的余量，最后还要对电路进行适当的优化。

②模块化、结构化设计原则。每个子系统、部件或子部件应设计成在功能上相对独立的模块，即每个模块均有明确的可独立完成的功能，而且对某个模块内部进行修改时不影响其他的模块。子系统之间、部件之间或子部件之间的联系形式应当与结构化程序设计中模块间的联系形式相仿。

③问题不下放原则。在某一级的设计中遇到问题时，必须将其解决了才能进行下一级的设计，切不可把上一级的问题留到下一级去解决。

④高层主导原则。在底层设计遇到问题找不到解决办法时，必须退到它的上一级去，通过修改上一级的设计来减轻下一级的设计困难，或找出上一级设计中未发现的错误并将其解决，才是正确地解决问题的策略。

⑤直观性、清晰性原则。设计中不主张采用那些使人难以理解的诀窍和技巧，应当在实际的设计中和文档中直观、清晰地反映出设计者的思路。设计文档的组织与表达应当具有高度的条理性与简明性。

综上所述，进行一项大型、复杂系统设计的过程，实际上是在一个自顶向下的过程中还包括了由底层回到上层进行修改的多次反复的过程。

为了节约设计时间，保证设计质量，元器件、单元电路、模块甚至功能块都不必由设计者一一自行设计，而可以利用某些成熟的、经过考验的设计。因此，对一般现代化的电子系统设计，设计者利用自顶向下的设计方法，只需设计到模块或功能块为止，尤其是 IP（Intellectual Property 知识产权，智能产品）技术的发展，某些成熟的子系统也可在系统设计中使用。

（2）电子电路设计的一般步骤。电子电路设计的一般步骤是：选择总体方案，画出系统框图，设计单元电路，选择元器件，计算参数，画出总体电路图，进行组装和调试等。

由于电子电路种类繁多，千差万别，设计方法和步骤也因情况不同而各异，因而上述设计步骤需要交叉进行，有时甚至会出现反复。因此设计师应根据具体情况灵活掌握。

①总体方案的选择。所谓总体方案就是根据所提出的任务、要求和性能指标，用具有一定功能的若干单元电路组成一个整体，来实现各项功能，满足设计题目提出的要求和技术指标。由于符合要求的总体方案往往不止一个，应当针对任务、要求和条件，查阅有关资料，以广开思路，提出若干不同的方案，然后仔细分析每个方案的可行性和优缺点，加以比较，从中取优。在选择过程中，常用框图表示各种方案的基本原理。框图一般不必画得太详细，只要说明基本原理就可以了，但有些关键部分一定要画清楚，必要时需画出具体电路来加以分析。

②单元电路设计。设计单元电路的一般方法和步骤为：

a. 根据设计要求和已选定的总体方案的原理框图，确定对各单元电路的设计要求，必要时应详细拟订主要单元电路的性能指标，应注意各单元电路之间的相互配合，但应尽量少用或不用电平转换之类的接口电路，以简化电路结构和降低成本。

b. 拟定出各单元电路的要求后，应全面检查确认无误后方可按一定顺序分别设计各单元电路。

c. 选择各单元电路的结构形式。一般情况下应查阅有关资料，以丰富知识、开阔眼界，从而找到合适的电路。

③总体电路图的画法。设计好各单元电路以后，应画出总电路图。总电路图是进行实验和印制板设计制作的主要依据，也是进行生产、调试、维修的依据，因此画好一张总电路图非常重要。画总电路图的一般方法如下：

a. 画总电路图应注意信号的流向，通常从输入端或信号源画起，由左到右或由上到下按信号的流向依次画出各单元电路。但一般不要把电路画成很长的窄条，必要时可按信号流向的主通道依次把各单元电路排成类似字母"U"的形状，它的开口可以朝左，也可以朝其他方向。

b. 尽量把总电路图画在同一张图样上，如果电路比较复杂，一张图纸画不下，应把主电路画在同一张图上，而把一些比较独立或次要的部分画在另一张或者几张图样上，并用适当的方式说明各图样之间的信号联系。

c. 电路图中所有的连线都要表示清楚，各元件之间的绝大多数连线应该在图样上直接画出。连线通常画成水平线或竖线，一般不画斜线。互相连通的交叉线，应在交叉点处用圆点标出。连线要尽量短。电源线一般只标出电源电压的数值。电路图的安排要紧凑和协调，稀密恰当，避免出现有的地方画得很密，有的地方却空出一大块。总之要清晰明了，容易看懂，美观协调。

d. 电路图中的中大规模集成电路，通常用矩形框表示。在框中或上方标出它的型号，框的边线两侧标出每根连线的功能名称和管脚号。其余元件的符号应当标准化。

e. 集成电路器件的管脚较多，多余的管脚应作适当处理。

f. 如果电路比较复杂，设计者经验不足，有些问题在画总电路图之前难以解决，可以先画出总电路的草图，调整好布局和连线之后，再画正式的总电路图。

④器件的选择。从某种意义上讲，电子电路的设计就是选择最合适的元器件，并把它们以最合适的方式组合起来。选择元器件时要搞清楚两个问题：第一，根据具体问题和方案，

需要哪些元器件，每个元器件应具有哪些功能和性能指标；第二，有哪些元器件实验室有，哪些在市场上能买到，性能如何，价格如何，体积多大。电子元器件种类繁多，新产品不断出现，这就需要经常关心元器件的信息和新动向，多查资料。

a. 一般优先选用集成电路。集成电路的应用越来越广泛，它不但减小了电子设备的体积、降低了成本，提高了可靠性，安装、调试比较简单，而且大大简化了设计，使数字电路的设计非常方便。现在各种模拟集成电路的应用也使得放大器、稳压电源和其他一些模拟电路的设计比以前容易得多。在频率高、电压高，电流大或要求噪声极低等特殊场合仍需采用分立元件，必要时可画出两种电路进行比较。

b. 怎样选择集成电路。一般是采用"先粗后细"，即先根据总体方案考虑应该选用什么功能的集成电路，然后考虑具体性能，最后根据价格等因素选用某种型号的电路。

选用集成电路时，除以上所述外，还必须注意以下几点：

• 应熟悉集成电路的品种和几种典型产品的型号、性能、价格等，以便在设计时能提出较好的方案，较快的设计出单元电路和总电路。

• 选择集成运放，应尽量选择"全国集成电路标准化委员会提出的优选集成电路系列"中的产品。

• 同一种功能的数字集成电路可能既有 CMOS 产品，也有 TTL 产品，而且 TTL 器件中有中速、高速、极高速、低功耗和肖特基低功耗等不同产品，CMOS 数字器件也有普通型和高速型两种不同产品，选用时一般情况可参见表 4 - 1 - 1。对于具体情况，设计者可根据它们的性能和特点灵活掌握。

表 4 – 1 – 1　选用 TTL 或 CMOS 器件的规则

对器件性能的要求		推荐选用的器件种类
工作频率	其他要求	产品种类
不高（如 5 MHz 以下）	使用方便、成本低、不易损坏	肖特基低功耗 TTL
高（如 30 MHz）		高速 TTL
较低（如 1 MHz 以下）	功耗小或输入电阻大或干扰容限大或高低电平一致性好	普通 CMOS
较高		高速 CMOS

• CMOS 器件可以与 TTL 器件混合使用在同一电路中，为使两者的高、低电平兼容，CMOS 器件应尽量使用 + 5V 电源供电。

• 集成电路的常用封装有三种，即扁平式、直立式和双立直插式。为便于安装、更换、调试和维修，一般应尽量选用双立直插式集成电路。

c. 阻容元件的选择。电阻和电容器是两种常用的分立元件，它们种类很多，性能各异。阻值相同、品种不同的两种电阻或电容用在同一电路中的同一位置，效果可能大不一样。此外价格和体积也可能相差很大。

4.1.2　电子电路的制作

在根据客户要求设计好电子电路之后，接下来的工作就是把设计的电路变成产品样机。

电子电路的制作内容包括：PCB 板的制作，元器件的焊接等工作。

1. PCB 板的制作

PCB 板的制作分单面板和双面板。单面板是指电路板只有一面布线的电路板；双面板是指在电路板的两面都布有导电线路的电路板；双面板又有单面放元件和双面放元件之分。对于双面板建议把画好的 PCB 制板图发给专业制板的厂家去加工制板。单面板可以自己制作，使用 LR – 2008B 型制板系统制板的过程如图 4 – 1 – 1 所示。制板过程分为激光打印 PCB 图、转印、腐蚀和钻孔等步骤。需要计算机、激光打印机、转印机(也叫制板机)、腐蚀机、高速台钻等设备。

LR – 2008B 型转印机的外形图如图 4 – 1 – 2 所示。转印机的任务是把用激光打印机打印到转印纸上的 PCB 板图脱印到敷铜板上。

LR – 2008B 型快速腐蚀机外形见图 4 – 1 – 3 所示。腐蚀机主要用于印制电路板的快速小批量腐蚀。它具有速度快，使用方便，无污染等显著优点，畅销于各大专院校、科研院所、工厂技术部门，深受科研人员及电子爱好者的喜爱。

普通台钻外形如图 4 – 1 – 4 所示。主要是在外壳上加工打孔。

高速台钻的外形如图 4 – 1 – 5 所示。主要任务就是在 PCB 板上钻小孔。

利用LR2008B型快速制板机制版过程如下：

第一步：激光打印PCB图

第二步：转印过程

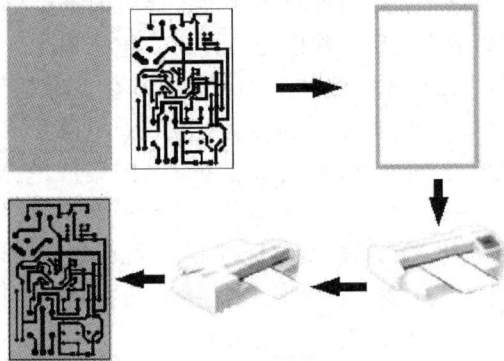

第三步：使用LR2008B型腐蚀机进行腐蚀，完成整个制版过程

制作的成品板：

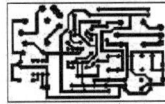

图 4 – 1 – 1 PCB 制板流程图

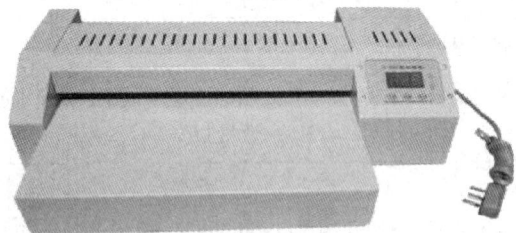

图 4 – 1 – 2 LR – 2008B 型制板机外形图

(1)首次使用前的准备工作。

①打开两个包装箱，首先找出装箱单与实物对照，检查附件有无短缺。并详细检查腐蚀机、制板机及其他附件有无破损、松动、损坏，然后详细地阅读说明书和注意事项。

②制板机的检查。将制板机摆放好，接通电源，按说明书要求对制板机进行启动，温度设定，并将一块符合要求的敷铜板送入制板机，检查敷铜板在前进和后退时机器功能是否正常。

③腐蚀机的检查。将腐蚀机放在平稳的表面，清除内部防震泡沫，注入 3~4 升清水，以不超过腐蚀平台为宜。戴好乳胶手套，接通电源，观察水流是否覆盖整个工作台。如不能覆

盖整个工作台，请调整喷淋管角度。

注意：凡打开观察窗进行操作时，必须拔掉电源插头，切断电源，确保安全。

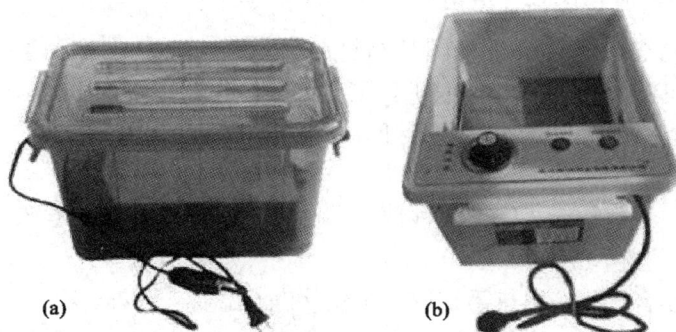

图4-1-3

(a)LR-2008B型腐蚀机；(b)LR-2008B加热型腐蚀机

图4-1-4　台钻

图4-1-5　高速台钻外形图

④戴好乳胶手套，小心打开三氯化铁包装袋将三氯化铁和清洁的水按3:5的比例混合，大约配置3~4 L，以不超过腐蚀平台为宜。

注意：配置溶液时请在其他容器内配置，并对溶液进行过滤，同时一定要注意安全，防止三氯化铁的溶液溅射到皮肤和衣物上，并准备一块抹布，随时擦掉溅射出的三氯化铁溶液，以免造成污染。

⑤制板前，首先选择一块无锈蚀的敷铜板，其厚度应在0.5~1.5 mm之间，最小纵向尺寸必须大于50 mm。并将敷铜板表面清洁干净，去掉油渍、污渍和毛边。

注意：这是保证制板质量的重要一环。

⑥调整激光打印机分辨率设置，一般定为300 dpi。然后用绘图软件设计一款PCB电路，并用普通纸打印出来，仔细检查画面是否有缺陷。请使用无缺陷的激光打印机。

⑦制板机的电源必须可靠接地。电源电压应该是220 V/50 Hz，额定电流应该是不小于5 A，在任何情况下，无地线不得使用。

首次使用前的准备工作中，如出现不可克服的困难，请联系厂家。

（2）仪器使用说明。

①制板机。制板机的外形如图 4 - 1 - 2 所示。

a. 打印图形。利用计算机制作好电路板图形，先用普通纸打印出来，检查无误后，再用激光打印机将图形打印在转印纸的光滑面上。由于转印纸刚打印出来时，碳粉尚未冷却固定，请从打印机的下部出纸，不要让图形面碰擦打印机的任何部位。不要立即用手触摸图形的任何部位的碳粉，以免电路图走形。请勿折叠，以免引起断线。

b. LR - 2008B 的按键。

● 电源启动键：在本机右侧有一红色按键，按下两秒钟左右，电源将自动启动。电源开启后，系统加热，电机控制系统将自动进入工作状态。

● 加热控制键：该键为双功能复合键，(a)加热系统进入工作状态，温度升至 100℃ 以后，按下该键，加热将停止。再次按下该键，加热将继续进行。(b)停止工作：按下该键，温度降至 100℃ 以后，机器将自动关闭总电源。

注意：温度在 100℃ 以内时，请勿操作此键，否则将关掉电源。

● 电机转速设定键：该键为三功能复合键，(a)显示电机"转速比"，转速比为 30（0.8 转/分）~80（2.5 转/分）。(b)同时按下"上行键"或"下行键"，可调整转速比。(c)同时按下温度设定键，可显示"加热比"。加热比为"0"时，加热功率为 0。加热比为"255"时，加热功率为 100%。

● 温度设定键：该键为三功能复合键，(a)显示设定温度，最高设定温度为 180℃，最低设定温度为 100℃；(b)同时按下"上行键"或"下行键"，可调整设定温度。

● 上行键，下行键：该键为三功能复合键，(a)换向时，由于开机时系统默认退出状态，需按下"下行键"，之后再按下"上行键"或"下行键"可改变电机转动方向。开机时默认为敷铜板退出。

c. 启动制板机。将制板机接通电源，轻触电源启动键，电机和加热器将同时进入工作状态。此时系统对其内部进行自检。几秒钟后，温度即将显示加热辊即时温度。（注：当环境温度低于 10℃ 时，面板显示"？quot；C00"。）

制板机加热温度的设定：同时按下温度设定键，"上行键"或"下行键"进入温度设定状态，改变"上行键"或"下行键"可对设定值进行修改。（注：由于石英加热管停止加热后，仍有余热发出，硅橡胶辊温度会继续上升，温度下降到设定温度后，石英加热管再次开始加热后，由于硅橡胶辊是热的不良导体，胶辊温度也不会立刻上升。温差幅度为 ±10℃ 但不会影响转印质量。）

推荐设定温度 150℃，使用时用户可根据需要自行设定，但不可超过 180℃。为防止胶辊损坏，系统在程序上将最高温度设定为 180℃。

d. 转移制板。将打印好的图形，贴在已处理干净的敷铜板上，将转印纸超出敷铜板的其中一边紧贴敷铜板折向背面，固定好，然后送入制板机，稍候片刻，敷铜板将从制板机的后部送出。待其温度下降后，小心地将转印纸从敷铜板上揭起，此时转印纸上的图形已被转印在敷铜板上。在敷铜板进入过程中，如果有异常情况，请及时按动下行键，电路板将自动退出。制作时敷铜板反复进入机器，将影响转印质量。转印后，将转印纸轻轻揭起一角，对电路板认真检查，如果有较大缺陷，应将转印纸按原位置贴好，送入转印机，再转印一次。如有较小缺陷,请用油性记号笔进行修补。同时,也可在腐蚀完毕后再进行打孔。

　　e.钻孔。请先用高速电钻在电路板上对准焊盘中心钻孔。焊盘如有划伤,请用油性记号笔进行再次修补。

　　②腐蚀机(LR2008B 型快速腐蚀机使用说明)。LR2008B 型快速腐蚀机工作台采用优质 PC 塑料板制成,腐蚀液经由耐腐蚀水泵循环流动,通过储水槽平缓流出,对印制电路板没有冲刷作用,因而可以腐蚀出极精细的电路。

　　使用方法:

　　a.打开腐蚀箱,检查工作台是否固定良好,有无松动变形。

　　b.向机箱内注入清水至工作台面位置,将电源线插入 220 V 电源插座,接通电源,检查水流工作状况。如果工作正常,将清水倒出备用。

　　c.配制腐蚀液。将三氯化铁用水溶解至需要浓度即可。一般浓度为 35°~40°,经过澄清过滤残渣后,再倒入腐蚀箱内,液面以不超过工作台为限。直接在箱内溶化三氯化铁,其残渣易损坏水泵。

　　d.将制作好的印制电路板放入工作台上,用橡胶吸盘固定好。接通电源,观察水流是否覆盖整块电路板。然后盖好上盖,注意观察腐蚀情况。

　　e.腐蚀好的电路板用清水反复冲刷干净后,用细水磨砂纸打磨干净,涂上松香即可。

　　注意事项:

　　a.工作时请戴好橡胶手套,不要用手直接接触三氯化铁腐蚀液。

　　b.腐蚀箱上盖扣好以前,请不要将电源线插入电源插座。

　　c.未经澄清过滤的腐蚀液,不要直接倒入腐蚀箱内,以防造成水泵的损坏。

　　d.腐蚀机长期不使用时请将三氯化铁溶液倒入密闭容器保存,并用清水冲洗箱体及水泵。

　　e.如果水流缓慢或水泵不转,应将水泵从工作台上卸下,打开水泵,清洗转子及泵轴。

　　f.如发现喷塑层有损坏,请用环氧树脂胶或硅橡胶及时涂抹损坏处。

　　在准备腐蚀电路板时,操作时应注意以下事项:

　　a.接通电源以后,不管电源开关状态如何,人体任何部位均不得接触腐蚀液体,只能通过观察窗观看线路板腐蚀情况。在切断电源后,才可打开观察窗。工作时请戴乳胶手套,以防腐蚀液体侵蚀皮肤。

　　b.将橡胶吸盘吸在工作台上,再将线路板卡在橡胶吸盘上,使线路板与工作台成一夹角。扣上观察窗,接通电源,观察水流是否覆盖整个电路板,如不能覆盖整个电路板,在切断电源后,调整橡胶吸盘在工作台上的位置,以求水流覆盖整个电路板。

　　c.通过观察窗观看线路板腐蚀情况,待腐蚀完毕后,切断电源打开观察窗,拿出线路板仔细观察,确认腐蚀成功,用清水反复清洗后擦干。工作时请戴乳胶手套。

　　d.腐蚀机内的水泵为防水、防腐型。清洗时注意不要破坏绝缘层。清洗水泵时,水泵叶轮主轴为陶瓷材料,请轻拿轻放。

　　③后期制作。选择合适的焊盘铣刀在电钻上轻轻磨削焊盘,至露出铜皮即止。配置酒精松香水,覆盖整个电路板进行保护助焊。

　　④单面板与字符的制作。

　　a.在制作字符及 PCB 图时,在图框上部左右两侧各 10 mm 处,分别各画焊盘一个,用转移纸打出，并用针在焊盘中心分别扎出两个小孔。

　　b.在敷铜板相应的位置上分别钻两个小孔，插入两个细钻头。

　　将两个细钻头分别插入 PCB 转印纸焊盘中心小孔内，并沿电路板铜面上边沿平整贴好。然后将字符转印纸焊盘中心小孔对准两个细钻头贴在电路板敷铜板背面，沿电路板上边沿对齐贴好固定，双面转印纸沿电路板贴平固定，即可送入制板机。送入前请拔掉细钻头。

　　⑤双面板与字符的制作。制作工艺与④相同，只是先制作 PCB 图，腐蚀后再制作字符图。

　　（3）注意事项。

　　①转移纸为一次性用纸，若重复使用，遇热熔化的图形极易造成激光打印机硒鼓污染，严重时可能造成打印机硒鼓的损坏。

　　②转印纸为专用介质纸，表面涂有多层高分子材料，具有抗高温易于转印的特点，一般纸不可代用。

　　③为保证制板质量，所绘线条宽度应尽可能不小于 0.3 mm。

　　④由于在向敷铜板进行图形转移时，图形会发生水平 180°翻转，制图时请特别注意。

　　⑤用焊盘铣刀制作焊盘时，请划至露出铜箔即可，以免划坏电路。

　　⑥关机时，按下温度控制键，表头第一位将显示闪动的"C"，电机仍将运转一段时间，当温度下降到 100℃以后，电源将自动关闭。开机时如温度显示低于 100℃时，请勿按动加热控制键，否则将关闭电源。不用时请将电源插头拔掉。

　　2.电路板的焊接

　　电路板的焊接过程包括图纸资料、元器件及焊接工具准备、焊接等。对于批量生产采用自动焊接设备，如贴片自动焊接设备，对于新产品研制和开发采用手工焊接。手工焊接时，焊接顺序为先焊个子最低的元件，如有贴片元件先焊贴片元件，最后焊个子最高的元件和导线。参见 1.1.1。

　　焊接之后还应用斜口钳剪掉元件腿，并用酒精清洗板面。对于有导线或需固定的元件还需打胶。

4.1.3　电子电路的调试与故障检查

　　电子电路的调试分为实验室单个电路模块的调试和现场整机调试两个阶段。

　　实验室模块调试主要是使用实验室的直流稳压电源、信号发生器、示波器、万用表等对电子电路的各个模块进行模拟性调试。此时假设电源电路是没有问题的，输入信号也是已知的，测量对应模块的输出信号，看是否达到了设计要求，如果与设计不符，则检查该模块电路的结构设计、元件参数选择、焊接等是否有误。在每个模块调试正确后，再进行整机调试。

　　现场调试主要检测电子系统在真实环境条件下的功能是否正常，能否满足抗干扰的要求，设计时的假设和真实是否相符。如有不符，要及时修正，并做好记录。在调试中一定要注意安全。当出现短路、发热、闻见焦味时，首先要做的就是切断电源。所以每次上电前，一定要检查线路是否有短路。在确保没有短路的情况下才可以通电。实验室的电源一定要装备过流保护。

　　故障检查对于新设计的产品首先要检查的是电路结构是否合理，方案是否正确，所以在设计中最好采用成熟的方案和技术，并采用模块化设计，同为模块化设计对于每一个模块都有输入输出指标要求。当出现声音音量太小，就不需要去检查发光亮度控制电路。

故障检查的步骤是：

（1）当电子产品出现故障时，首先要检查的是电源电路。在断电的情况下检查电源是否有短路，在确保电源电路没有短路的情况下再通电检测电源的电压值是否与设计相符。

（2）如有电源故障，应先断开负载检测电源，看是否正确。也可以先用观察法，看有没有烧焦的元件。

（3）在解决了电源故障之后再进行电子电路其他电路的检查。具体办法是：根据观察到的故障现象，先划分故障范围，找到原理图，先用万用表测量相应的检测点电位，并用触摸法看有没有发烫元件。

有关故障检测方法可以参看相关的维修手册，在这里就不多述。

4.2　模拟电子技术应用设计

4.2.1　逻辑信号电平测试仪

在检修数字集成电路组成的设备时，经常要用到万用表对电路中的故障进行检测，这就要求使用者一边看表盘一边找测试点，使用很不方便。本设计用声音来表示被测信号的逻辑状态，高电平和低电平分别用不同声调的声音表示，测试时不必看万用表的表盘或示波器的荧光屏。

1. 设计内容和要求

设计一个逻辑信号电平测试仪，要求如下：

（1）测量范围：低电平 <0.8 V 高电平 >3.5 V。

（2）用 1 kHz 的音响表示被测信号为高电平。

（3）用 800 Hz 的音响表示被测信号为低电平。

（4）当被测信号在 0.8 ~ 3.5 V 之间时，不发出音响。

（5）输入电阻大于 20 kΩ。

（6）工作电源为 5 V。

2. 电路总体设计方案

总体框图如图 4 - 2 - 1 所示。电路由五部分组成，即：输入电路、逻辑状态判断电路、音响电路、发音电路和电源。

3. 单元电路的设计

（1）输入和逻辑判断电路。输入和逻辑判断电路如图 4 - 2 - 2 所示。

输入电路由 R_1 和 R_2 组成。电路作用是保证测试器输入端悬空时，U_1 既不是高电平，也不是低电平。一般情况下，在输入端悬空时，$U_1 = 1.4$ V。根据设计要求输入电阻要大于 20 kΩ，因此可得：

$$\begin{cases} \dfrac{R_2}{R_1 + R_2} V_{CC} = 1.4 \text{ V} \\ \dfrac{R_1 \cdot R_2}{R_1 + R_2} \geqslant 20 \text{ k}\Omega \end{cases}$$

可求出 $R_1 = 27.6$ kΩ　$R_2 = 71$ kΩ

取标称值 $R_1 = 30$ kΩ　$R_2 = 75$ kΩ

R_3 和 R_4 的作用是给 A_1 的反相输入端提供一个 3.5V 的电压。只要保证 $\dfrac{R_3}{R_3 + R_4}V_{CC} \leqslant 3.5$ V 即可。

R_3 和 R_4 取值过大时容易引入干扰，取值过小时则会增大耗电量。工程上一般在几十千欧姆到数百千欧姆间选取。因此选取 $R_4 = 68$ kΩ，根据公式 $\dfrac{R_3}{R_3 + R_4}V_{CC} \leqslant 3.5$ V，可得到：$R_3 \geqslant 29$ kΩ，取 $R_3 = 30$ kΩ。

R_5 为二极管 D_1 和 D_2 的限流电阻。D_1 和 D_2 的作用是提供低电平信号基准，按设计要求低电平为 0.8 V，取 D_1 为锗二极管，D_2 为硅二极管，这样可使 A_2 同相端电压为 0.8 V。

取 $R_5 = 4.7$ kΩ。

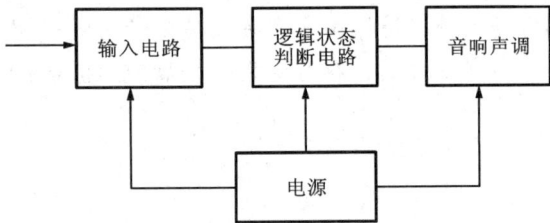

图 4 – 2 – 1　测试器原理框图

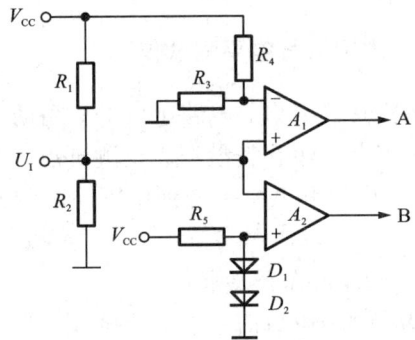

图 4 – 2 – 2　输入和逻辑判断单元电路

（2）音响产生电路。音响产生电路如图 4 – 2 – 3 所示。电路只要由两个运算放大器组成。当 $U_A = U_B = 0$ V 时，二极管 D_3、D_4 和 D_5 都截止，电容 C_1 没有充电回路，使 A_3 输出高电平；当 $U_A = 5$ V，$U_B = 0$ V 时，二极管 D_3 导通，电容 C_1 通过 R_6 充电，充电时间常数为 $\tau_1 = C_1 \cdot R_6$。在 U_{C1} 到达 3.5 V 之前，A_3 输出端电压为 5 V，C_2 通过 R_9 充电，充电时间常数为 $\tau_1 = C_2 \cdot (R_9 + r_{03})$，其中 r_{03} 为 A_3 的输出

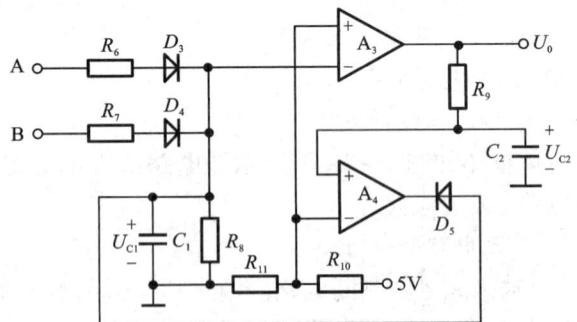

图 4 – 2 – 3　音响产生电路单元电路

电阻。在 U_{C1} 大于 3.5 V 之后，A_3 输出端电压为 0 V，C_2 通过 R_9 充电，当 U_{C2} 降到小于 A_4 反向端电压时，A_3 输出端电压为 0 V，二极管 D_5 导通，C_1 通过 D_5 和 A_4 的输出电阻放电。迅速降到 0 V，导致 A_3 反向端电压小于同相端电压，输出又变为 5 V，电容 C_1 再一次通过 R_6 充电，如此周而复始，在 A_3 输出端形成矩形脉冲信号。当 $U_A = 0$ V，$U_B = 5$ V 时，二极管 D_4 导

通，通过 R_7 向 C_1 充电，充电时间常数改变了，输出电压 U_0 的周期就会发生相应的变化。

图中 R_{10} 和 R_{11} 的作用是与图 4 - 2 - 2 中的 R_3 和 R_4 相同。因此取 $R_{10} = 68$ kΩ，$R_{11} = 30$ kΩ。

D_3，D_4 和 D_5 均选用锗二极管 2AP9。

根据上面的分析可知：$T = t_1 + t_2 = 1.2\tau_1 + 0.36\tau_2$

我们选取 $\tau_2 = 0.5$ ms，因为 $\tau_2 = R_9 \cdot C_2$，选取 $C_2 = 0.01$ μF，所以 $R_9 = \dfrac{\tau_2}{C_2} = \dfrac{0.5 \text{ ms}}{0.01 \text{ μF}} = 50$ kΩ。

又因 $T = t_1 + t_2 = 1.2\tau_1 + 0.36\tau_2 = 1.2\tau_1 + 0.18 \times 10^{-3}$，根据给定要求，$\tau_1 = R_6 C_1$（被测信号为高电平），或 $\tau_1' = R_7 C_1$（被测信号为低电平），我们选取 $C_1 = 0.1$ μF，由于设计要求中给定当被测信号为高电平时，音响频率为 1 kHz；被测信号为低电平时，音响频率为 800 Hz。在被测信号为高电平时，因为 $T = \dfrac{1}{f} = 1$ ms，所以 $1.2\tau_1 + 0.36\tau_2 = 1 \times 10^{-3}$，$1.2\tau_1 + 0.18 \times 10^{-3} = 1 \times 10^{-3}$，$\tau_1 \approx 0.68$ ms，$R_6 = \dfrac{\tau_1}{C_1} = \dfrac{0.68 \times 10^{-3}}{0.1 \times 10^{-6}}$ kΩ，所以 $R_6 \approx 6.8$ kΩ。

当被测信号为低电平时，音响频率为 800 Hz，此时因为 $T = \dfrac{1}{f} = \dfrac{1}{800}$ ms $= 1.25$ ms，所以 $1.2\tau_1' + 0.18 \times 10^{-3} = 1.25 \times 10^{-3}$，$\tau_1' \approx 0.89$ ms，$R_7 = \dfrac{\tau_1'}{C_1} = \dfrac{0.89 \times 10^{-3}}{0.1 \times 10^{-6}} = 8.9$ kΩ

取标称值：$R_7 = 9.1$ kΩ。

（3）扬声器驱动电路。扬声器驱动电路如图 4 - 2 - 4 所示，由于驱动电路的工作电源电压比较低，因此对三极管的耐压要求不高。选取 3DG12 为驱动管，R_{12} 为限流电阻，本电路选取 $R_{12} = 10$ kΩ。

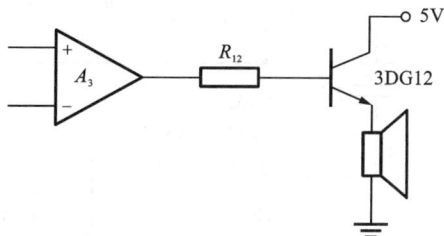

图 4 - 2 - 4　扬声器驱动电路

4. 总电路图

逻辑信号电平测试器的整机电路如图 4 - 2 - 5 所示。

5. 仿真

整机电路可以按模块调试，以输入和逻辑判断电路为例，创建如图 4 - 2 - 6 所示电路。改变输入信号的电平，观察输出端 A 和 B 电压。

4. 实验与调试

（1）输入和逻辑判断电路。如图 4 - 2 - 2 所示，A_1 和 A_2 接成电压比较器的形式，R_3 和 R_4 是给 A_1 的反相输入端提供一个 3.5 V 的电压，A_2 的同相输入端为 0.8 V。安装完毕后，只要接线正确，就可以通电观测与调试。

通电后，用示波器观察到如下结果为正确：

①当 U_1 小于 0.8 V 时，A_1 的反相输入端电压大于同相端电压，A_1 输出端为低电平（0 V）。A_2 的反相输入端电压小于同相端电压，A_2 输出端为高电平（5 V）。

②当 U_1 在 0.8 V ~3.5 V 之间时，A_1 的同相端电压小于 3.5 V，A_2 的同相端电压也小于

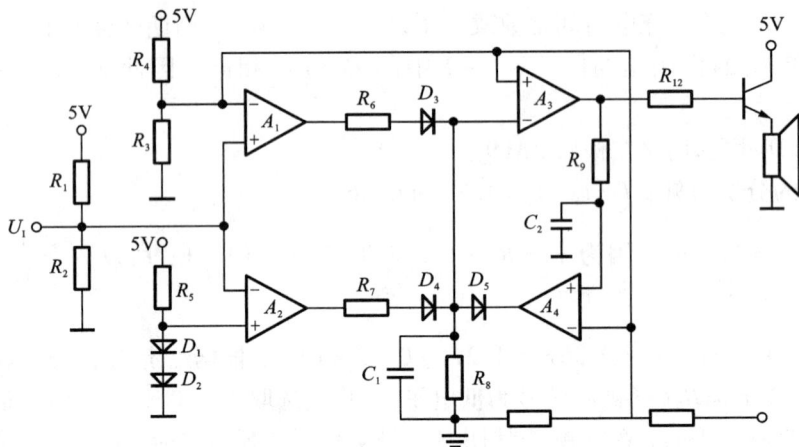

图 4-2-5 逻辑信号电平测试仪整机电路图

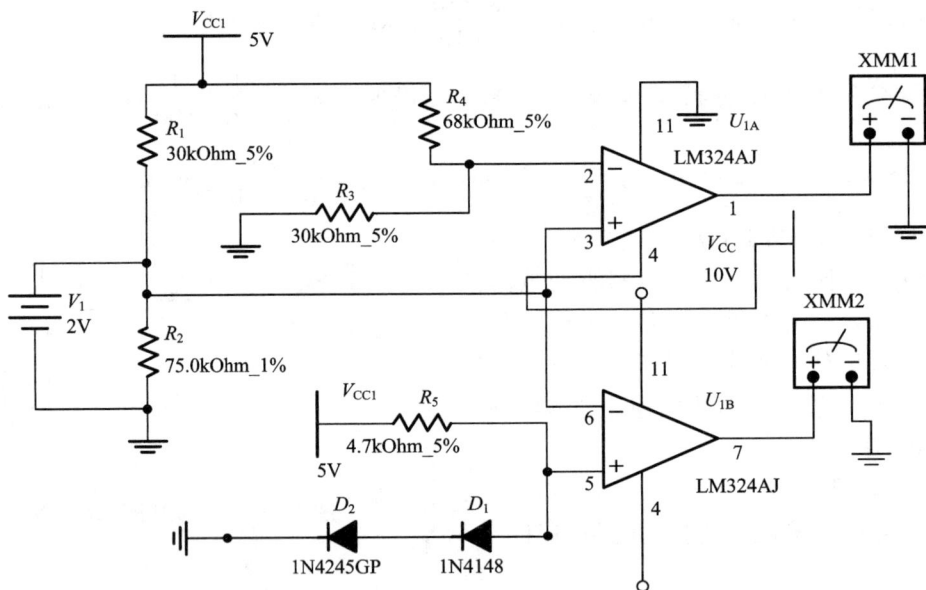

图 4-2-6 输入和逻辑判断仿真电路

3.5 V，所以 A_1 与 A_2 的输出电压均为低电平。

③当 U_I 大于 3.5 V 时，A_1 的同相端电压大于反相端电压，A_1 输出端为高电平（5 V）。A_2 的反相输入端电压大于同相端电压，A_2 输出端为低电平（0 V）。

（2）音响产生电路。如图 4-2-3 所示安装电路后，调试分三部分：

①当 $U_A = U_B = 0$ V 时，用示波器观测输出 U_O 是否为 5 V。

②当 $U_A = 5$ V，$U_B = 0$ V 时，用示波器观测输出 U_O 的周期是否为 1 ms。如果有所偏差，应调整 R_6 的电阻值使之周期为 1 ms。

③当 $U_A = 0$ V，$U_B = 5$ V 时，用示波器观测输出 U_O 的周期是否为 1.25 ms。因 R_7 取标称值 9.1 kΩ，使得实际音响频率约为 786 Hz，基本符合要求。

7. 元器件清单

逻辑信号电平测试器电路中所有使用的电子元器件如表4-2-1所示。

表4-2-1 逻辑信号电平测试器电路元器件清单

序号	名 称	符 号	型 号	数 目
1	电阻	R_1，R_3，R_{11}	30 kΩ	2
2	电阻	R_2	75 kΩ	1
3	电阻	R_4	68 kΩ	1
4	电阻	R_5	4.7 kΩ	1
5	电阻	R_6	6.8 kΩ	1
6	电阻	R_7、R_8	9.1 kΩ、1 kΩ	1
7	电阻	R_9	50 kΩ	1
8	电阻	R_{10}，R_{12}	10 kΩ	1
9	电容	C_1	0.1 μF	1
10	电容	C_2	0.01 μF	1
11	二极管	D_1，D_3，D_4，D_5	2AP9	4
12	二极管	D_2	2CK12	1
13	晶体管	VT	3DG12	1
14	运放	A_1，A_2，A_3，A_4	LM324	4

8. 设计任务

(1)分析课题设计内容，选择系统方案，画出方框图。

(2)单元电路设计、参数计算和器件选择。

(3)画出总电路图，说明电路的工作原理，运用仿真软件仿真运行。

(4)写出调试步骤和调试结果，列出实验数据，对实验数据和电路的工作情况进行分析。

(5)总结设计电路的特点和方案的优缺点，提出改进意见。

(6)写出收获和体会。

4.2.2 电表电路

普通的模拟电表中最常见的是以磁电式电流表(又称表头)作为指示器，具有灵敏度高、准确度高、刻度线性以及受外磁场和温度影响小等优点，但其性能还不能达到较为理想的程度。某些测量电路中，要求电压表有很高的内阻，而电流表要有很小的内阻。

本设计将集成运放与磁电式电流表结合，可设计构成内阻大于10 MΩ/V的电压表和内阻小于1 Ω的微安表等性能的模拟万用表。

1. 设计内容和要求

设计一个模拟万用表，技术要求如下：

（1）直流电压测量范围：$(0 \sim 15 \text{ V}) \pm 5\%$。

（2）直流电流测量范围：$(0 \sim 10 \text{ μA}) \pm 5\%$。

（3）交流电压测量范围及频率范围：有效值$(0 \sim 5 \text{ V}) \pm 5\%$，50 Hz～1 kHz。

（4）交流电流测量范围：有效值$(0 \sim 100 \text{ mA}) \pm 5\%$。

（5）欧姆表测程：0～10 kΩ。

（6）要求采用模拟集成电路，器件自选。

（7）采用100 μA 直流表，内阻为R_M。

（8）量程的转换调节要求方便直观。

2. 电路总体设计方案

部分电路总体框图如图4-2-7所示。电路由五部分组成，即：直流电压表、直流电流表、交流电压表、交流电流表、电阻测量电路、100 μA 磁电表和直流稳压电源。本设计只要求设计直流电压表、直流电流表、交流电压表、交流电流表、电阻测量电路五个单元电路。

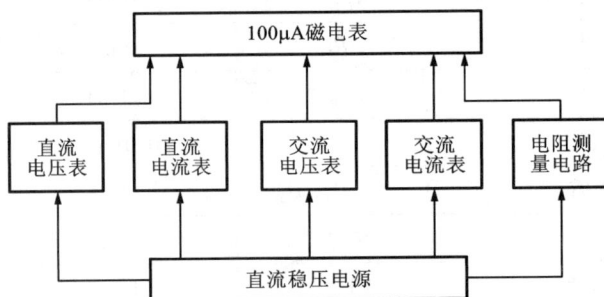

图 4 - 2 - 7　部分电路总体框图

3. 单元电路的设计

（1）直流电压表。根据被测直流电压是从运放正相输入端还是反相输入端接入，可将直流电压表分为同相输入式和反相输入式两种。直流电压表的表头接在运放的输出端。本设计采用同相输入式直流电压表，被测信号U_X接于运放的同相输入端。扩展为多量程的实际电路如图4-2-8所示。

放大器的输出端接量程为150 mV 的电压表，它由100 μA 表头和$R_2 = 1.5$ kΩ 的电阻（包括表头内阻）串联而成。选取$R_1 = 5$ kΩ，$R_{F1} = 25$ kΩ，当输入电压$U_+ = 25$ mV 时，输出

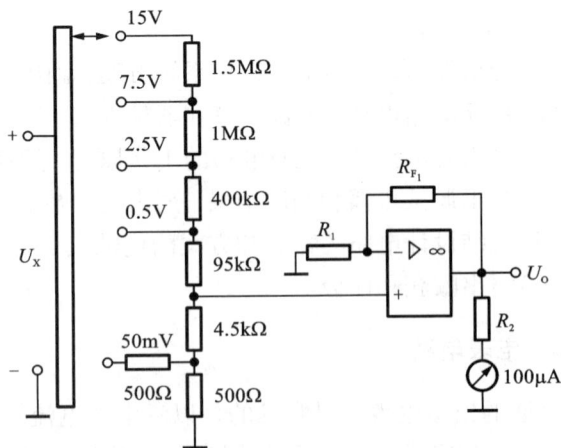

图 4 - 2 - 8　同相输入式直流电压表电路

$$U_O = \left(1 + \frac{R_F}{R_1}\right) U_+ = \left(1 + \frac{25}{5}\right) \times 25 \text{ mV} = 150 \text{ mV}$$

此时电压表达到满量程，100 μA 表头读数为最大。

由图 4 - 2 - 8 可知，同相输入方式的运放输入电阻非常大，所以电路可看作是内阻无穷大的直流电压表，它几乎不从被测电路吸收电流。通过电阻分压器可扩大量程，分压后的各电压在同相输入端的 U_+ 值均不超过 25 mV。

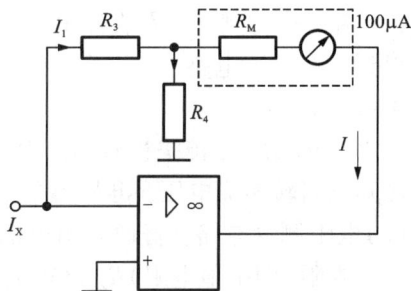

图 4 - 2 - 9　直流电流表电路

（2）直流电流表。直流电流表测量的实质是将直流电流换成电压。仿照直流电压表的构成原理，电流表把表头接在运放的输出端，通过改变反馈电阻即可改变电流表的量程。由于电流表希望内阻越小越好，所以被测电流 I_X 常由运放的反相输入端加入。电路如图 4 - 2 - 9 所示。

由虚短原则 $U_- = U_+$，可推导出表头流过的电流与被测电流的关系为

$$I = \left(1 + \frac{R_3}{R_4}\right)I_X$$

可见，被测电流 I_X 小于流过表头的电流 I，所以提高了电流表的灵敏度。利用运放和 100 μA 的表头构成的直流电流表，按照设计要求，量程应为 10μA，选取 $R_3 = 27$ kΩ，$R_4 = 3$ kΩ 即可。

（3）交流电压表。精密半波整流交流电压表电路如图 4 - 2 - 10 所示，它由精密半波整流电路和分压电阻构成。因为被测电压为交流，所以接在运放输出端的是交流电压表。

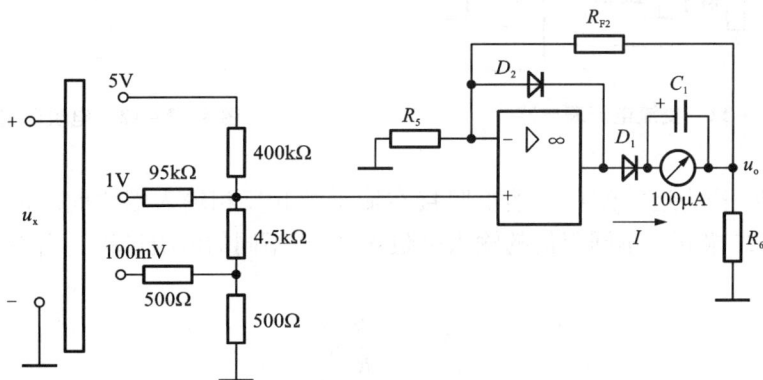

图 4 - 2 - 10　交流电压表电路

图 4 - 2 - 10 右半部分即为精密半波整流电路，选取 $R_5 = 5$ kΩ，$R_6 = 3$ kΩ，$R_{F2} = 25$ kΩ。整流二极管 D_1、D_2 选取型号 2CZ53C。它相当于量程为 50 mV、内阻接近无穷大的交流电压表。当同相输入端电压的有效值为 $U_+ = 50$ mV 时，输出电压为半波整流电压，其平均值为

$$U_O = 0.45\left(1 + \frac{R_{F2}}{R_5}\right)U_+ = 0.45\left(1 + \frac{R_{F2}}{R_5}\right)K_i U_X$$

其中，U_X 为被测交流电压有效值，K_i 为不同量程的分压系数。图 4 - 2 - 10 中流过微安表的电流 I 是被测交流电压经整流而形成的，与 U_X 成正比，所以测量 I 即是测量 U_X。由于 I 为直

流，故交流电压表的刻度是均匀的。

（4）交流电流表。在对交流电流进行测量时，常先将它们进行整流，使交流电流变成直流量，然后再进行测量。在直流电压表的基础上将二极管整流电路接在运放的反馈回路中，即可得到全波整流电路。若要测量较大电流，则需扩大电流表的量程，多量程的交流电流表如图 4 - 2 - 11 所示。

取 $R_7 = 91\ \Omega$，整流二极管 D_3、D_4、D_5、D_6 选取型号 2CZ53C。其测量的实质是将被测电流经已知电阻转换成电压，再利用电压表进行测量。

（5）电阻测量电路。普通万用表的欧姆挡有测量精度不高的问题：当被测电阻 R_X 与该挡的等效内阻（即中值电阻）R_Z 比较接近时，测量值较准确，但当 $R_X \gg R_Z$ 时，只能大概估计 R_X 的阻值，因为其刻度不均匀。利用运放构成的欧姆表，可使测量电阻的精度大大提高，并可获得线性刻度。

由反相比例接法的运放及其外围电路构成的电阻测量电路如图 4 - 2 - 12 所示。

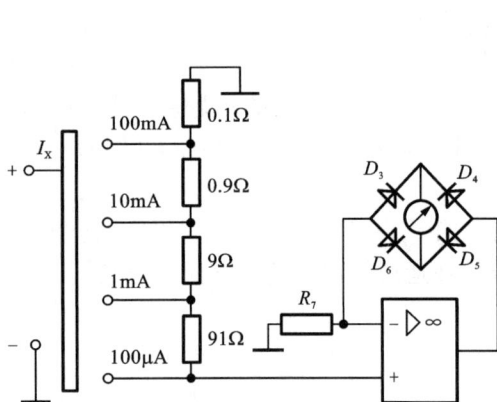

图 4 - 2 - 11　交流电流表电路　　　　　　图 4 - 2 - 12　电阻测量电路

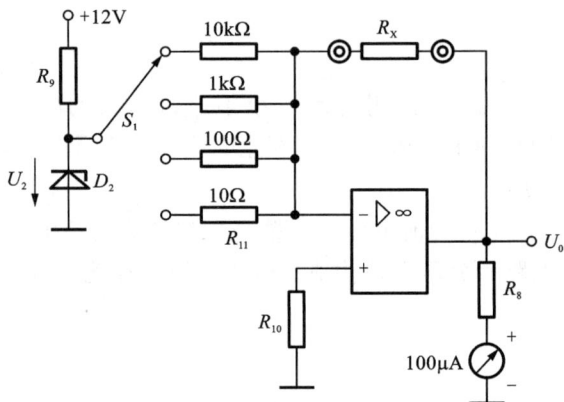

被测电阻 R_X 作为运放的负反馈电阻接在输出端和反相输入端之间。输入信号电压 U_Z 固定，取自稳压二极管。不同阻值的输入电阻 R_{11} 组成不同的电阻量程。当 U_Z 和 R_{11} 已知时，有输出电压

$$U_O = -\frac{R_X}{R_{11}}U_Z$$

上式表明，U_O 与被测电阻 R_X 成正比，由线性欧姆刻度的电压表即可读出电阻的阻值

$$R_X = -\frac{U_O}{U_Z}R_{11}$$

式中 $U_O < 0$。选取型号为 2CW51 的稳压二极管，稳压电压约为 3V。

4. 实验与调试

（1）直流电压表。按照设计电路图接好电路，注意集成运放各管脚连接正确。输入端接直流稳压电源，观测输出端的 100 μA 表头的读数。观测在输入电压为 15 V 时，表头是否达满量程。由于选用的是标称电阻，与设计电阻阻值有所偏差，输出存在着一定的偏差，在允许误差范围之内。

（2）直流电流表。按照设计电路图接好电路。观测输出端的 100 μA 表头的读数，观测在输入电流为 10 μA 时，表头是否达满量程。

（3）交流电压表。按照设计电路图接好电路。输入端接低频信号发生器，调节低频信号发生器的幅值和频率，观测输出端表头的读数。

（4）交流电流表。在全波整流输入端接低频信号发生器，观测表头的读数。

（5）电阻测量电路。按照设计电路图接好电路，分别测量电阻元件，将量程打到不同挡位，观测表头的读数。

5. 元器件清单

逻辑信号电平测试器电路中所有使用的电子元器件如表 4 - 2 - 2 所示。

表 4 - 2 - 2　电表电路部分元器件清单

序号	名　称	符　号	型　号	数　目
1	电阻	R_1, R_5	5 kΩ	2
2	电阻	R_2	1.5 kΩ	1
3	电阻	R_3	27 kΩ	1
4	电阻	R_4, R_6	3 kΩ	2
5	电阻	R_7	91 Ω	1
6	电阻	R_8	500 Ω	1
7	电阻	R_9	1 kΩ	1
8	电阻	R_{F1}, R_{F1}	25 kΩ	2
9	电容	C_1	47 μF	1
10	整流二极管	D_1, D_2, D_3, D_4, D_5, D_6	2CZ53C	6
11	二极管	D_7, D_8	2CK1	2
12	稳压二极管	D_Z	2CW51	1
13	运放		F004	4
14	磁电式电流表		100 μA	1
15	直流稳压电源			1

说明：设计中用来设计量程的电阻值均未列出。运放 F004 的引脚排列如图 4 - 2 - 13 所示。

6. 设计任务

（1）分析课题设计内容，选择系统方案，画出方框图。

（2）单元电路设计、参数计算和器件选择。

（3）画出总电路图，说明电路的工作原理。

（4）写出调试步骤和调试结果，列出实验数据，对实验数据和电路的工作情况进行分析。

（5）总结设计电路的特点和方案的优缺点，提出改进意见。

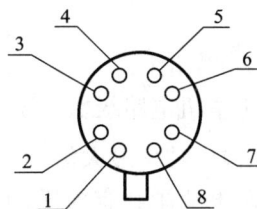

图 4 - 2 - 13　F004 的管脚排列图

2—反相输入端；3—同相输入端；4—负电源端；5—消除自激端；6—输出端；7—正电源端；1、8—调零端

（6）写出收获和体会。

4.2.3　集成音响放大器

1. 设计内容和要求

设计一个音响放大器，要求如下：

（1）要求具有音调控制、卡拉OK伴唱、对话筒与录音机输出信号进行扩音。

（2）已知条件：$+V_{CC}=9$ V，话筒（低阻20 Ω）的输出电压5 mV，录音机输出信号200 mV。

（3）主要技术指标。

输出功率 $P_0 \leqslant 1$ W $(\gamma \leqslant 3\%)$。

负载阻抗 $R_L = 8$ Ω。

频率响应 $f_L \sim f_H = 40$ Hz ~ 10 kHz。

音调控制特性1 kHz处增益为0 dB，100 Hz和10 kHz处有 ±12 dB 的调节范围，$A_{uL} = A_{uH} \geqslant +20$ dB。

输入阻抗 $R_i \gg 20$ kΩ。

2. 电路总体设计方案

音响放大器一般基本组成框图如图4 – 2 – 14所示。它由话筒放大器、磁带录音机、混合前置放大器、音调控制器和功放五部分构成。

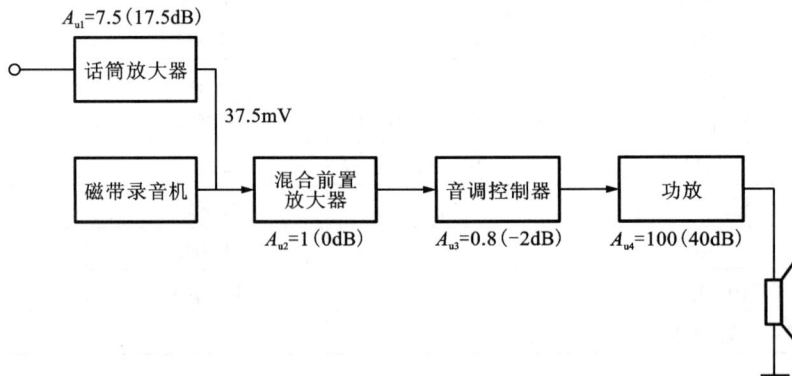

图4 – 2 – 14　音响放大器框图

（1）方案论证。

确定整机电路级数，分配各级电压增益。话筒输入信号较弱，根据题意，输入信号为5 mV时，输出功率最大值为1 W。因此电路系统总电压增益 $A_{u\Sigma} = \sqrt{P_0 R_L}/u_i = 566(55$ dB$)$。由于实际电路中会有损耗，应留有裕量，故取 $A_{u\Sigma} = 600(55.6$ dB$)$。

下面进行各级增益分配：

①音调控制级在 $f = 1$ kHz 时，增益为1(0 dB)，但实际电路有可能衰减，取 $A_{u3} = 0.8(-2$ dB$)$。

②集成功放电路增益应较大，取 $A_{u4} = 100(40$ dB$)$。

③混合级，一般采用集成运放组成，但受到增益带宽限制，增益不宜过大，取 $A_{u2} = 1$。

④话筒放大级，采用集成运放电路构成。

$$A_{u1} = \frac{A_{u\Sigma}}{A_{u4}A_{u3}A_{u2}} = 7.5(17.5 \text{ dB})$$

（2）电路论证分析。

①功率放大电路。本设计采用 LA4102，其典型输出功率为 1.4 W，闭环增益为 45 dB，可满足要求。

②音调控制器。音调控制器是控制、调节音响放大器输出频率高低的电路，其控制曲线如图 4 – 2 – 15 中折线所示。

图中　$f_o = 1$ kHz——中音频率，要求增益 $A_{uo} = 0$ dB；

　　　$f_{L1} = 1$ kHz——低音转折频率，一般为几十赫兹；

　　　$f_{L2} = 10 f_{L1}$——中音频转折频率；

　　　$f_{H1} = 1$ kHz——中音频转折频率；

　　　$f_{H2} = 10 f_{H1}$——高音频转折频率，一般为几十千赫兹。

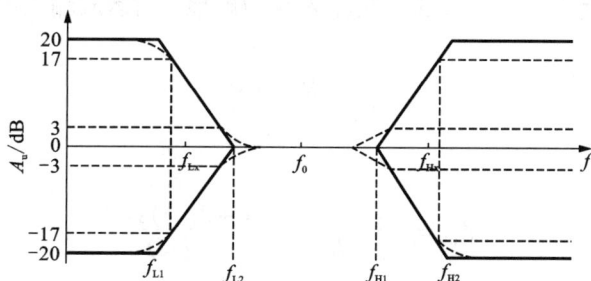

图 4 – 2 – 15　音调控制曲线

从图中可见，音调控制器只对低音频或高音频进行提升或衰减，中音频增益保持不变，音调控制器由低通滤波器和高通滤波器共同组成。采用集成运放构成的音调控制器如图 4 – 2 – 16 所示。

设 $C_1 = C_2 \gg C_3$，在中、低音频区，C_3 可视开路，在高音频区，C_1、C_2 可视为短路。

a. 当 $f < f_0$ 时，音调控制器低音频等效电路如图 4 – 2 – 17 所示，其中图 4 – 2 – 17（a）为 RP_1 的滑臂在最左端，对应于低音频提升最大的情况，图 4 – 2 – 17（b）为 RP_1 滑臂在最右端，对应于低音频衰减最大情况。图 4 – 2 – 17（a）实质上是一个一阶有源低通滤波器，其传递函数表达式为：

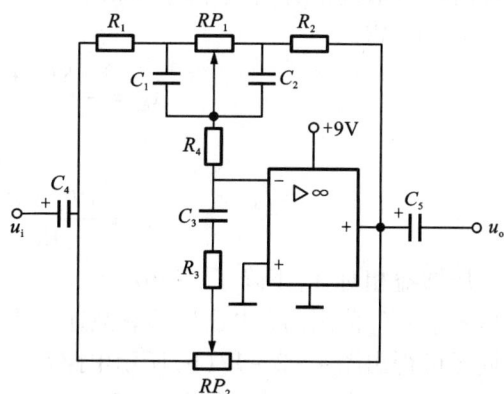

图 4 – 2 – 16　音调控制电路

$$\dot{A}(S) = \frac{\dot{U}_o}{\dot{U}_i} = -\frac{RP_1 + R_2}{R_1} \cdot \frac{1 + j\omega/\omega_2}{1 + j\omega/\omega_1}$$

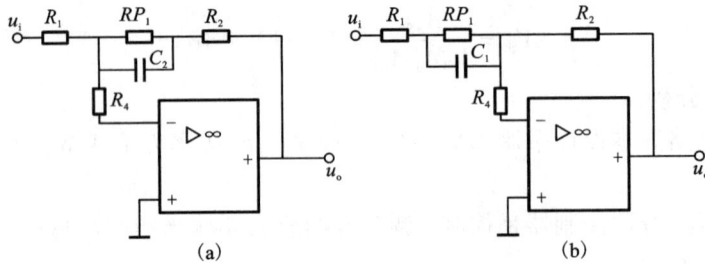

图 4 − 2 − 17　音调控制器低频等效电路

式中

$$\omega_1 = \frac{1}{RP_1 C_2} \quad 或 \quad f_{L1} = \frac{1}{2\pi RP_1 C_2}$$

$$\omega_2 = \frac{RP_1 + R_2}{RP_1 R_2 C_2} \quad 或 \quad f_{L2} = \frac{RP_1 + R_2}{2\pi RP_1 R_2 C_2}$$

$f < f_{L1}$ 时，C_2 可视为开路，运放的反相输入端为虚地，因运放输入电流 $I \approx 0$，R_4 影响可忽略，此时电压增益为：

$$A_{uL} = \frac{RP_1 + R_2}{R_1}$$

$f = f_{L1}$ 时，得

$$\dot{A}_{u1} = -\frac{RP_1 + R_2}{R_1} \frac{(1 + 0.1j)\,\Omega}{(1 + j)\,\Omega}$$

模为

$$A_{u1} = \frac{RP_1 + R_2}{\sqrt{2}\,R_1} = \frac{A_{uL}}{\sqrt{2}}$$

此时电压增益相对 A_{uL} 下降了 3 dB。

$f = f_{L2}$ 时，得

$$\dot{A}_{u2} = -\frac{RP_1 + R_2}{R_1} \frac{(1 + j)\,\Omega}{(1 + 10j)\,\Omega}$$

模为

$$A_{u2} = \frac{RP_1 + R_2}{R_1} \frac{\sqrt{2}}{10} = 0.14 A_{uL}$$

此时电压增益相对 A_{uL} 下降了 17 dB。

$f_{L1} < f_{Lx} < f_{L2}$ 范围内，电压增益衰减速率为 −20 dB/10 倍频程。

同样可得出图 4 − 2 − 17(b) 所示电路表达式，其增益相对于中频为衰减量。音调控制器工作在低音频时，幅频特性如图 4 − 2 − 15 左半部虚线所示。

b. 当 $f > f_o$ 时，音调控制器高音频等效电路如图 4 − 2 − 18(a) 所示。在高音频段 C_1、C_2 可视为短路，R_4 与 R_1、R_2 组成星形联结，为分析方便，将其转换成三角形联结后的等效电路如图 4 − 2 − 18(b) 所示。

电阻关系式为

$$R_a = R_1 + R_4 + (R_1 R_4 / R_2)$$

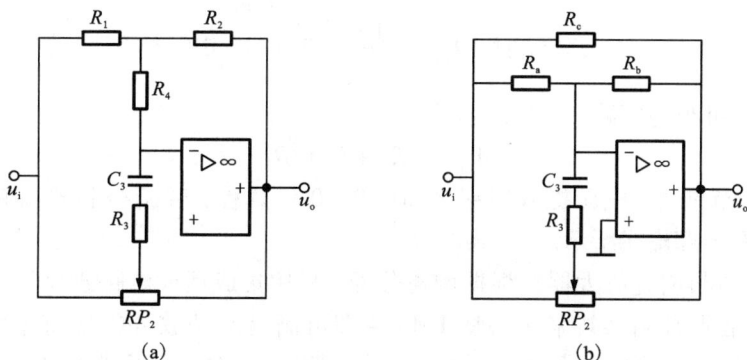

图 4-2-18　音调控制器高频等效电路

$$R_b = R_2 + R_4 + (R_2 R_4 / R_1)$$
$$R_c = R_1 + R_2 + (R_1 R_2 / R_4)$$

若取 $R_1 = R_2 = R_4$，则

$$R_a = R_b = R_c = 3R_1 = 3R_2 = 3R_4$$

这时高频等效电路如图 4-2-19 所示，图 4-2-19(a) 为 RP_2 的滑臂在最右端时，对应于高频提升最大的情况，图 4-2-19(b) 为 RP_2 滑臂在最左端时，对应于高频衰减最大的情况。该电路为一阶有源高通滤波器，其传递函数表达式为

$$\dot{A}(S) = \frac{\dot{U}_o}{\dot{U}_i} = -\frac{R_b}{R_a} \frac{1 + j\omega / \omega_3}{1 + j\omega / \omega_4}$$

$$\omega_3 = \frac{1}{(R_a + R_3) C_3} \quad 或 \quad f_{L1} = \frac{1}{2\pi (R_a + R_3) C_3}$$

$$\omega_4 = \frac{1}{R_3 C_3} \quad 或 \quad f_{H2} = \frac{1}{2\pi R_3 C_3}$$

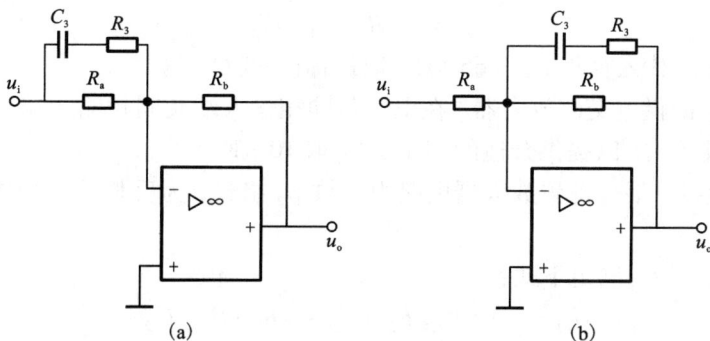

图 4-2-19　高频等效电路

通过低频等效电路相同方法分析，可得到以下关系式：

$f < f_{H1}$ 时，C_3 可视为开路，$A_{u0} = 1(0\ \mathrm{dB})$

$$f = f_{H1} 时，A_{u3} = \sqrt{2}A_{u0} = 1.4(2.9 \text{ dB})$$

$$f = f_{H2} 时，A_{u4} = \frac{10}{\sqrt{2}A_{u0}} = 7.1(17 \text{ dB})$$

$f > f_{H2}$ 时，C_3 可视为短路，电压增益为

$$A_{uH} = (R_a + R_3)/R_3$$

$f_{H1} < f_{Hx} < f_{H2}$ 范围内，电压提升速率为 20 dB/10 倍频程，音调控制器高频时幅频特性如图 4－2－15 中右半部虚线所示。

③话筒放大器与前置放大器。根据增益分配，采用集成运放电路改变外接电阻可方便实现增益调整。与音调控制器共采用一块 LM324 即可满足除功放外的所有电路功能，电路简单，价格低廉。虽然它的频带很窄(增益为 1 时，带宽 1 MHz)，因放大倍数不大，代入公式 $GB = A_{0d}f_H$，计算满足 $f_H = 10$ kHz 的要求。

3. 单元电路的设计

(1)话筒放大器电路。话筒放大电路由集成运放 N_1 及外围电路组成，如图 4－2－20 所示。

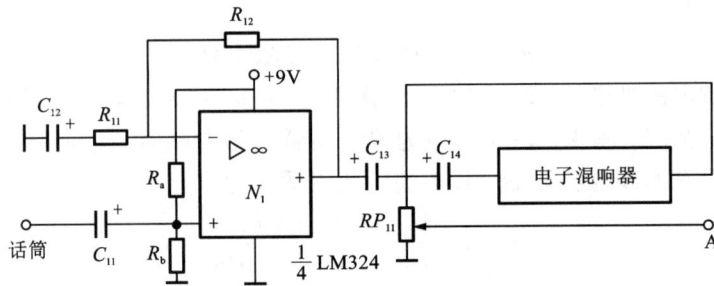

图 4－2－20　话筒放大电路

图中耦合隔直电容 $C_{11} = C_{13}$ 取 10 μF，RP_{11} 为话筒放大后音量调节电位器，取 10 kΩ。

根据级间增益分配 $A_{u1} = 7.5$，该电路为同相输入放大器。

$$A_{u1} = 1 + R_{12}/R_{11} = 7.5$$

取 $R_{11} = 10$ kΩ，代入算得 $R_{12} = 65$ kΩ，取标称值 68 Ω，这时 $A_{u1} = 7.8$。

该电路为单电源供电交流放大器，在电源与同相输入端及同相输入端与地之间，各接入 10 kΩ 电阻给集成运放，以提供合适的偏压。C_{12} 取 10 μF。

(2)混合前置级。混合前置放大器电路由运放 N_2 组成，为反相输入加法器电路。如图 4－2－21 所示。

混合级输出电压 U_{o2} 满足下式：

$$U_{o2} = -\left[(R_{22}/R_{21})U_{o1} + (R_{22}/R_{23})U_{i2}\right]$$

根据增益分配，混合级输出电压 $U_{o2} \geqslant 37.5$ mV，而话筒放大器输出 U_{o1} 已达到 U_{o2} 的要求，即 $U_{o1} = A_{u1}U_{i1} = (7.8 \times 0.5)$ mV $= 39$ mV，所以取 $R_{21} = R_{22} = 39$ kΩ。

录音机插孔输出的信号 U_{i2} 一般为 100 mV，已远大于 U_{o1} 的要求，要对 U_{i2} 进行适当衰减，否则会产生限幅失真(截顶失真)。取 R_{23} 为 100 kΩ，为使音量可调，电位器 RP_{21} 取 10 kΩ。

(3)音调控制器设计。音调控制器由运放 N_3 及外围电路组成。如图 4－2－22 所示。

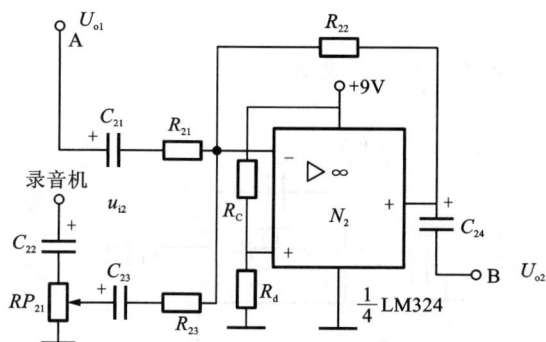

图 4 – 2 – 21 混合前置级电路

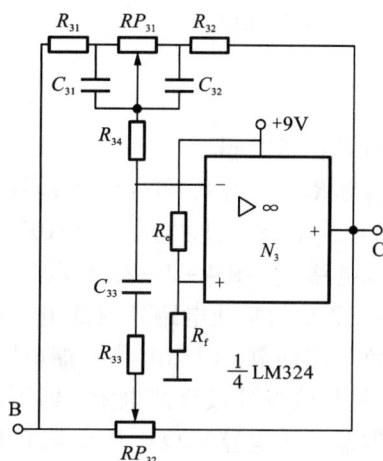

图 4 – 2 – 22 音调控制器电路

根据题意，100 Hz 和 10 kHz 处有 ±12 dB 调节范围，即 $f_{Lx} = 100$ Hz，$x = 12$ dB，得

$$f_{L2} = f_{Lx} \times 2^{x/6} = 100 \text{ Hz} \times 2^{12/6} = 400 \text{ Hz}$$

则
$$f_{L1} = f_{L2}/10 = 40 \text{ Hz}$$

又
$$f_{L1} = 10 \text{ kHz} \qquad x = 12 \text{ dB}$$

$$f_{H1} = f_{Lx}/2^{\frac{x}{6}} = 10 \text{ kHz}/2^{12/6} = 2.5 \text{ kHz}$$

则
$$f_{H2} = 10 f_{H1} = 25 \text{ kHz}$$

因此
$$A_{uL} = \frac{RP_{31} + R_{32}}{R_{31}} \geqslant 20 \text{ dB}$$

R_{31}、R_{32}、RP_{31} 不能取得太大，否则运放漂移电流影响不能忽略不计。同时也不能太小，否则流过电流将超出运放输出能力。一般取几千欧至几百千欧。取 $RP_{31} = 470$ kΩ，$R_{31} = R_{32} = 47$ kΩ，取值正确与否代入进行验算。

$$A_{uL} = \frac{RP_{31} + R_{32}}{R_{31}} = \frac{470 + 47}{47} = 11(20.8 \text{ dB})$$

满足设计要求。

求得 C_{32} 值

$$f_{L1} = 1/(2\pi RP_{31}C_{32})$$
$$C_{32} = 1/(2\pi RP_{31}f_{L1}) = 0.008 \text{ μF}$$

取标称值 0.01 μF，$C_{31} = C_{32} = 0.01$ μF

可得

$$R_a = R_b = R_c = 3R_1 = 3R_2 = 3R_4$$
$$R_{34} = R_{31} = R_{32} = 47 \text{ kΩ}$$
$$R_a = 3R_4 = 141 \text{ kΩ}$$

因此

$$A_{uH} = (R_a + R_3)/R_3 \geqslant 10$$
$$R_3 \approx R_a/10 = 14.1 \text{ kΩ}$$

取标称值 $R_{33} = 13 \text{ k}\Omega$

得
$$f_{H2} = 1/(2\pi R_{33} C_{33})$$
$$C_{33} = 1/(2\pi R_{33} f_{H2}) = 490 \text{ pF}$$

取标称值 $C_{33} = 510 \text{ pF}$。

RP_{32} 与 RP_{31} 等值取 470 kΩ，级间耦合与隔直电容 $C_{24} = C_{41}$，取 10 μF。

（4）功放电路设计。采用 LA4102 构成的功放集成电路，如图 4 – 2 – 23 所示。

LA4102 功放集成电路其内部电路中有电压串联负反馈环节，内部电路反馈电阻 R_r 为 20 kΩ，只要改变外接反馈电阻，即可改变集成功放增益。该电路接成电压串联负反馈形式，外接反馈电阻可由下式计算：

$$A_{u4} = 1 + \frac{R_r}{R_F} \approx \frac{R_r}{R_F} = 100$$

R_F 取 200 Ω

C_F 起隔直作用，使电路组成交流电压串联负反馈电路，C_F 取 33 μF。

C_B 起相位补偿作用，用于消除高频自激振荡，一般取几十皮法。C_B 在此取 51 pF。

C_C 为 OTL 电路输出电容，两端充电电压为 $V_{CC}/2$，一般取耐压大于 $V_{CC}/2$ 的几百微法电容。C_{CC} 取耐压 25 V，470 μF 电解电容。

图 4 – 2 – 23　功放电路

C_D 为反馈电容，用于消除自激振荡，一般取几十至几百皮法。C_D 在此取 560 pF。

C_E 为自举电容，使集成电路内部输出复合管的导通电流不随输出电压升高而减小。C_H 取耐压 25 V，220 μF 电解电容。

C_{43}、C_{44} 用于消除纹波，一般取几十～几百微法。C_{43} 取 220 μF，C_{44} 取 100 μF 电解电容。

C_{42} 起电源退耦滤波作用，用于消除低频自激振荡，C_{42} 取 100 μF 电解电容。

4．总电路图

音响放大器总电路图如图 4 – 2 – 24 所示。

5．仿真

整个电路可以分模块来仿真调试，以音调控制电路为例，仿真电路如图 4 – 2 – 25 所示。当音调控制器工作在低音频时，幅频特性如图 4 – 2 – 26 所示。

6．实验与调试

（1）额定功率调试。

按照电路图接好，功率放大器的输出接额定负载电阻 R_L（代替扬声器）。音调控制器的两个电位器 RP_{31}、RP_{32} 置于中间位置，音量控制器电位器 RP_{11} 置于最大值。输入端接信号发生器输出。信号发生器输出频率 f 为 1 kHz，输出电压 U_i 为 20 mV。逐渐增大输入电压，用双踪示波器观测输入、输出端的波形变化。增大电压直到输出电压的波形刚好不出现失真，此时对应的输出电压为最大输出电压。由 $P_0 = U_0^2/R_L$ 可以算出额定功率。注意：最大输出电

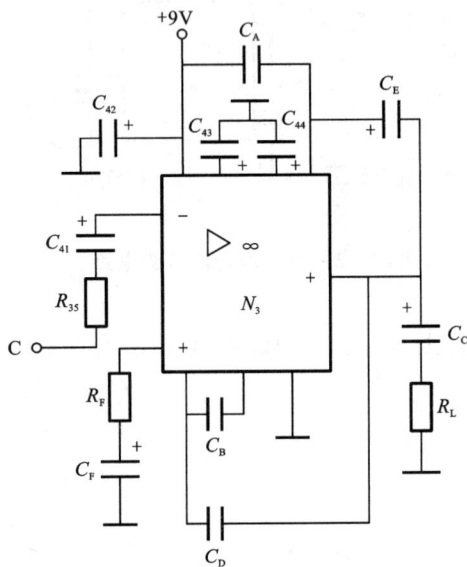

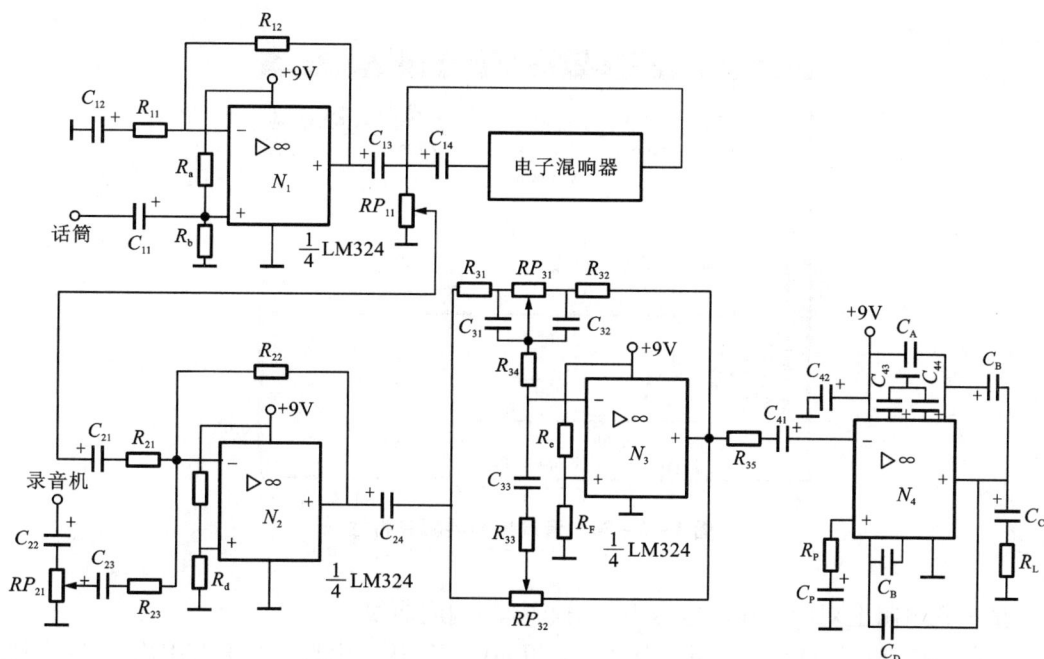

图 4 - 2 - 24　音响放大器总电路图

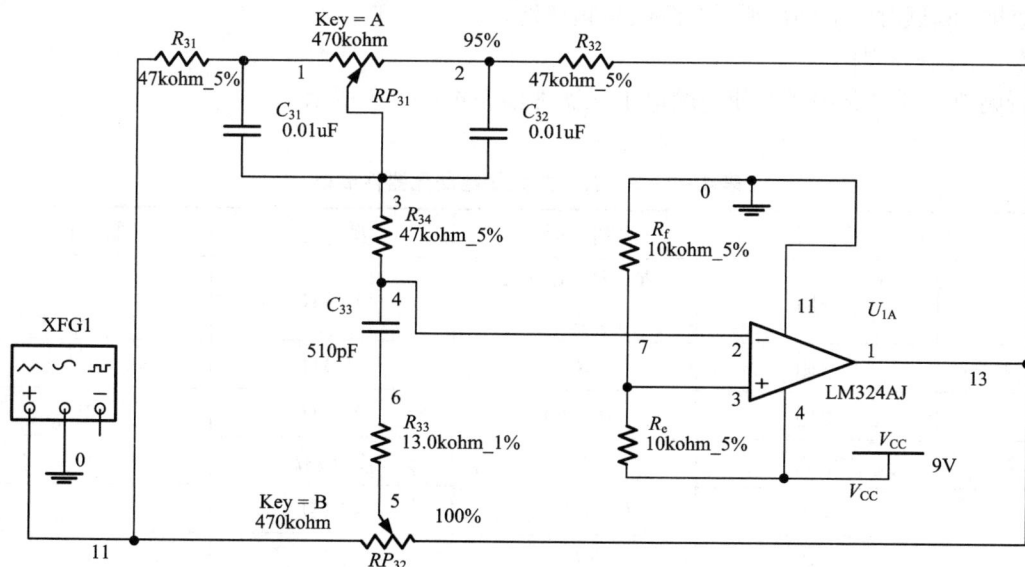

图 4 - 2 - 25　音调控制仿真电路

压测量后迅速减少输入电压，以免因测量时间太久损害功率放大器。

（2）放大器频率响应调试。音调控制器的两个电位器置于中间位置，音量控制器电位器 RP_{11} 置于最大位置，调节 RP_{11} 使输出电压约为 50%。话筒放大器的输入端接信号发生器，输入电压 U_i 为 20 mV，输出端接音调控制器，使信号发生器的输出频率 f 从 20 Hz～50 Hz 变

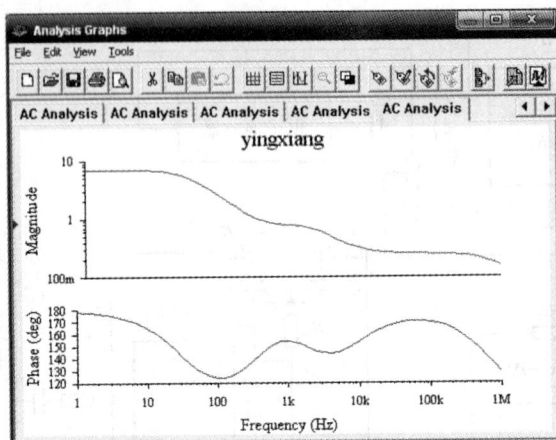

图 4 - 2 - 26　音调控制器幅频特性

化,测试负载电阻上对应的输出电压 U_o,分析频率响应曲线。

(3)音调控制特性调试。输入电压 U_i 为 20 mV, U_o 从输出端耦合电容引出,将音调控制器的滑臂 RP_{31} 分别置于最左端和最右端,频率从 20 Hz ~ 1 kHz 变化,测试对应的输出增益,可以测试低频特性。将音调控制器的滑臂 RP_{32} 分别置于最左端和最右端,频率从 20 Hz ~ 1 kHz 变化,测试对应的输出增益,测试高频特性。

7. 元器件清单

音响放大器电路中所有使用的电子元器件如表 4 - 2 - 3 所示。

表 4 - 2 - 3　音响放大器电路元器件清单

序号	名　称	符　号	型　号	数　目
1	电阻	$R_{11},R_a,R_b,R_c,$ R_d,R_e,R_f	10 kΩ	7
2	电阻	R_{12}	68 kΩ	1
3	电阻	R_{21},R_{22}	39 kΩ	2
4	电阻	R_{23}	100 kΩ	1
5	电阻	R_{31},R_{32},R_{34}	47 kΩ	3
6	电阻	R_{33}	13 kΩ	1
7	电阻	R_{35}	1 kΩ	1
8	电阻	R_P	200 Ω	1
9	电阻	R_L	8 Ω	1
10	可变电阻	RP_{11},RP_{21}	10 kΩ	2
11	可变电阻	RP_{31},RP_{32}	470 kΩ	2

序号	名　称	符　号	型　号	数　目
12	电容	C_{11} , C_{12} , C_{13} , C_{14} , C_{21} , C_{22} , C_{23} , C_{24} , C_{41}	10 μF	9
13	电容	C_{31} , C_{32}	0.01 μF	2
14	电容	C_{33}	510 pF	1
15	电容	C_{42} , C_{44}	100 pF	2
16	电容	C_{43}	200 μF	1
17	电容	C_A	0.15 μF	1
18	电容	C_B	51 pF	1
19	电容	C_C	470 μF	1
20	电容	C_D	560 pF	1
21	电容	C_E	220 μF	1
22	电容	C_F	33 μF	1
23	集成运放	N_1 , N_2 , N_3	$\frac{1}{4}$LM324	3
24	集成运放	N_4	LA4102	1

说明：LM324 的管脚排列参见 2.3.2，LA4102 的管脚排列如图 4 - 2 - 28 所示。

8. 设计任务

（1）分析课题设计内容，选择系统方案，画出方框图。

（2）单元电路设计、参数计算和器件选择。

（3）画出总电路图，说明电路的工作原理，运用仿真软件仿真运行。

（4）写出调试步骤和调试结果，列出实验数据，对实验数据和电路的工作情况进行分析。

（5）总结设计电路的特点和方案的优缺点，提出改进意见。

（6）写出收获和体会。

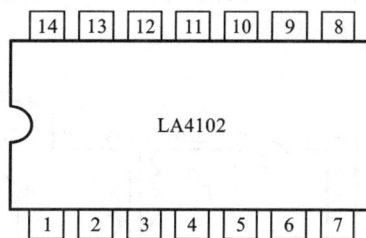

图 4 - 2 - 27　LA4102 引脚排列图

1—输出端；3—接地；4、5—消振；6—反相输入端；9—同相输入端；10、12—退耦滤波；8—公共射极电位；13—接自举电容；14—正电源；2、7、11—空脚

4.2.4　简易镍氢电池自动恒流充电器

1. 设计内容和要求

设计一个简易镍氢电池自动恒流充电器电路，要求：

（1）要求电路以恒定的电流对多个电池进行充电。

（2）要求电路当电池充满时，能够自动停止充电以防过充。

（3）要求电路能够在 1~4 节的范围内手动选择充电电池的节数。

2. 电路总体设计方案

简易镍氢电池自动恒流充电电路的
总体结构框图如图 4 - 2 - 28 所示。它是
由电源电路、恒流充电电路、充电检测
自动断电电路、充电状态指示电路四部
分构成。

电源电路的功能是将公共电网中的
220 V 交流电转换为合适的直流电压为

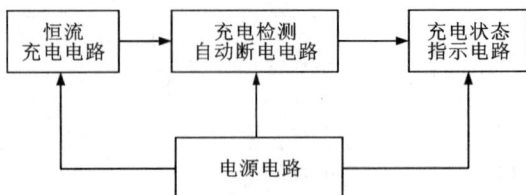

图 4 - 2 - 28　简易电池自动恒流充电电路的总体框图

后续电路提供电源，其中一路经稳压后为运算放大器电路提供直流电源。恒流产生电路的功
能是产生恒定的充电电流对电池充电。充电检测和自动断电电路的功能是电池充满电时，利
用集成运算放大器输出低电平，调整管截止，切断电源，LED 熄灭，从而实现电路电池充满
电时能够自动切断电源。充电状态指示电路的功能是指示电池是否在充电，充电时 LED 亮，
充满了 LED 不亮。

3. 单元电路的设计

（1）电源电路的设计。电源电路原理图如图 4 - 2 - 29 所示，其主要由变压器 T、整流桥
D、电容 C_1，C_2、三端稳压器 CW7812 及电容 C_3，C_4 构成。其中变压器采用常规的铁芯变压
器，并将公共电网中的 220 V 交流电变为 12 V 交流电，再通过整流桥 D 进行整流和电容 C_1、
C_2 滤波，所得整流信号一路由 VC_1 引出为后续电路提供电源；一路经三端稳压器 CW7812 后
为运算放大器电路提供 +12 V 的直流电压。图中电容 C_1，C_2，C_3，C_4 为滤波电容，FU 为熔
断器，K_1 为开关。

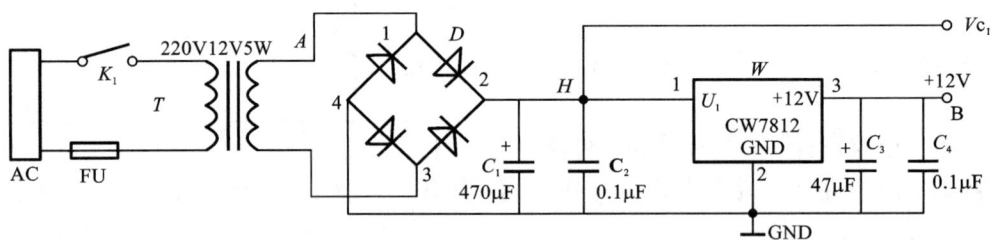

图 4 - 2 - 29　电源电路

（2）恒流电路的设计。如图 4 - 2 - 30 所示，由稳压管
VZ_1、晶体管 VT_1、电阻 R_1、电容 C_5 构成的晶体管电流源提供

恒定电流，$I_C \approx I_E = \dfrac{U_{VZ1} - U_{BE1}}{R_1}$。取稳压管 VZ_1 电压为 5 V，R_1

为 51 Ω，此时 $I_C \approx 100$ mA，作为电路的充电电流。C_5 的作用
是限流保护。R_1 是晶体管 VT_1 发射极电阻提供恒流。

（3）充电自动检测电路及指示电路的设计。充电自动检
测电路及指示电路的原理图如图 4 - 2 - 31 所示，充电自动检
测电路由三极管 VT_2、电压跟随器 A_1、电压比较器 A_2、电阻

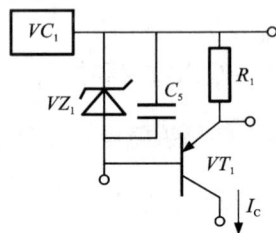

图 4 - 2 - 30　恒流源电路

R_4、R_5、R_6、R_7、R_8、R_9、R_{10}、R_{11}、可变电阻 RP_1 和稳压管 VZ_2 构成。当充电开始时，电压比较器 A_2 输出高电平，VT_2 导通，VT_1 也导通，指示灯 LED 亮，电路以恒定的电流给电池充电。可以先设定转换开关为 1 时给一节电池充电，转换开关为 2 时给二节电池充电，依次类推，通过转换开关利用手动实现对 1 ~ 4 节电池充电。当电池充满时，电压比较器 A_2 输出低电平，VT_2 截止，VT_1 不导通，指示灯 LED 熄灭，充电完毕。图中 R_2，R_3，R_9，R_{11} 为限流电阻，R_4，R_5，R_6，R_7，R_8 为分压电阻，可变电阻 RP_1 和稳压管 VZ_2 为电压比较器 A_2 提供 1.2 V 的参考电压，电压跟随器 A_1 为电压比较器 A_2 提供输入电压。通过 VT_1，VT_2 的导通与截止，利用 LED 亮与否判断电池是否充满了电。

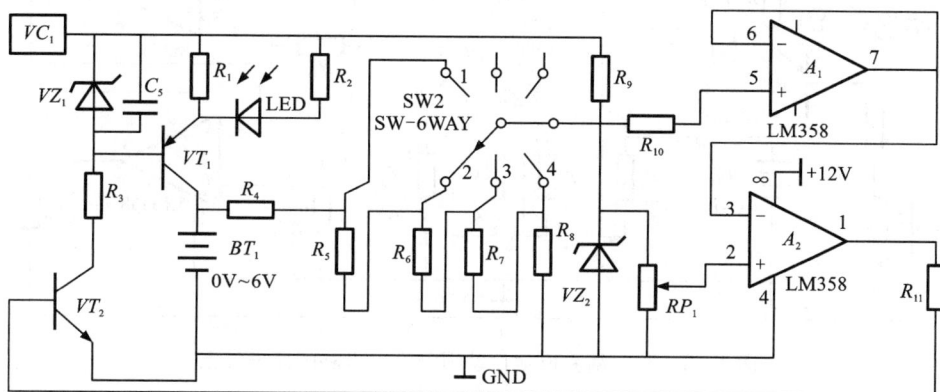

图 4 – 2 – 31　自动充电检测电路和指示电路

4. 简易充电器总电路原理图

简易电池自动恒流充电电路的总电路图如图 4 – 2 – 32 所示。总电路图中需要注意的是各个单元电路之间的连接一定要准确，同时各部分的布局要合理。

5. 实验与调试

(1)电源电路的调试。如图 4 – 2 – 29 所示连接好电路后，变压器应将公共电网中的 220 V 交流电变为 12 V 交流电，如果在 A 点与地连接示波器应该观察到幅值为 12 V 的正弦波。经过整流桥 D 进行整流和电容 C_1、C_2 滤波后，用万用表在 H 点应该测得 $U_H \approx 14.14$ V 的直流电压值，再经三端稳压器 CW7812 后在 B 点应该测得 $U_B = +12$ V 的直流电压。如果达不到要求就必须检查元器件是否是好的，参数选择是否合适；电路是否连接正确、到位。

(2)恒流电路的调试。如图 4 – 2 – 30 所示，连接好电路，选定参数，用万用表测得 $I_C \approx$ 100 mA。

(3)充电自动检测电路及指示电路的调试。如图 4 – 2 – 31 所示，连接好电路，充电开始时可以先把转换开关打到 1 时给一节电池充电，可变电阻 RP_1 和稳压管 VZ_2 为电压比较器 A_2 提供 1.2 V 的参考电压，此时指示灯 LED 应该亮，当电池不充电或充满时指示灯 LED 应该熄灭。如果不是这样，应检查元器件是否是好的，参数选择是否合适；电路是否连接正确、到位。

6. 元器件清单

简易电池自动恒流充电电路中所有使用的电子元器件如表 4 – 2 – 4 所示。

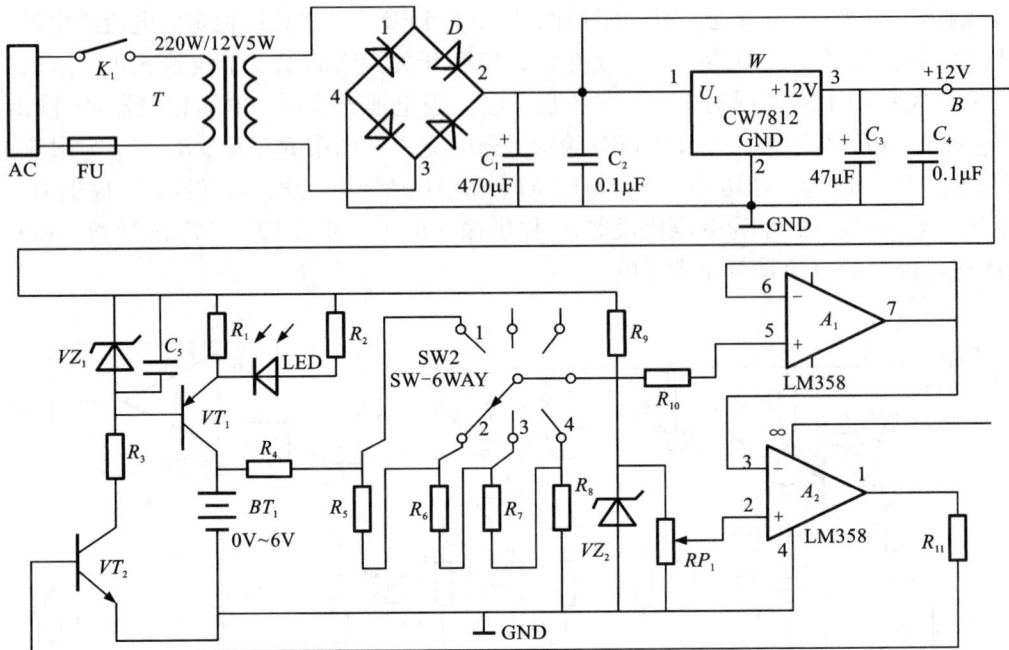

图 4 - 2 - 32   简易电池自动恒流充电电路的总电路图

表 4 - 2 - 4   简易电池自动恒流充电电路元器件清单

序号	名 称	符 号	型 号	数 目
1	电阻	$R_2, R_3,$ R_9, R_{11}, R_{10}	47 kΩ	5
2	电阻	R_1, R_6	51 Ω，100 kΩ	2
3	电阻	R_5	200 kΩ	1
4	电阻	R_6	67 kΩ	1
5	电阻	R_7	33 kΩ	1
6	电阻	R_8	100 kΩ	1
7	可变电阻	RP_1	470 Ω	1
8	发光二极管		LED	2
9	稳压管	VZ_1	2CW57	1
10	稳压管	VZ_2	2CW52	1
11	整流桥	D	BRIDGE1	1
12	电容	C_2, C_4	0.1 μF	2
13	电容	C_1, C_5	470 μF	2
14	电容	C_3	47 μF	1

序号	名　称	符　号	型　号	数　目
15	晶体管	VT_1	8550	1
16	晶体管	VT_2	8050	1
17	运放	A_1 , A_2	LM358	1
18	变压器	T	200 W, 12 V	1
18	转换开关	SW_2	SW − 6W − AY	1
19	三端集成稳压器	CW	CW7812	1

7. 总结报告要求

(1)分析课题设计内容,选择系统方案,画出方框图。

(2)单元电路设计、参数计算和器件选择。

(3)画出总电路图,说明电路的工作原理。

(4)写出调试步骤和调试结果,列出实验数据,对实验数据和电路的工作情况进行分析。

(5)总结设计电路的特点和方案的优缺点,提出改进意见。比如:停止充电后,存在通过检测电路进行放电问题? 是否可以增加充满语音提示? 自动换挡? 增加充满和没有电池的指示区别?

4.2.5　函数信号发生器

函数信号发生器一般指能自动产生正弦波、三角波、方波及锯齿波、阶梯波等信号电压波形的电路或仪器。使用的器件可以是分立器件,也可以是集成电路。本课题介绍由集成运算放大器与晶体管差分放大器共同组成的方波—三角波—正弦波函数发生器的设计方法。

1. 设计内容和要求

设计一个方波—三角波—正弦波函数发生器,要求:

(1)频率范围: 1 ~ 10 Hz, 10 ~ 100 Hz

(2)输出电压: 方波 $U_{P-P} \leqslant 24$ V；三角波 $U_{P-P} = 8$ V；正弦波 $U_{P-P} > 1$ V。

(3)波形特性: 方波 $t_r < 100$ μs；三角波非线性失真系数 $r_\triangle < 26$；正弦波非线性失真系数 $r \sim < 5\%$ 。

2. 电路总体设计方案

产生正弦波、三角波、方波的电路方案有多种,这里介绍一种能够先产生方波—三角波、再将三角波变换成正弦波的电路设计方案,其电路框图如图 4 − 2 − 33 所示。

其中比较器与积分电路和反馈网络(含有电容元器件)组成振荡器,比较器产生的方波通过积分电路变换成了三角波,电容的充、放电时间决定了三角波的频率。最后利用差分放大器传输特性曲线的非线性特点将三角波转换成正弦波。

3. 单元电路的设计

(1)方波—三角波产生电路的设计。图 4 − 2 − 34 所示电路能自动产生方波—三角波信号。其中运算放大器 A_1 与 R_1、R_2、R_3 及 RP_1 组成一个电压比较器,C_1 称为加速电容,可加

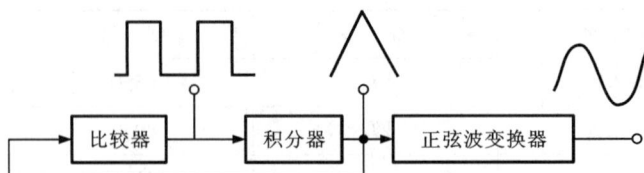

图 4 - 2 - 33　函数发生器框图

速比较器的翻转。电压比较器的同相输入端接积分器 A_2 的输出(U_i)，R_1 称为平衡电阻；电压比较器的反相输入端接基准电压(U_R)，即 $U_- = 0$。

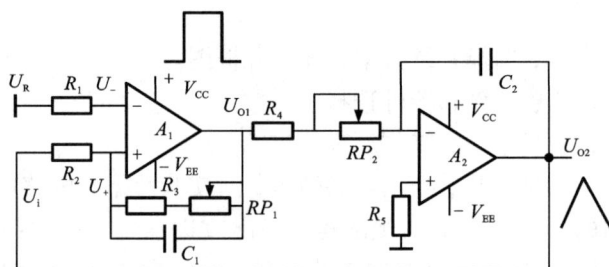

图 4 - 2 - 34　方波—三角波产生电路

电压比较器输出的 U_{O1} 高电平等于正电源电压 $+V_{CC}$，低电平等于负电源电压 $-V_{EE}$($|+V_{CC}| = |-V_{EE}|$)。当 $U_+ \leqslant U_-$ 时，输出 U_{O1} 从高电平 $+V_{CC}$ 翻转到低电平 $-V_{EE}$；当 $U_+ \geqslant U_-$，输出 U_{O1} 从低电平 $-V_{EE}$ 跳到高电平 $+V_{CC}$。

若 $U_{O1} = +V_{CC}$，根据电路叠加原理可得

$$U_+ = \frac{R_2}{R_2 + R_3 + RP_1}(+V_{CC}) + \frac{R_3 + RP_1}{R_2 + R_3 + RP_1}U_i = U_- = 0$$

将上式整理，则比较器翻转的下门限电压为

$$U_{TH2} = \frac{-R_2}{R_3 + RP_1}(+V_{CC}) = \frac{-R_2}{R_3 + RP_1}V_{CC}$$

若 $U_{O1} = -V_{EE}$，根据电路叠加原理可得

$$U_+ = \frac{R_2}{R_2 + R_3 + RP_1}(-V_{EE}) + \frac{R_3 + RP_1}{R_2 + R_3 + RP_1}U_i = U_- = 0$$

将上式整理，得比较器翻转的上门限电压 U_{TH1} 为

$$U_{TH1} = \frac{-R_2}{R_3 + RP_1}(-V_{EE}) = \frac{R_2}{R_3 + RP_1}V_{CC}$$

比较器的门限宽度 ΔU_{TH} 为 $\Delta U_{TH} = U_{TH1} - U_{TH2} = \dfrac{2R_2}{R_3 + RP_1}V_{CC}$

由以上式子可得电压比较器的电压传输特性如图 4 - 2 - 35 所示。

运放 A_2 与 R_4，RP_2，C_2 及 R_5 组成反相积分器。其输入是前级输出的方波信号 U_{O1}，从而可得积分器的输出 U_{O2} 为

$$U_{O2} = \frac{-1}{(R_4 + RP_2)C_2} \int U_{O1} dt$$

当 $U_{O1} = +V_{CC}$ 时，电容 C_2 被充电，电容电压 U_{C2} 上升

$$U_{O2} = \frac{-V_{CC}}{(R_4 + RP_2)C_2} t$$

即 U_{O2} 线性下降。当 U_{O2}（即 U_i）下降到 $U_{O2} = U_{TH2}$ 时，比较器 A_1 的输出 U_{O1} 状态发生翻转，即 U_{O1} 由高电平 $+V_{CC}$ 变为低电平 $-V_{EE}$，于是电容 C_2 放电，电容电压 U_{C2} 下降，而

$$U_{O2} = \frac{-(-V_{EE})}{(R_4 + RP_2)C_2} t = \frac{V_{CC}}{(R_4 + RP_2)C_2} t$$

即 U_{O2} 线性上升。当 U_{O2}（即 U_i）上升到 $U_{O2} = U_{TH1}$ 时，比较器 A_1 的输出 U_{O1} 状态又发生翻转，即 U_{O1} 由低电平 $-U_{EE}$ 变为高电平 $+V_{CC}$，电容 C_2 又被充电，周而复始，振荡不停。

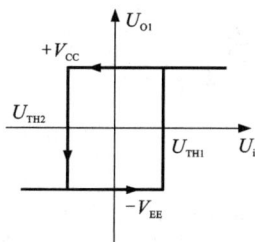

图 4 - 2 - 35　电压传输特性　　　　　　　图 4 - 2 - 36　方波—三角波

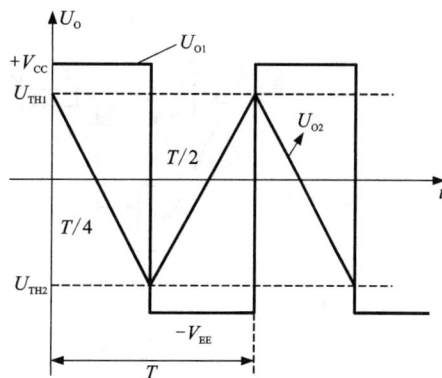

U_{O1} 输出是方波，U_{O2} 输出是一个上升速率与下降速率相等的三角波，其波形关系如图 4 -2 -36 所示。由图 4 - 2 - 36 可知，三角波的幅值 U_{O2m} 为 $U_{O2m} = \frac{R_2}{R_3 + RP_1} V_{CC}$，从而可知方波—三角波的频率为 $f = \frac{R_3 + RP_1}{4R_2(R_4 + RP_2)C_2}$。

由 f 和 U_{O2m} 的表达式可以得出以下结论：

①使用电位器 RP_2 调整方波—三角波的输出频率时，一般不会影响输出波形的幅度。若要求输出信号频率范围较宽，可用 C_2 改变频率的范围，用 RP_2 实现频率微调。

②方波的输出幅度应等于电源电压 $+V_{CC}$，三角波的输出幅度不超过电源电压 $+V_{CC}$。电位器 RP_1 可实现幅度微调，但会影响方波—三角波的频率。

实际设计中，A_1 和 A_2 可选择双运算放大集成电路 μA747（也可以选其他合适的运放），采用双电源供电，因为方波的幅度接近电源电压，所以电源电压取 $+V_{CC} = 12$ V，$-V_{EE} = -12$ V。

比较器与积分器的元器件参数计算如下：

由式 $U_{O2m} = \frac{R_2}{R_3 + RP_1} U_{CC}$　得 $\frac{R_2}{R_3 + RP_1} = \frac{U_{O2m}}{U_{CC}} = \frac{4}{12} = \frac{1}{3}$

取 $R_2 = 10$ kΩ，则 $R_3 + RP_1 = 30$ kΩ，选择 $R_3 = 20$ kΩ，RP_1 为 27 kΩ 的电位器。

取平衡电阻 $R_1 = R_2 // (R_3 + RP_1) \approx 10$ kΩ，由输出频率 $f = \dfrac{R_3 + RP_1}{4R_2(R_4 + RP_2)C_2}$，$R_4 + RP_2$

$= \dfrac{R_3 + RP_1}{4R_2 C_2 f}$。

当 1 Hz≤f≤10 Hz 时，取 $C_2 = 10$ μF，$R_4 = 5.1$ kΩ，RP_2 为 100 kΩ 的电位器。当 10 Hz≤ f≤100 Hz 时，取 $C_2 = 1$ μF 以实现频率波段的转换（实际电路当中需要用波段开关进行转换），R_4 及 RP_2 的取值不变。平衡电阻 $R_5 = 10$ kΩ。

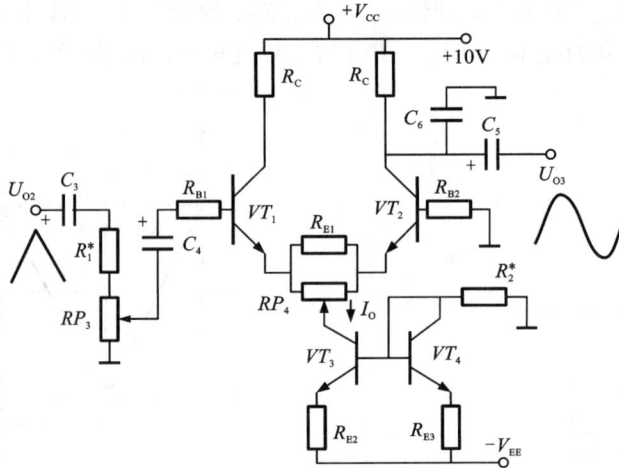

图 4 - 2 - 37　三角波—正弦波产生电路

C_1 为加速电容，选择电容值为 100 pF 的瓷片电容。

（2）三角波—正弦波变换电路的设计。

①电路的组成。在这里为了熟悉多级放大电路的调试技术，选用差分放大电路作为三角波—正弦波的变换电路。差分放大器工作点稳定，输入阻抗高，抗干扰能力较强，可以有效地抑制零点漂移。如图 4 - 2 - 37 所示，差分放大电路采用单端输入 – 单端输出的电路形式，4 只晶体管选用集成电路差分对管 BG319 或双三极管 S3DG6 等。电路中晶体管 $\beta_1 = \beta_2 = \beta_3$ $= \beta_4 = 60$。电源电压同上，取 $+V_{CC} = 12$ V，$-V_{EE} = -12$ V。电阻 R_1 与电位器 RP_3 用于调节输入三角波的幅度，RP_4 用于调节电路的对称性，并联电阻 RE_1 用来减小差分放大器传输特性的线性区。电容 C_3、C_4、C_5 为隔直电容，C_6 为滤波电容，以滤除谐波分量，改善输出波形。

②波形变换的原理。利用差分对管的饱和与截止特性进行变换。分析表明，差分放大器的传输特性曲线 $i_{c1}(i_{c2})$ 的表达式为

$$i_{c1} = ai_{E1} = \frac{aI_O}{1 + e^{-U_{id}/U_T}} \qquad i_{c2} = ai_{E2} = \frac{aI_O}{1 + e^{-U_{id}/U_T}}$$

（式中 U_{id} 为差分放大电路的输入信号）

式中 $a = I_c/I_E \approx 1$；I_O 为差分放大器的恒定电流；U_T 为温度的电压当量，当室温为 25℃时，

$U_T \approx 26$ mA。

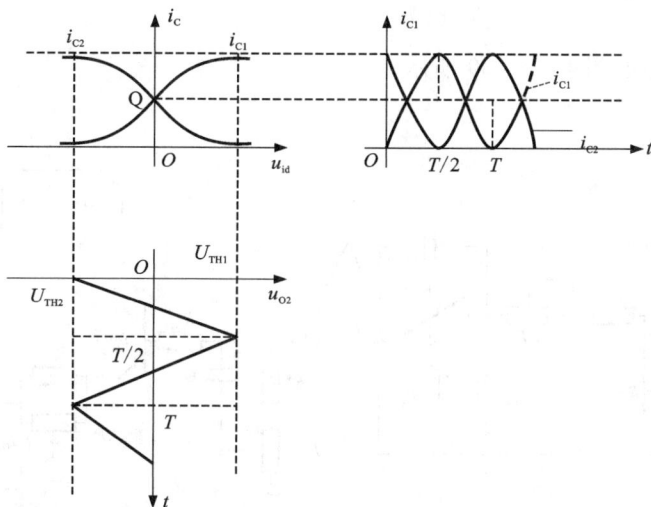

图 4 - 2 - 38　三角波—正弦波变换原理

　　根据理论分析，如果差分电路的差模输入 U_{02} 为三角波，则 i_{c1} 与 i_{c2} 的波形近似为正弦波。因此，单端输出电压 U_{03} 也近似于正弦波，从而实现了三角波—正弦波的变换。图 4 - 2 - 38 是差分电路实现三角波—正弦波转换的原理图，由图 4 - 2 - 38 可知，差动放大电路传输特性曲线的线形区越窄，其输出波形越接近于正弦波。

　　③三角波—正弦波变换电路的参数选择原则如下。三角波经电容 C_3 和分压电路 R_1^*、RP_3 给差分电路输入差模电压 U_{id}。一般情况下，差模电压 $U_{id} < 26$ mA，因三角波幅值为 8 V，故取 $R_1^* = 47$ kΩ、$RP_3 = 470$ Ω。因三角波频率不太高，所以隔直电容 C_3、C_4、C_5 要取得大一些，这里取 $C_3 = C_4 = C_5 = 470$ μF。滤波电容 C_6 视输出的波形而定，若含高次谐波成分较多，C_6 可取得较小，一般为几十皮法至几百皮法。$R_{E1} = 100$ Ω 与 $RP_4 = 100$ Ω 相并联，以减小差分放大器的线性区。差分放大电路的静态工作点主要由恒流源 I_0 决定，故一般先设定 I_0。I_0 取值不能太大，I_0 越小，恒流源越恒定，温漂越小，放大器的输入阻抗越高。但 I_0 也不能太小，一般为几毫安左右。这里取差动放大的恒流源电流 $I_0 = 1$ mA，则 $I_{C1} = I_{C2} = 0.5$ mA，从而可求得晶体管的输入电阻 $r_{be} = 300$ Ω $+ (1 + \beta) \dfrac{26(\text{mV})}{I_0/2} \approx 3.4$ kΩ。

　　为保证差分放大电路有足够大的输入电阻 R_i，取 $R_i > 20$ kΩ，根据 $R_i = 2(r_{be} + R_{B1})$ 得 $R_{B1} > 6.6$ kΩ，故取 $R_{B1} = R_{B2} = 6.8$ kΩ。因为要求输出的正弦波峰峰值大于 1 V，所以应使差动放大电路的电压放大倍数 $A_u \geqslant 40$。根据 A_u 的表达式

$$A_u = \left| \frac{-\beta R_L'}{2(R_{B1} + r_{be})} \right|$$

可求得电阻 R_L'，可选取 $R_{C1} = R_{C2} = 15$ kΩ。发射极电阻一般取几千欧姆，可选取 $R_{E2} = R_{E3} = R_E = 2$ kΩ，根据 $I_0 = \dfrac{-V_{EE} + 0.7}{R_2^* + R_E}$，可得 $R_2^* = 9.3$ kΩ。R_2^* 在实际当中可用一个 10 kΩ 的电位

器和一个 $4.7\ \text{k}\Omega$ 的电阻来代替。差分放大器的静态工作点可根据观测传输特性曲线，调整 RP_4 及电阻 R_2^* 来确定。

4. 总电路图

函数发生器电路如图 4-2-39 所示。

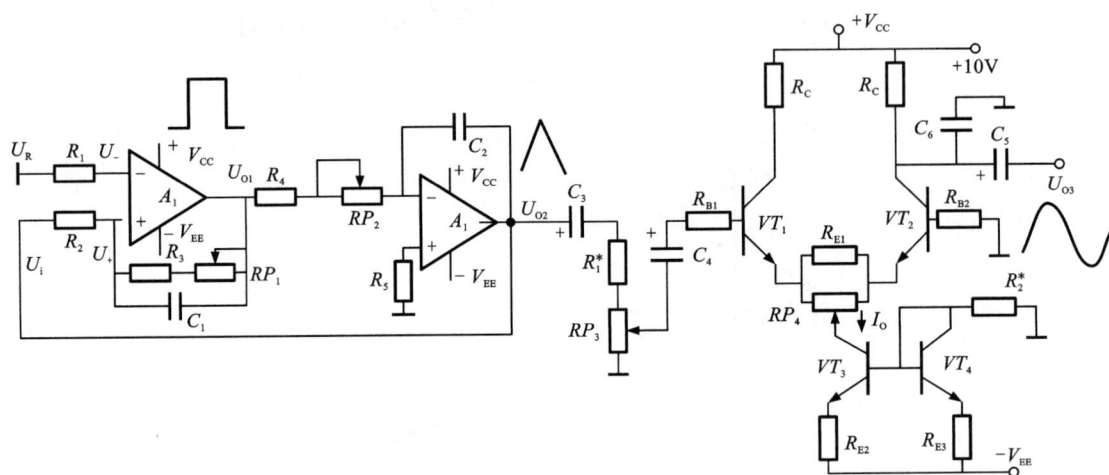

图 4-2-39 函数发生器总电路图

5. 仿真

根据原理图在 Multisim 7 平台上通过示波器就可观察到波形。原理图及波形如图 4-2-40 和图 4-2-41 所示。

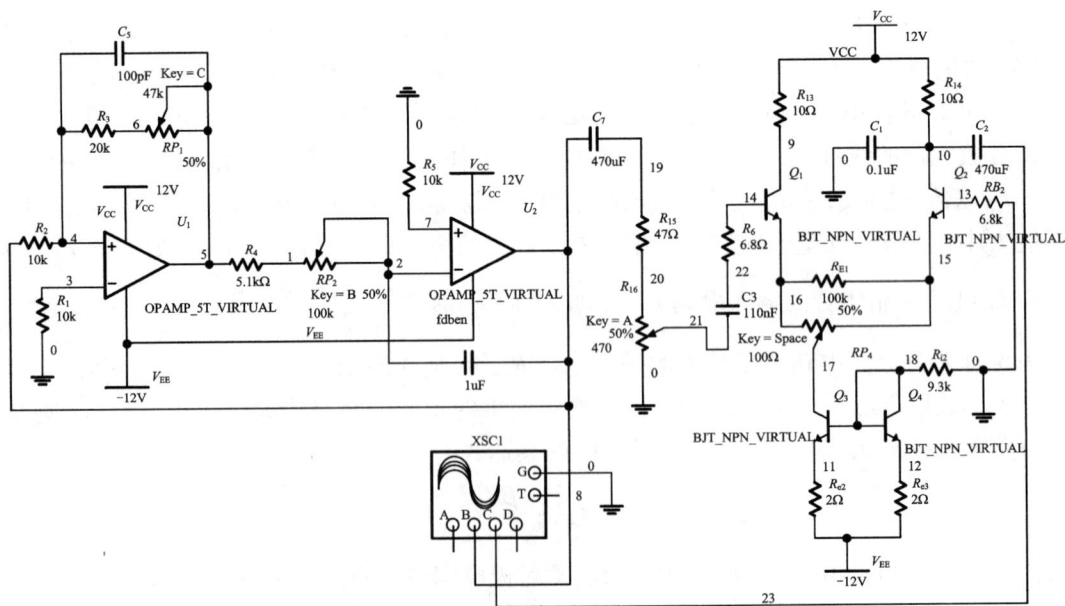

图 4-2-40 函数信号发生器仿真电路

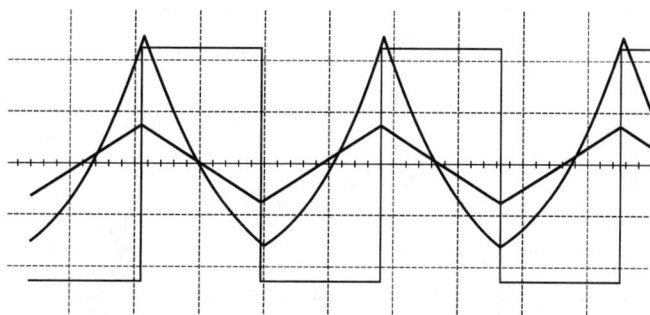

图 4 – 2 – 41　积分电容为 100 pF 时的波形图

6. 实验与调试

(1)方波—三角波发生器的调试。如图 4 – 2 – 34 所示,由于比较器 A_1 与积分器 A_2 组成正反馈闭环电路,同时输出方波与三角波,所以这两个单元电路可以同时安装。安装完毕后,只要接线正确,就可以通电观测与调试。通电后,用示波器观察 U_{O1} 与 U_{O2},如果电路没有产生相应的波形,说明电路没有起振。可以调节 RP_1 与 RP_2 的大小使电路振荡(也可在安装时按照设计参考值事先把 RP_1 与 RP_2 置于合适的阻值)。电路振荡后,用示波器测试波形的幅值,会发现方波的幅值很容易达到设计要求;微调 RP_1,使三角波的输出幅度也能满足设计要求。调节 RP_2,则输出连续可变的频率。

(2)三角波—正弦波变换电路的调试。

①差分放大电器传输特性曲线调试。经电容 C_4 输入差模信号电压 $U_{id} = 30$ mV、$f = 100$ Hz 的正弦波(此信号由低频信号发生器提供)。用示波器观察差分电路集电极输出电压的波形,调节 RP_4 及电阻 R_2^*,使传输特性曲线对称。再逐渐增大 U_{id},直到传输特性曲线形状如图 4 – 2 – 38 所示,记下此时对应的 U_{id}。移去信号源,再将 C_4 左端接地,测量差分放大器的静态工作点 I_O、U_{CQ1}、U_{CQ2}、U_{CQ3}、U_{CQ4}。

②三角波—正弦波波形变换电路的调试。将 RP_3 与 C_4 连接,调节 RP_3 使三角波的输出幅度经 RP_3 后输出电压等于 U_{id} 值,这时 U_{O3} 的输出波形应接近正弦波,调整 C_6 大小可改善输出波形。如果 U_{O3} 的波形出现较严重的失真,则应调整和修改电路参数。产生失真的原因及采取的措施如下:如果产生钟形失真,是由于传输特性曲线的线性区太宽所致,应减小 R_{E1};如果产生半波圆顶或平顶失真,是由于工作点 Q 偏上或偏下所致,这时传输特性曲线对称性差,应调整电阻 R_2^*;如果产生非线性失真,是因为三角波的线性受运放性能的影响而变差,可在输出端加滤波网络改善输出波形。

7. 元器件清单

函数发生器电路中所有使用的电子元器件如表 4 – 2 – 5 所列。需要说明的是表中所列的电子元器件类型仅为许许多多可供选择的电子元器件类型中的一种。具体设计时,设计者应该根据设计的实际要求来选择。

表 4 - 2 - 5 函数发生器电路元器件清单

序号	名 称	符 号	型 号	数 目
1	电阻	R_1,R_2,R_5,R_C	10 kΩ	5
2	电阻	R_3	20 kΩ	1
3	电阻	R_{E2},R_{E3}	2 kΩ	2
4	电阻	R_{E1}	100 kΩ	1
5	电阻	R_4	5.1 kΩ	1
6	电阻	R_{B1},R_{B2}	6.8 kΩ	2
7	电阻	R_1^*	47 kΩ	1
8	电阻	R_2^*	9.3 kΩ	1
9	电位器	RP_1	47 kΩ	1
10	电位器	RP_2	100 kΩ	1
11	电位器	RP_3	470 Ω 3%	1
12	电位器	RP_4	100 Ω 68%	1
13	电容	C_1	100 pF	1
14	电容	C_2	10 μF	1
15	电容	C_3,C_4,C_5	470 μF	3
16	电容	C_6	0.1 μF	1
17	双运放	A_1,A_2	μA747	1
18	晶体管	VT_1,VT_2,VT_3,VT_4	BG319(S3DG6)	2

说明：μA747、BG319 管脚排列图见图 4 - 2 - 42、图 4 - 2 - 43。

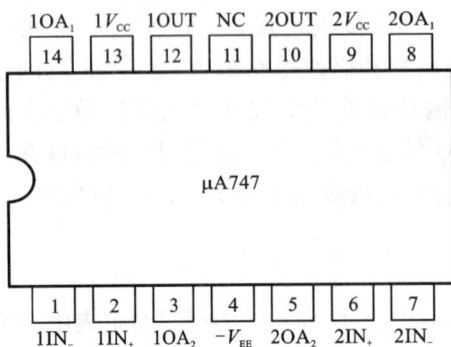

图 4 - 2 - 42 μA747 管脚排列图

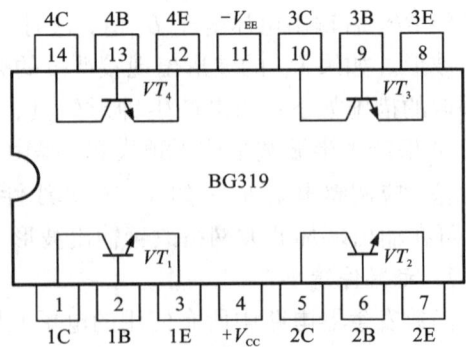

图 4 - 2 - 43 BG319 管脚排列图

8. 设计任务

(1)分析课题设计内容，选择系统方案，画出方框图。

（2）单元电路设计、参数计算和器件选择。

（3）画出总电路图，说明电路的工作原理，选用仿真软件仿真。

（4）写出调试步骤和调试结果，列出实验数据，对实验数据和电路的工作情况进行分析。

（5）总结设计电路的特点和方案的优缺点，提出改进意见。

（6）写出收获和体会。

4.3　数字电子技术应用设计

4.3.1　住院部病房呼叫系统

1. 设计内容和要求

设计一个住院部病房呼叫系统，要求：

（1）有一层七个病房，每个病房门口设有呼叫显示灯，室内有紧急呼叫开关，其中1号病房为重病号优先，级别最高，依次递减，7号病房最低。

（2）护士值班室有显示器和蜂鸣器，无请求呼叫时，显示器显示为"0"，并不发声。

（3）同时有几个请求呼叫时，相应病房的指示灯均亮，值班室的蜂鸣器发声，但只显示最高级别病房号码。

2. 电路总体设计方案

呼叫系统的总体设计结构框图如图4-3-1，它是由开关输入电路、编码电路、译码驱动电路、数码显示电路及蜂鸣电路五部分组成。

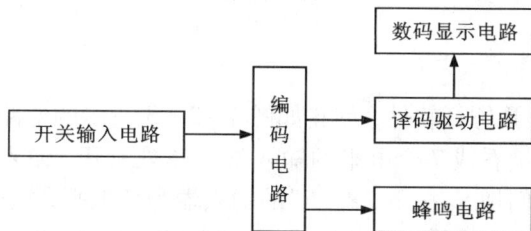

图4-3-1　呼叫系统的总体设计结构框图

3. 设计指导

参考电路如图4-3-2所示。它是由8线-3线优先编码器74LS148、译码显示电路和报警电路组成。译码显示电路由74LS48和BS201构成。其中在报警电路中，CMOS门电路G_1和G_2与R、C构成音频振荡电路，驱动蜂鸣器工作。

74LS148的输入端接7个病房的呼叫开关$S_1 \sim S_7$，当呼叫开关都没有按下时，74LS148的输入均为高电平1，指示灯不亮，此时，74LS148的输出均为高电平，经74LS48译码后数码管显示0；同时EO输出为0，封锁了G_1门，振荡器不工作，蜂鸣器不发声音。当有任何呼叫开关按下时，相应开关上的指示灯均发光，同时数码管显示优先级别相对最高的病房号，EO输出为1，G_1门导通，振荡器产生振荡，蜂鸣器发出声音。

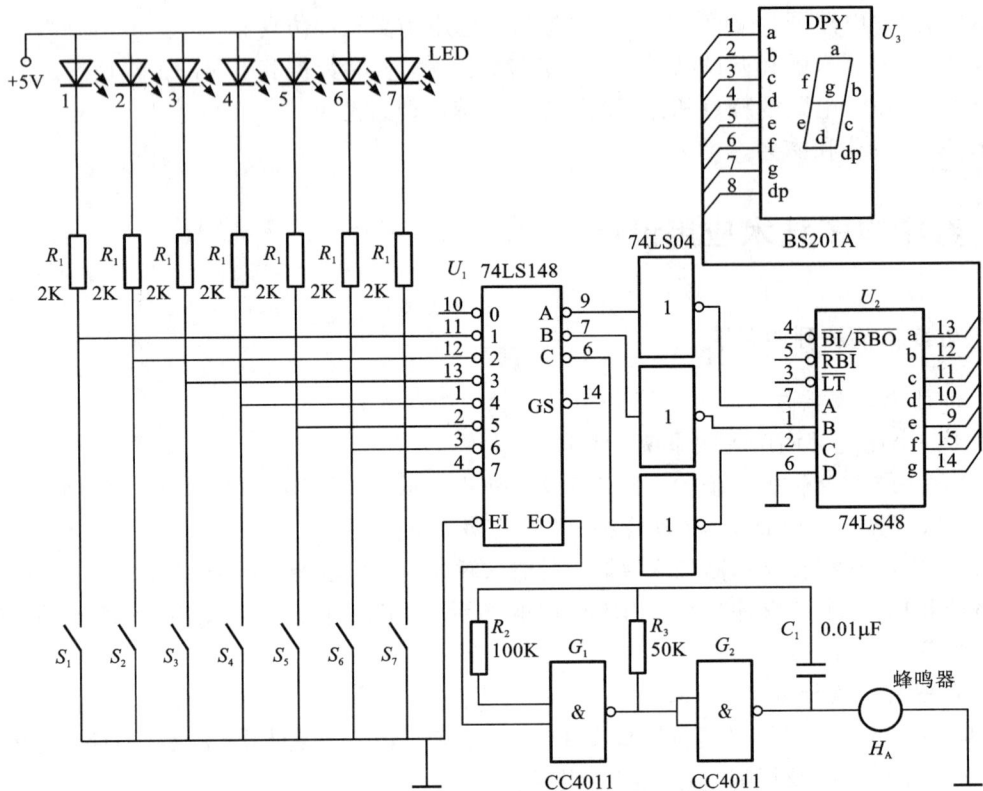

图 4 - 3 - 2　住院部病房呼叫系统电路图

4. 仿真

（1）运用 MAX + plus Ⅱ 仿真软件，创建如图 4 - 3 - 3 所示的电路。

（2）把 7 个开关输入量看成 7 个电平的输入量。开关断开，输入电平为"1"，开关闭合，输入电平为"0"。假如我们把 S_5 按下，即"5"的输入端为低电平，经过 74LS148 编码，"A0N、A1N、A2N"输出为"0、1、0"，再经过三个非门，使得输入端 A、B、C 为"1、0、1"。

（3）再通过 74LS48 驱动数码管，"a、b、c、d、e、f、g"电平分别为"1、0、1、1、0、1、1"，那么数码管就显示为"5"。

（4）同时经 74LS148 编码后，YS 输出为高电平"1"，打开 G_1 门振荡电路产生信号驱动蜂鸣器报警，达到呼叫的效果。

（5）仿真结果如图 4 - 3 - 4 所示。

5. 元件清单

住院部病房呼叫系统电路所需元件如表 4 - 3 - 1。

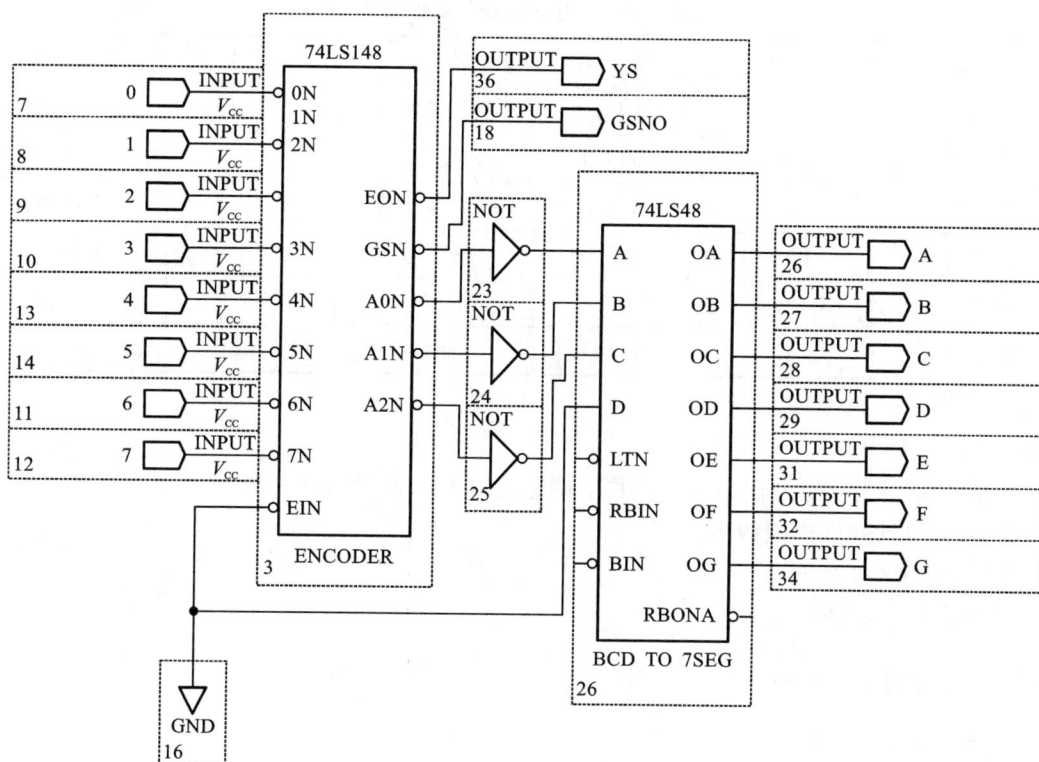

图 4 - 3 - 3　住院部病房呼叫系统模拟仿真电路

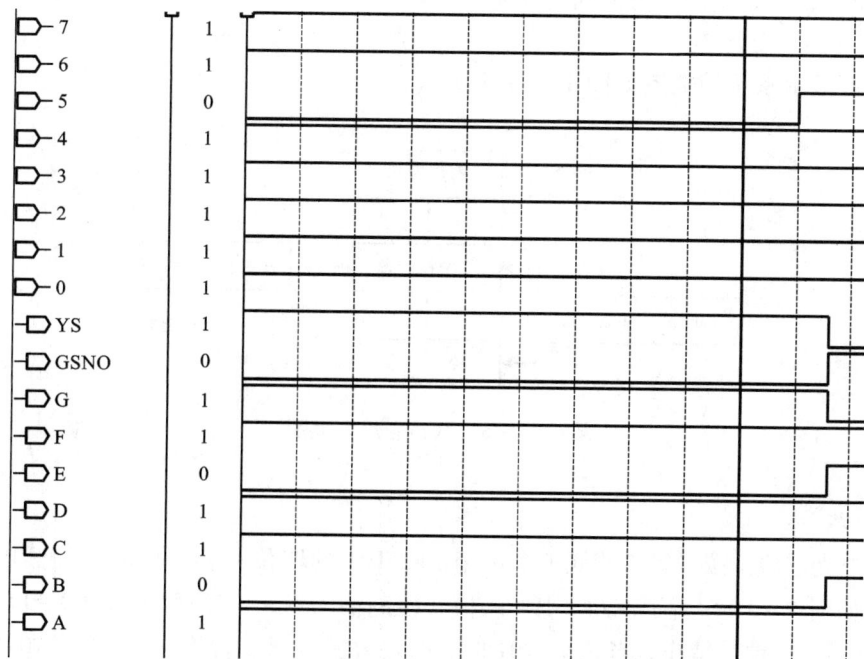

图 4 - 3 - 4　住院部病房呼叫系统仿真波形

表 4 - 3 - 1　呼叫系统元器件清单

名　称	代　号	型　号	名　称	代　号	型　号
电阻器	R_1	1 kΩ	编码器	U_1	74LS148
电阻器	R_2	100 kΩ	六反向器		74LS04
电阻器	R_3	50 kΩ	数码驱动器	U_2	74LS48
发光二极管	V_D	BTS11405	数码管	U_3	BS201A
按钮	$S_1 \sim S_7$		电容器	C_1	0.01 μF
4 - 2 与非门	G_1, G_2	CC4011	蜂鸣器	HA	

6. 设计任务

(1)选择设计方案,画出总体电路图,确定元件参数和型号。

(2)运用仿真软件模拟仿真。

(3)组装调试电路。

(4)写出设计报告。

4.3.2　八路彩灯显示系统

1. 设计内容和要求

设计一个八路彩灯显示系统,要求:

(1)八个彩灯,顺序点亮,四个一排,依次轮换亮。

(2)要求开机自动清零,再依次亮。

2. 电路总体设计方案

八路彩灯显示系统的框图如图 4 - 3 - 5 所示。

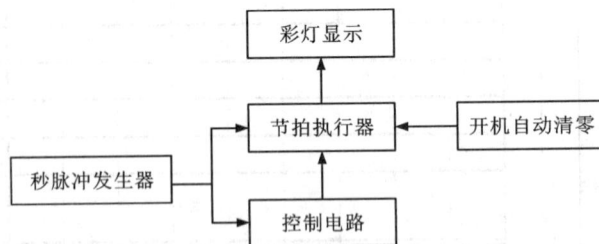

图 4 - 3 - 5　八路彩灯方框图

3. 设计指导

(1)节拍执行器。按设计要求可知,可用 74LS194 的四位右移功能和或非门电路构成节拍执行器,如图 4 - 3 - 6 所示。74LS194 的模式控制输入 S_0S_1 有四种组合"00、01、10、11",当 $S_1S_0 = 00$ 时,时钟被禁止;当 $S_1S_0 = 01$ 时,输入数据被同步右移;当 $S_1S_0 = 10$ 时,输入数据被同步左移;当 $S_1S_0 = 11$ 时,输入数据被并行置数。图中采用直接使 $S_1S_0 = 01$,所以移位寄存器呈右移工作状态。接通 5 V 电源后,设寄存器的初始状态为 0000,则或非门输出为 1,

使得 SRSER $=1$，当第一个 CP 上升沿到时 $Q_D Q_C Q_B Q_A = 1000$。此时，或非门输出为 0，SRSER $=0$；当第二个 CP 上升沿到时 $Q_D Q_C Q_B Q_A = 0100$，又使或非门输出为 0，SRSER $=0$；当第三个 CP 上升沿到时 $Q_D Q_C Q_B Q_A = 0010$。依次类推，该电路在各输出端依次出现脉冲信号，控制彩灯显示。

（2）秒脉冲产生电路。采用 555 定时器构成多谐振荡器，可以产生 1Hz 的秒脉冲信号，参考电路如图 4 - 3 - 7 所示，调节 100K 电位器可改变电路的输出频率。秒脉冲信号控制 D 触发器和 74LS194 移位寄存器工作。

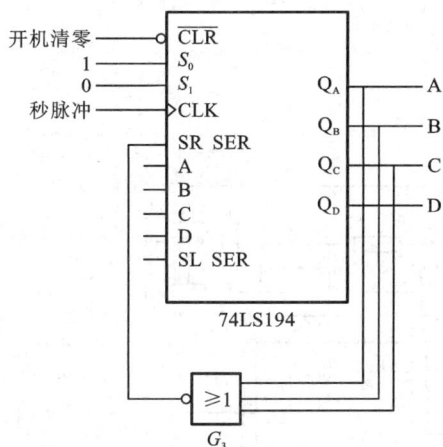

图 4 - 3 - 6　节拍执行器　　　　　　　　　图 4 - 3 - 7　秒脉冲电路

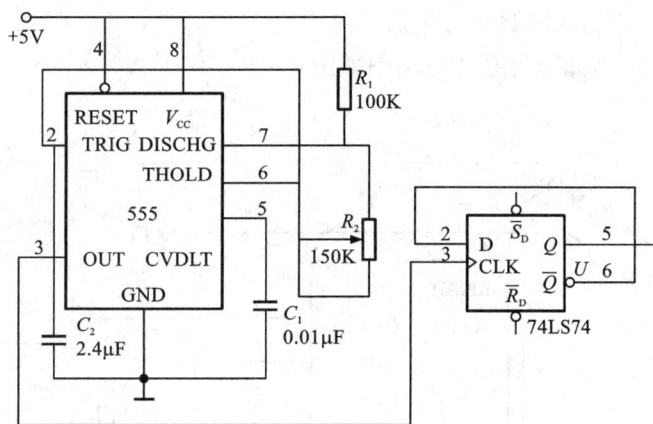

（3）彩灯显示电路。彩灯显示电路如图 4 - 3 - 8 所示，若 A 端输入高电平，三极管导通，彩灯亮，反之，彩灯灭。

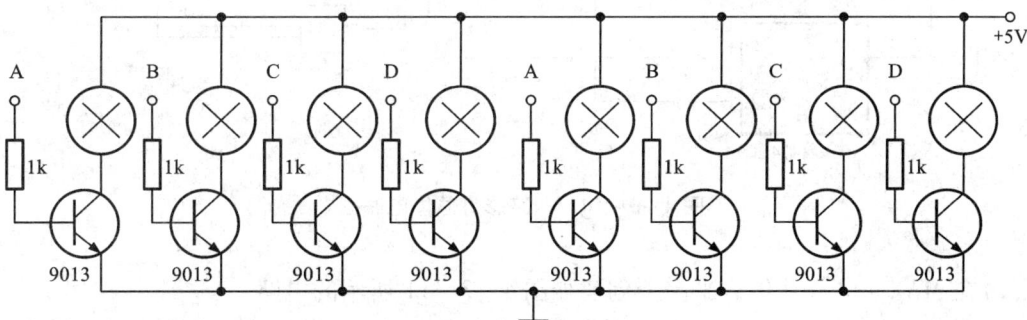

图 4 - 3 - 8　彩灯显示电路

（4）开机自动清零电路。开机自动清零电路由 R、C 充电回路，施密特触发器 G_1，G_2 组成，如图 4 - 3 - 9 所示。接通电源的瞬间由于电容两端电压不能突变，G_1 输出端保持低电平，74LS194 清零。随着电源经电阻 R 对 C 进行充电，V_C 两端电压逐渐增高，当 C 上的电压超过 G_2 的开门电平，G_2 输出为 0，则 G_1 输出为 1，74LS194 按设计要求工作。

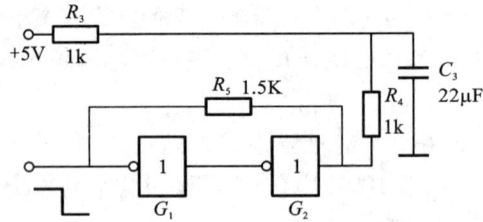

图 4 - 3 - 9　开机自动清零电路

4. 八路彩灯总体电路图

八路彩灯总体电路图如图 4 - 3 - 10 所示。

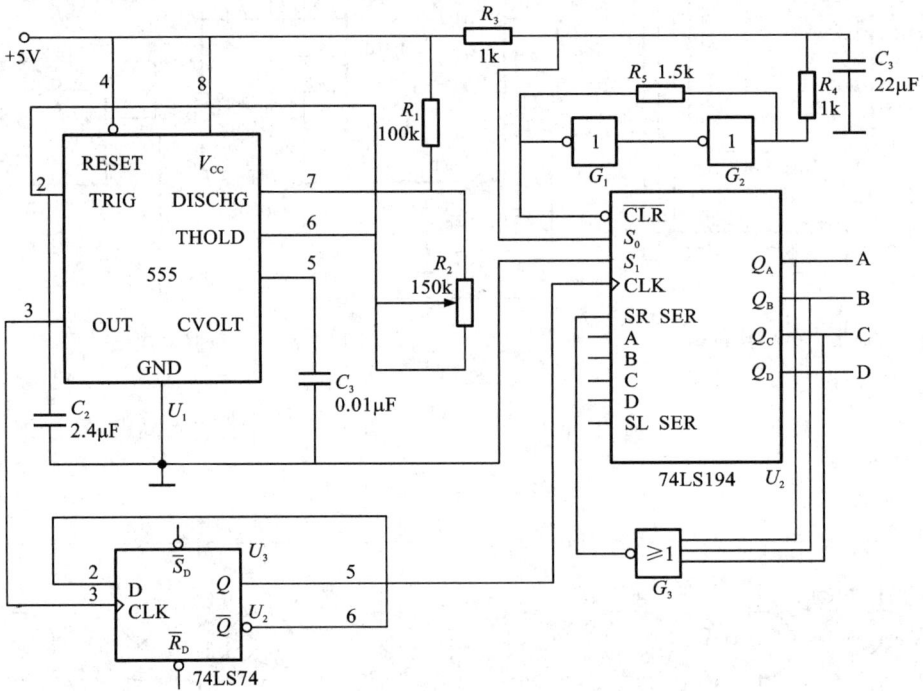

图 4 - 3 - 10　八路彩灯总体电路图

5. 仿真

(1)在 MAX + plus Ⅱ仿真平台上创建如图 4 - 3 - 11 所示的电路。

(2)规定输入端口,令 S_0,S_1 分别为高、低电平,CLRN 清零端先为低电平,后为高电平,CLK 输入 1 Hz 的秒脉冲。

(3)仿真运行电路,A、B、C、D 轮流输出高电平,控制彩灯显示,使彩灯循环依次点亮。仿真波形如图 4 - 3 - 12。

6. 元件清单

八路彩灯显示电路所需元件清单如表 4 - 3 - 2 所示。

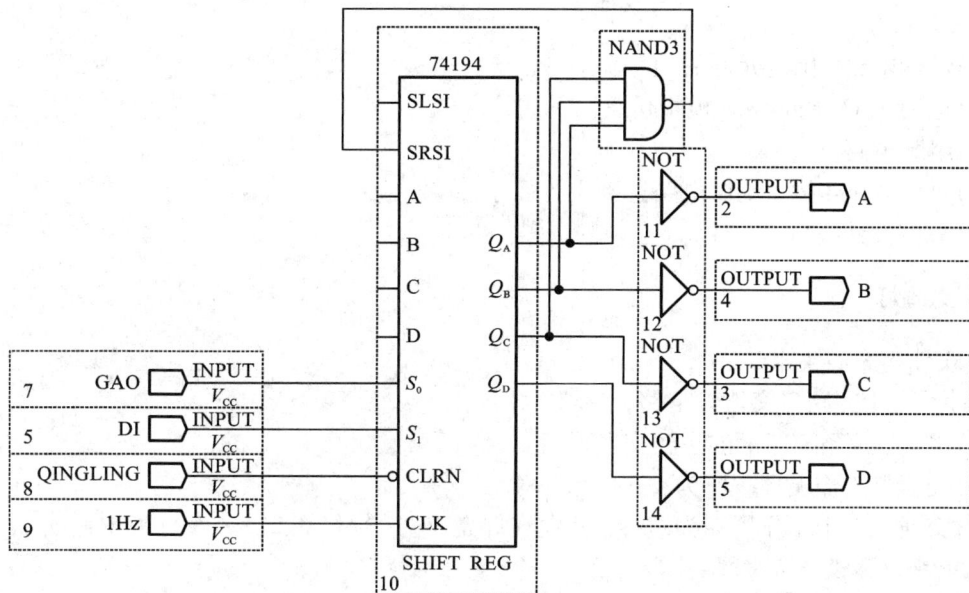

图4-3-11 节拍执行器仿真电路

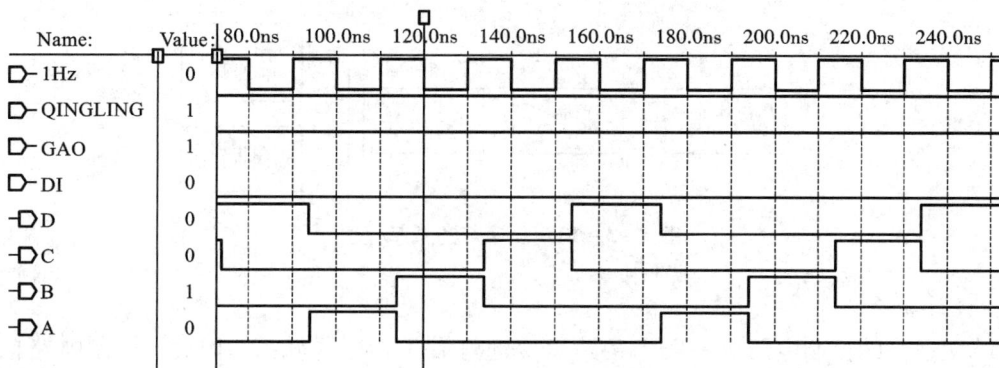

图4-3-12 节拍执行器仿真波形

表4-3-2 八路彩灯元器件清单

名 称	代 号	型 号	名 称	代 号	型 号
555定时器	U_1	555	电容器	C_1	0.01 μF
移位寄存器	U_2	74LS194	电容器	C_2	2.4 μF
D触发器	U_3	74LS74	电容器	C_3	22 μF
电阻器	R_1	100 K	反向器	G_1, G_2	74LS04
可调电阻器	R_2	150 K	三输入或非门	G_3	74LS25
电阻器	R_3	1 K	电阻器	R_4	1 K
电阻器	R_5	15 K	三极管	NPN	9013

7．设计任务

(1)设计电路，确定元件的型号和参数。

(2)运用 MAX + plus Ⅱ 模拟仿真。

(3)组装电路。

(4)自拟调试步骤，调试电路达到设计要求。

(5)写出设计报告。

4.3.3　交通灯

1．设计内容和要求

设计一个十字路口交通灯电路，要求：

(1)甲、乙两条道路上的车辆交替运行。

(2)交通灯工作循环次序为：红—绿—黄。

(3)交通灯一个工作周期为 60 s，其中红灯亮 30 s，绿灯亮 25 s，黄灯闪 5 s。

2．电路总体设计方案

交通灯的原理框图如图 4 - 3 - 13 所示，秒脉冲产生电路为控制电路提供标准的时钟信号，控制电路产生信号灯的控制信号，经译码电路输出后，分别控制两组信号灯的工作。

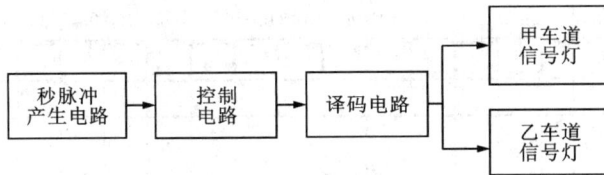

图 4 - 3 - 13　交通灯的原理框图

3．设计指导

(1)交通灯的控制电路。一般十字路口交通灯有 4 种工作状态，因此，控制电路也有 4 个控制状态，如表 4 - 3 - 3 所示。若用两个二进制数 $A_1 A_0$ 对这四个控制状态进行编码，用"00、01、10、11"分别表示 S_0、S_1、S_2、S_3，则控制信号 A_1、A_2 的时序，A_0 的工作周期为 30 s，A_1 的工作周期为 60 s，并在 A_0 的下降沿到来时，状态发生变化。

表 4 - 3 - 3　控制电路的工作状态

控制电路状态	信号灯状态	车道运行状态
S_0(00)	甲红，乙绿	甲车道禁止通行，乙车道通行
S_1(01)	甲红，乙黄	甲车道禁止通行，乙车道通行
S_2(10)	甲绿，乙红	甲车道通行，乙车道禁止通行
S_3(11)	甲黄，乙红	甲车道通行，乙车道禁止通行

为获得以上控制工作状态，可以采用以下控制电路，用两片具有同步功能的同步十进制计数器 74LS160 组成一个三十进制的计数器，低位和高位计数器分别采用五进制和六进制计

数器，当低位计数器计到 5 个脉冲后，向高位进位，则高位反馈置数控制信号$\overline{LD}$的工作波形就是控制信号 $\overline{A}_0$，对 $\overline{A}_0$ 再进行二分频，就得到控制信号 A_1。二分频电路可用 D 触发器构成。

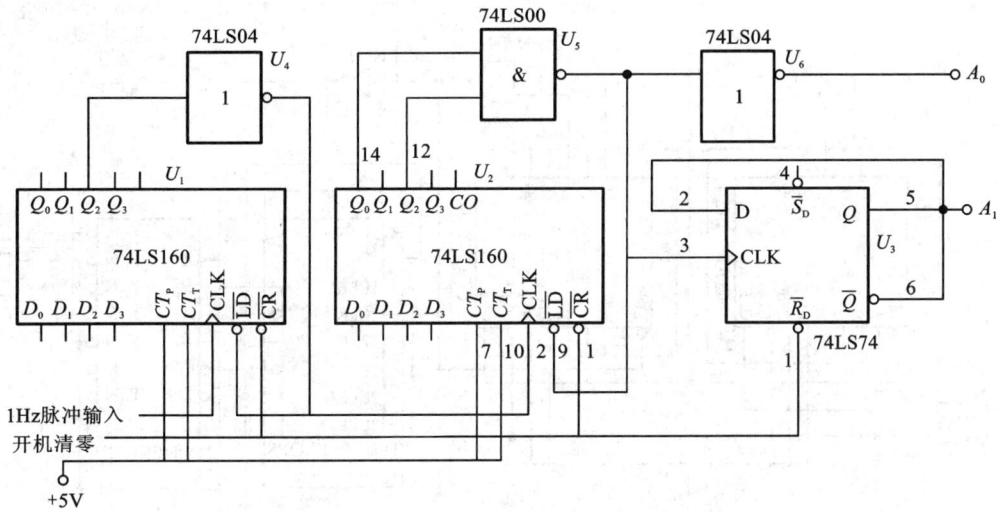

图 4 - 3 - 14　交通灯的控制电路

（2）译码及驱动电路。译码电路将控制电路的输出 A_1、A_0 的 4 种工作状态，转换成甲乙车道上 6 个信号灯的工作状态，根据控制电路的状态表，可以得到控制信号 A_1、A_0 和 6 个信号灯的关系如表 4 - 3 - 4 所示。译码电路可用组合逻辑电路实现，如图 4 - 3 - 15。

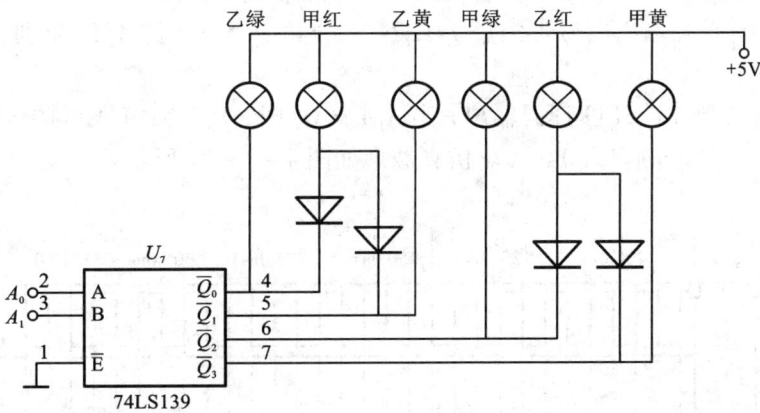

图 4 - 3 - 15　译码及驱动电路

表 4 - 3 - 4　控制信号与信号灯关系表

A_1、A_0	Y 甲红	Y 甲绿	Y 甲黄	Y 乙红	Y 乙绿	Y 乙黄
00	1	0	0	0	1	0
01	1	0	0	0	0	1
10	0	1	0	1	0	0
11	0	0	1	1	0	0

4. 仿真

（1）在 MAX + plus Ⅱ仿真平台上创建如图 4 - 3 - 16 所示的电路。

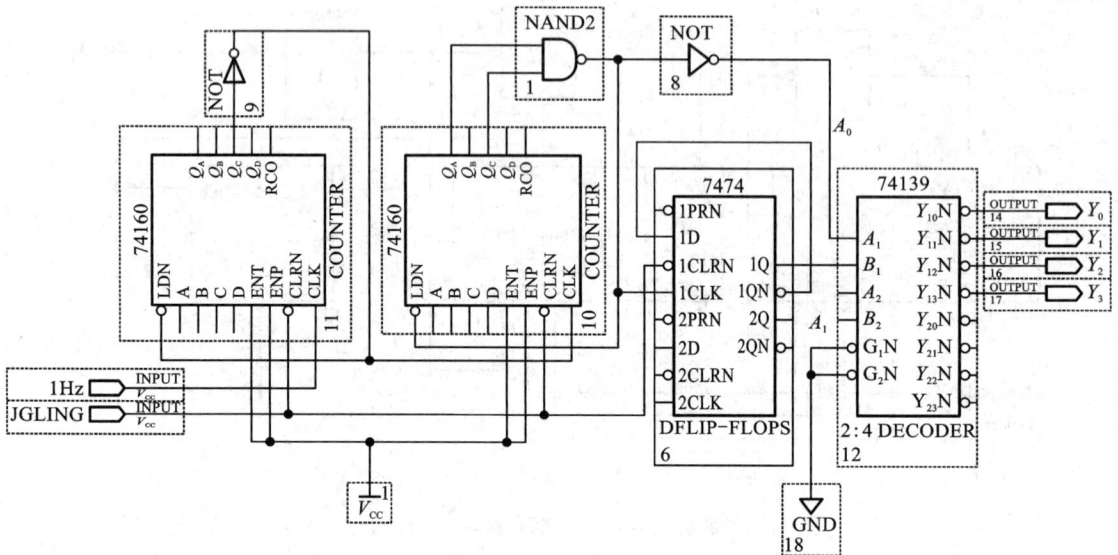

图 4 - 3 - 16　交通灯仿真电路

（2）定义开机清零端，即"QINGLING"，开机为低电平，开机后为高电平。

（3）将低位片的 74LS160 的 CLK 端接入 1 Hz 的秒脉冲，低位片和高位片 74LS160 组成三十进制计数器，计数器输出信号再经过 74LS74 二分频电路，使得 A_1A_0 分别为"00、01、10、11"4 种状态。

（4）用 A_1A_0 控制 74LS139 译码输出，当 $A_1A_0 = 00$ 时，$Y_0 = 0$；$A_1A_0 = 01$ 时，$Y_1 = 0$，$A_1A_0 = 10$ 时，$Y_2 = 0$，$A_1A_0 = 11$ 时，$Y_3 = 0$。仿真波形如图 4 - 3 - 17 所示。

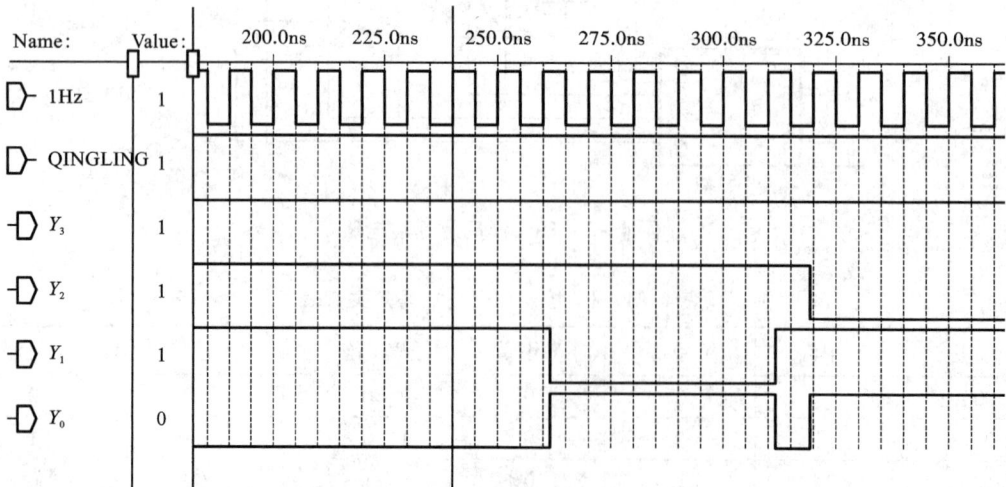

图 4 - 3 - 17　交通灯仿真电路波形

(5)将 Y_0、Y_1、Y_2、Y_3 的结果驱动六个交通灯,使它们轮流两个一起点亮。

5. 元件清单

交通灯电路元件清单如表4-3-5所示。

6. 设计任务

(1)设计电路,确定元件的型号和参数。

(2)运用 MAX + plus Ⅱ 模拟仿真。

(3)组装电路。

(4)自拟调试步骤,调试电路达到设计要求。

(5)写出设计报告。

表4-3-5　交通灯电路元器件清单

名　　称	代　号	型　　号	名　　称	代　号	型　　号
十进制计数器	U_1,U_2	74LS160	译码器	U_7	74LS139
D 触发器	U_3	74LS74	二极管	$V_1 \sim V_2$	1N4001
反向器	U_4,U_6	74LS04	灯泡	1~6	
与非门	U_5	74LS00			

4.3.4　比赛秒表

1. 设计内容与要求指标

设计一个比赛秒表,要求:

(1)显示三位数字,最大记时为9分59秒。

(2)计时要求精确到秒。

2. 电路总体设计方案

比赛计时电路原理框图如4-3-18所示。

3. 设计指导

(1)秒脉冲产生电路。参见4.3.2。

(2)计时控制电路。计时控制电路用于控制计数器的工

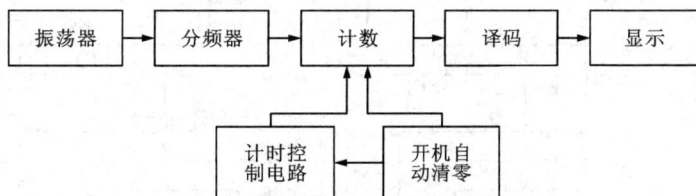

图4-3-18　比赛计时电路原理框图

作和停止,如图4-3-19所示。根据设计要求,开机时,开机清零信号使 D 触发器 $Q=0$,$\overline{Q}$ $=1$,控制门 G_1 封锁,计数电路不工作。按下 K 时,G_2 门输出为0,再放开 K 后,G_2 门输出变为1,形成一个上升沿,使 D 触发器状态翻转,$Q=1$,$\overline{Q}=0$,控制门 G_1 被打开,秒计数脉冲就进入计数器,计时开始;此时假如再次按下 K 然后放开,则因 $Q=0$,$\overline{Q}=1$,从而使控制门 G_1 封锁,计数停止。

(3)计数译码和显示电路。由于要求最大显示时间为9分59秒,因此需要设计一个六十进制计数电路和一个十进制计数电路,如图4-3-20。这里用74LS290 十进制计数器构成计数电路,U_2、U_3 两个计数器构成六十进制,为秒计数器,U_1 构成分计数器。当秒计数器计

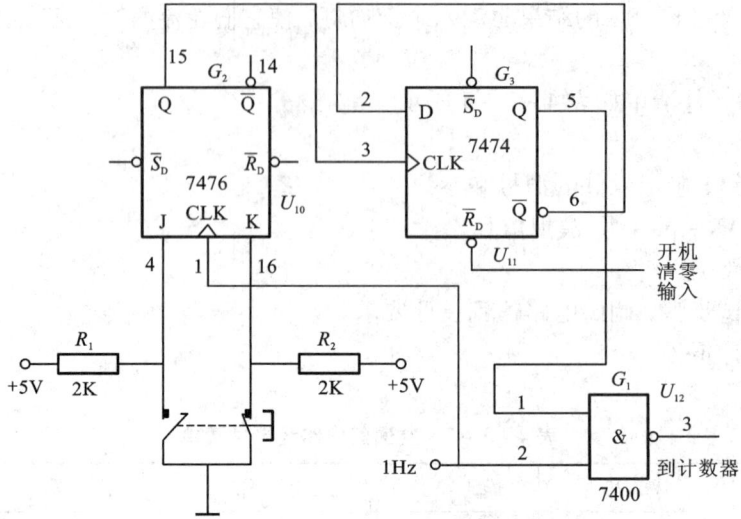

图 4 – 3 – 19　计时控制电路图

数到第 60 个脉冲后, 向高位的分计数器送入进位脉冲。

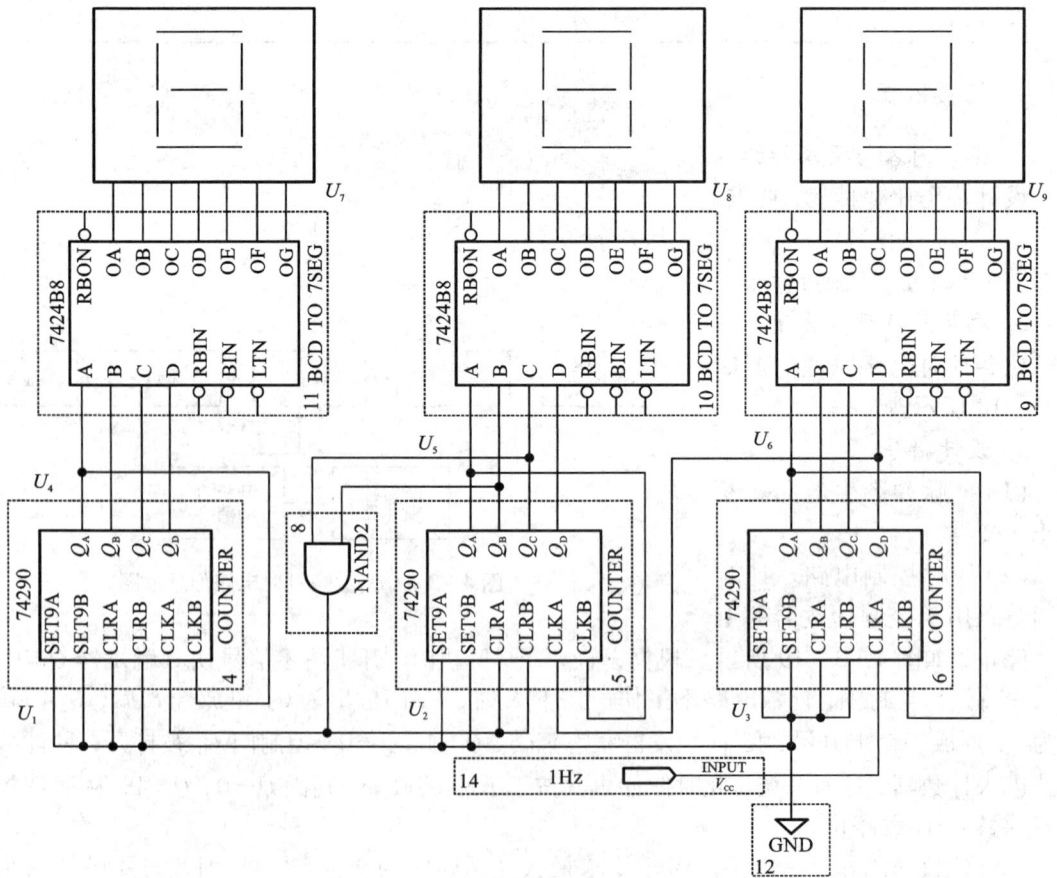

图 4 – 3 – 20　计数译码和显示电路

译码和显示电路可选用 BCD 七段锁存/译码/驱动器 74LS248 和 BS201A LED 显示器。

4. 仿真

（1）在 MAX + plus Ⅱ仿真平台上创建如图 4 - 3 - 21 所示的电路。

（2）根据计时控制电路，当把 K 按下去再松开，7476JK 触发器 Q 端由低电平变为高电平输出，对 7474D 触发器产生一个上升沿脉冲，D 触发器输出高电平，开放计时通道；当我们再按下 K 又松开时，7474 就会输出低电平，那么就封锁秒脉冲的输入，计时停止。

（3）秒脉冲输入到计数器后，秒计数器和分计数器工作，仿真波形如图 4 - 3 - 22。

（4）计数结果通过译码器 74248 译码后，驱动数码管显示结果，构成精确的秒表。

5. 元件清单

比赛秒表电路元件清单如表 4 - 3 - 6。

表 4 - 3 - 6　比赛秒表元器件清单

计数器	U_1，U_2，U_3	74LS290	JK 触发器	G_2	7476A
驱动器	U_4，U_5，U_6	74248	D 触发器	G_3	7474A
数码管	U_7，U_8，U_9	BS201A	与非门	G_1	7400
电　阻	R_1，R_2	2K			

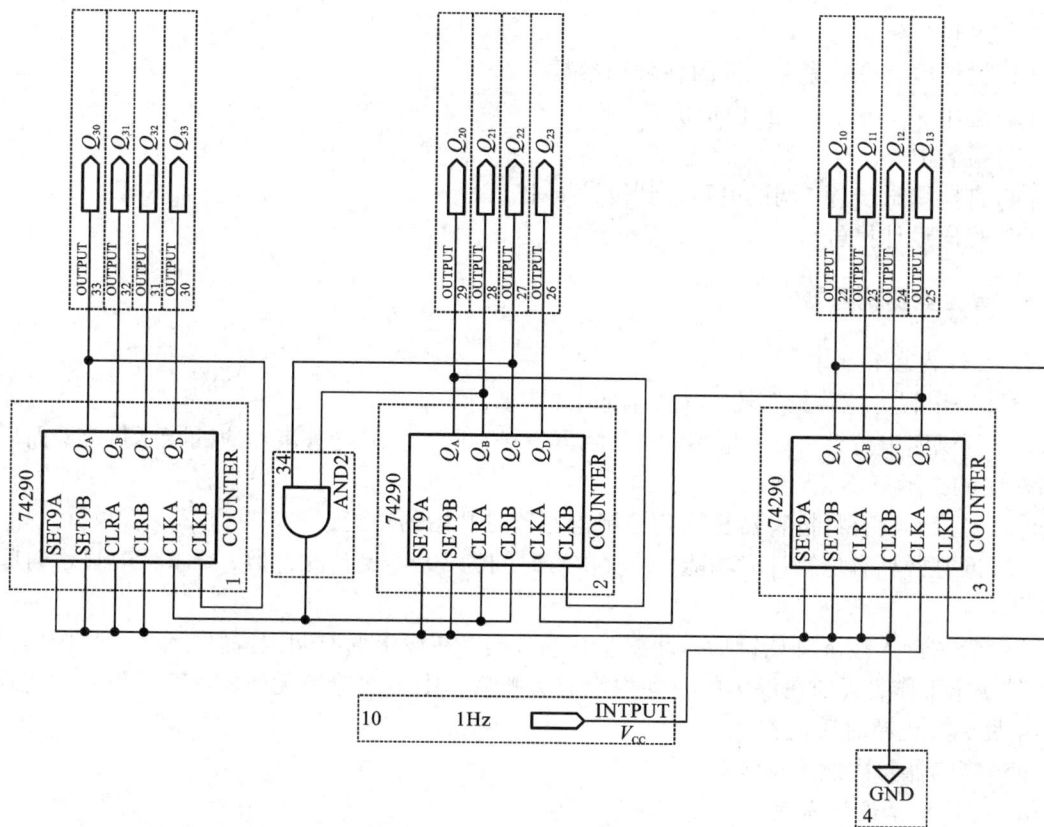

图 4 - 3 - 21　计数仿真电路

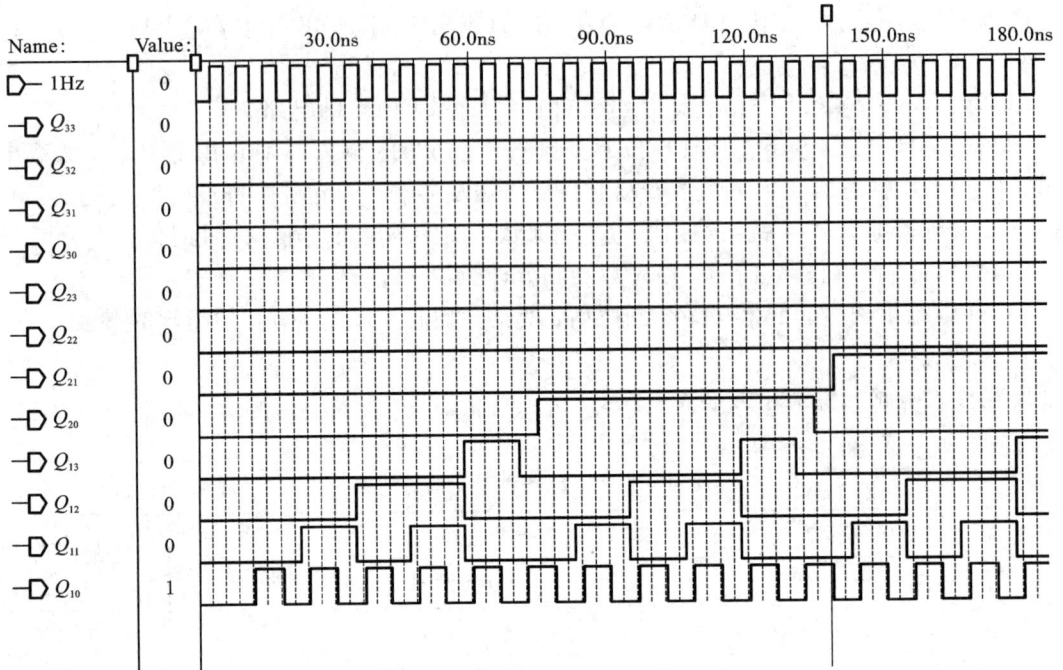

图 4 - 3 - 22　计数电路仿真波形

6. 设计任务

(1)设计电路图,确定元件的型号和参数。

(2)运用 MAX + plus Ⅱ 模拟仿真。

(3)组装电路。

(4)自拟调试步骤,调试电路达到设计要求。

(5)写出设计报告。

4.3.5　智力竞赛抢答器

1. 设计内容和要求

设计一个智力竞赛抢答器,其要求如下:

(1)可供四组抢答,有人抢答时,蜂鸣器发声,同时优先抢答者对应的指示灯亮,而后抢答者对应的指示灯不亮。

(2)主持人具有将抢答器复原和控制抢答记时开始的功能。

(3)抢答器具有抢答计时功能,一次抢答时间为 30 s,倒计时计数,要求计时显示时间精确到秒。

(4)当主持人按下开始键后,计数器开始计时,在设定的时间内进行抢答,则抢答有效,计时器停止工作,假如在设定的时间内没有人抢答,则本次抢答无效,蜂鸣器发声,并封锁输出电路,禁止超时后抢答。

(5)蜂鸣器每次发声持续 0.5 s。

2. 电路总体设计方案

智力竞赛抢答器其总体框图如图 4 - 3 - 23 所示,它主要由抢答电路、计数显示和控制电路三个部分构成。抢答电路完成第一个信号的鉴别任务,计数显示电路实现抢答定时功能,

而控制电路则控制抢答电路、计数显示和
响铃的正常工作。

3．单元电路设计

（1）抢答电路。由 CMOS 四 D 锁存器
CC4042 和门电路组成，如图 4 - 3 - 24 所
示。抢答开始前，抢答者的四个按钮 $S_0 \sim$
S_3 均没有按下，锁存器的输入端 $D_0 \sim D_3$
都为 0，主持人将开关 S_4 闭合，使时钟端
CP 为 1，将锁存器清零，四个 LED 均不
亮，同时 G_1 门输出为 0，送入控制电路，
使蜂鸣器不发声。

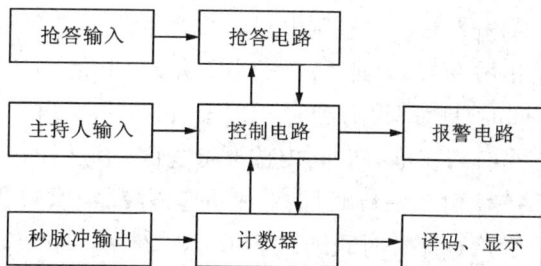

图 4 - 3 - 23 智力抢答器方框图

当主持人将 S_4 断开时，此时假若有人抢答，如按下按钮 S_2，锁存器的输入端 D_2 将变为
1，则输出端 Q_2 由 0 变为 1，对应的 LED 亮，同时 $\overline{Q_2}$ 由 1 变成 0，使 G_1 门输出为 1，经控制
电路，使蜂鸣器发声。G_1 门输出的高电平经 G_2 门使锁存器时钟端 CP 由 1 变为 0，则锁存器
为锁存状态，禁止后抢答者的信号存入锁存器。

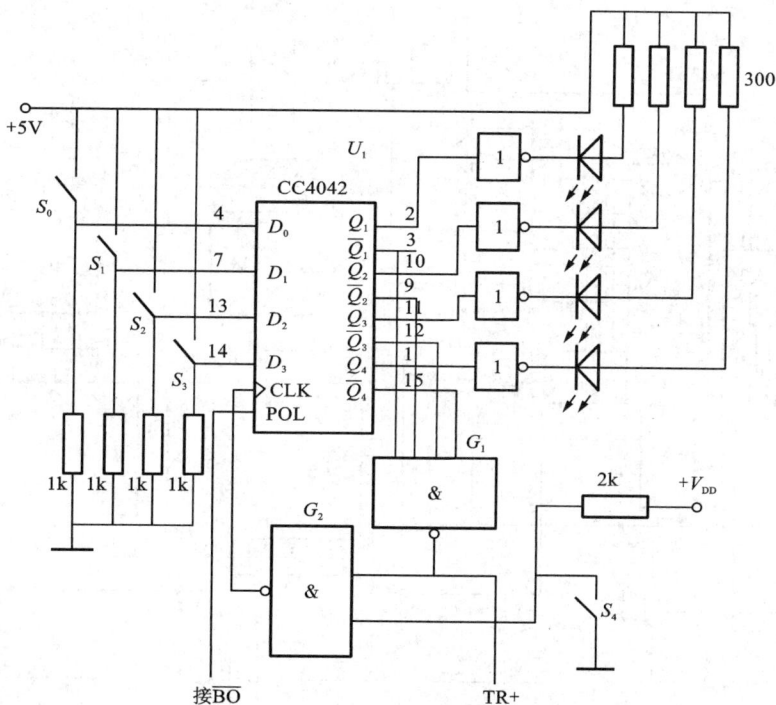

图 4 - 3 - 24 抢答电路

（2）计时显示电路。根据设计要求，计时电路是一个三十进制的减计数器，可选用两片
同步十进制可逆计数器 CC40192 构成，电路如图 4 - 3 - 25 所示。计数器的置数端 $\overline{LD}$ 接开关
S_4，当 S_4 闭合时，计数器置数，S_4 断开时，允许计数器计数，当计数器状态减计数至 0000
时，借位端 $\overline{BO}$ 输出为 0。因此将 $\overline{BO}$ 作为计时已到信号。译码器将计数器并行输出的 BCD 码
转换成 7 段数字显示。

（3）控制电路。

①抢答和计时控制电路。当 S_4 断开时，$\overline{BO}=1$，来自 G_1 门的输出信号 A 为 0，经 G_4 门的反相后变为 1，则 G_3 门打开，允许 CP 加到计数器的时钟脉冲输入端，计数器进行递减计时，同时计时间没有到时，$\overline{BO}=1$，接锁存器的 POL 端，使抢答电路正常工作。

当有人在抢答时间内按下抢答键，G_1 门的输出信号 A 为 1，经 G_4 门反相后使 G_3 门封锁 CP 信号，计数器停止计数，同时，G_2 门输出为 0，使锁存器处于锁存状态。

当抢答计时时间到，即 $\overline{BO}=0$，使 G_3 门封锁 CP 信号，使计数器保持 0000 状态不变，同时使锁存器的 $POL=\overline{BO}=0$，禁止锁存器正常工作。

②报警控制电路。可用单稳态触发器控制蜂鸣器工作。单稳态 74LS121 有两个触发信号，TR_+ 接 G_1 的输出信号 A，为上升沿触发，TR_- 接 $\overline{BO}$，为下降沿触发，在没有触发信号时，输出为 0，蜂鸣器不发声，当有人在抢答计时时间内抢答时，G_1 门的输出信号 A 由 0 变 1，74LS121 输出变为 1，蜂鸣器发声。74LS121 采用外接定时电阻，此时 9 脚悬空，电阻接在 11、14 之间。

4．整体电路图

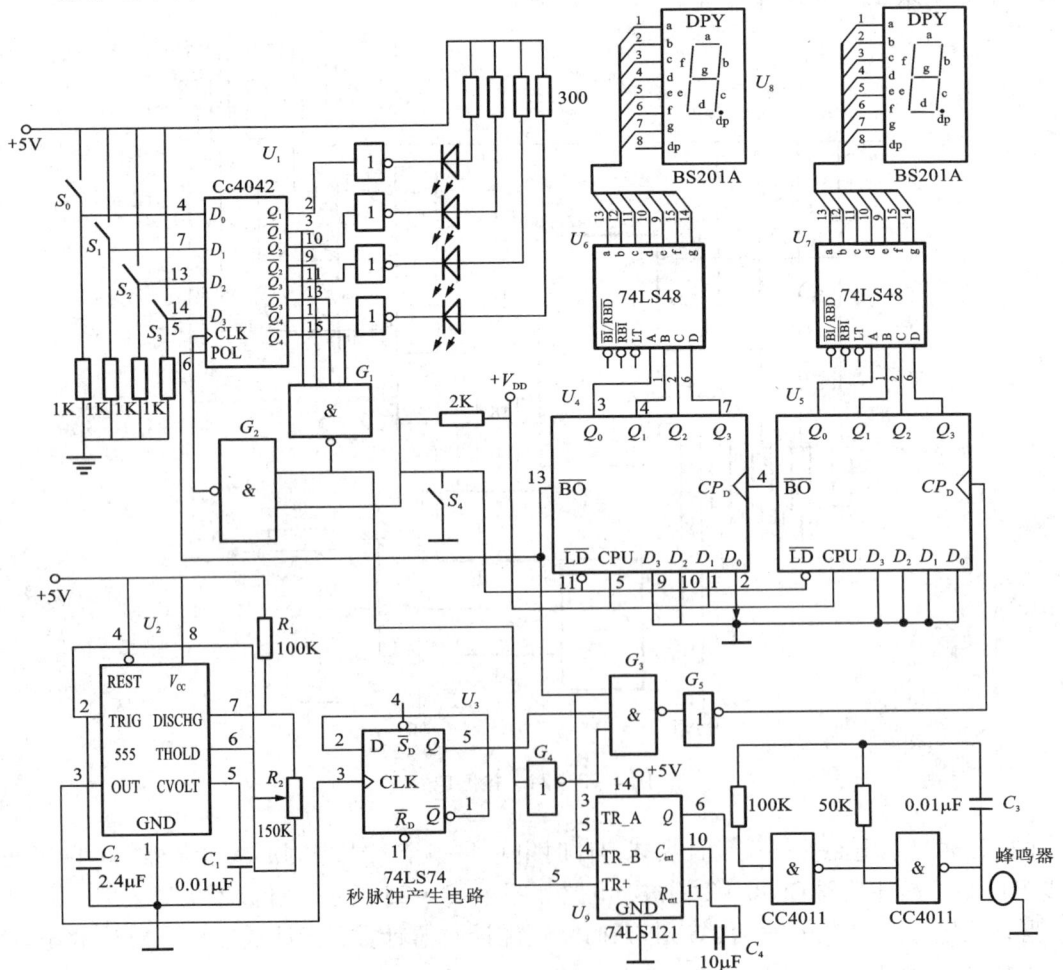

图 4－3－25　智力抢答器整体电路图

5．调试要点

（1）测试各触发器及各逻辑门的逻辑功能。

（2）测试抢答电路。

①接通电源，将 CC4042 的 CLK 端接逻辑开关，令 CLK 为高电平。

②抢答开始前，开关 S_0、S_1、S_2、S_3 均处于断开状态，将开关 S_4 按下，发光二极管全熄灭；再将开关 S_4 断开，开关 S_0、S_1、S_2、S_3 某一开关闭合，观察发光二极管的亮灭情况，然后再将其他三个开关中的任一个置"1"，观察发光二极管的亮灭是否改变。

（3）测试计数显示译码电路。将低位片计数器的 CP_D 端接秒脉冲源，观察数码管的显示。

（4）秒脉冲产生电路的测试。接通定时器 555 的直流电源，将 D 触发器的 Q 输出端接示波器，调节电位器 R_2，观察输出波形，测量输出信号频率。

（5）整机测试。按实验电路接线，测试电路的逻辑功能是否符合设计要求。

6．元件清单

智力抢答器电路元器件清单如表 4-3-7。

表 4-3-7　智力抢答的元器件清单

名　　称	代　号	型　号	名　　称	代　号	型　号
D 锁存器	U_1	CC4042	单稳态触发器	U_9	74LS121
555 定时器	U_2	555	与非门	G_1、G_2、G_3	74LS00
D 触发器	U_3	74LS74	与非门		CC4011
十进制计数器	U_4	CC40192	蜂鸣器	HA	
十进制计数器	U_5	4	发光二极管	VD	BTS11405
驱动器	U_6	74LS48	电阻器	R_1,R_3,R_4,R_5,R_6	1K、100K、50K、300Ω
驱动器	U_7	74LS48	电容器	C_1,C_2,C_3,C_4	0.01 μF、2.4 μF、10 μF
数码器	U_8	BS201	按钮	S_0,S_1,S_2,S_3,S_4	
反相器		7404	电位器	R_2	150 K

7．设计任务

（1）设计电路图，确定元件的型号和参数。

（2）运用 MAX + plus Ⅱ 模拟仿真。

（3）组装电路。

（4）自拟调试步骤，调试电路达到设计要求。

（5）写出设计报告。

4.4　电子技术综合性电路的设计与制作

电子技术课程培养的目标是根据高职职业岗位和职业技能的需要，使学生通过该课程的学习掌握常用单元电子线路的分析和设计。

　　开展电子项目的开发是指为解决生产、生活中遇到的新问题，提出新的解决方法，研制解决问题的新设备，或编制解决问题的程序。这是在有了一定的电子设计制作经验之后的更高层次的工作。

　　新产品研制要经过如下过程，并准备相关材料：

　　• 产品型号、设计规格说明书。根据用户要求，设计人员要反复多次跟市场部或用户沟通，了解具体功能要求、性能指标和使用环境等。

　　• 方案论证、专家组评审意见书。在新产品进入设计之前的方案论证相当重要，一定要重视，开发人员要充分做好研制前的准备，写好方案论证报告，聘请专家开好专家论证会，并给出具体的方案评审意见。

　　• 设计输入输出要求文件。论证之后，项目负责人要根据进度要求和人员情况对项目进行任务分解，将硬件电路和软件设计进一步分成模块，对每一个模块都要给出详细的输入输出信号范围及引脚定义，以利于模块之间的衔接。

　　• 设计开发排期表、项目负责人。按模块分工之后，要把当年度要开发的项目及开发进度要求列成表挂在墙上，以提醒大家按进度要求完成。

　　• 总体设计说明书、设计计算说明书、分析报告。根据分工，每位设计者一定要按设计进度要求和规格设计要求进行具体的设计，写出设计说明书、参数计算报告、工作原理和工作流程说明书。

　　• 硬件电路设计与制作。包括根据设计要求绘制电路原理图(SCH)，进行仿真后，再绘制印制电路板图(PCB)，制板，列写物料清单(BOM)，采购元器件，焊接调试，编写调试记录和调试报告。

　　• 软件设计。包括编制程序设计说明书，绘制程序流程图及说明；列写程序清单，CHECKSUM，模拟仿真调试。

　　• 调试报告。软、硬件设计制作完成并初步调试之后，要进行系统软硬件联调，写出实验报告。对于产品设计还需要 QA 测试报告和使用说明书。

　　• 试制阶段。小批量生产：主要为测试产品的功能及参数指标，小批量生产一般生产10～50 台；如果合格之后，还需要进行中批量生产(中批量一般生产100～200 台)。小批量生产主要为发现生产中需要监控的环节，为提高大批量生产效率打基础。

　　电子技术综合性电路的设计与制作是指综合应用"模拟电子技术"和"数字电子技术"知识来进行电子电路的设计和制作的过程。对于小电子产品样机的设计制作有的步骤可以简化，但一般也要经过明确设计要求、进行方案论证、硬件电路设计、单元电路仿真、制作与调试等过程。

4.4.1　声光控延时自熄节电开关

　　1. 设计要求(产品型号、设计规格说明书)

　　研制一种节电开关，要求此开关能控制灯泡，当环境光亮到一定程度时，灯自动保持熄灭状态，有声音也不会亮；当环境光暗到一定程度时，可以由声音点亮，且延时一定时间(20 s～3 min)后，自动熄灭。具体指标是：(1)控制负载为 10～60 W 的灯泡；(2)声音灵敏度大于等于 30 dB；(3)点亮后延时时间为 20s～3min；(4)使用电压为 150～250 V；(5)可以和普通开关互换使用，接线图如图 4－4－1 所示。

2．方案论证

声光控延时自熄节电开关原理结构框图如图 4 - 4 - 2 所示。该开关由电源电路、可控硅开关、声控脉冲形成电路、光控脉冲形成电路、逻辑门电路及可控硅触发和延时电路等组成。

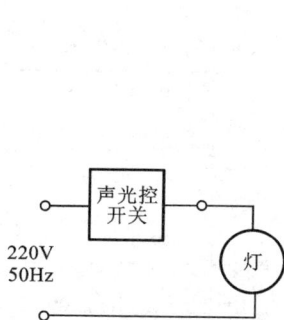

图 4 - 4 - 1　声光控开关使用连接要求

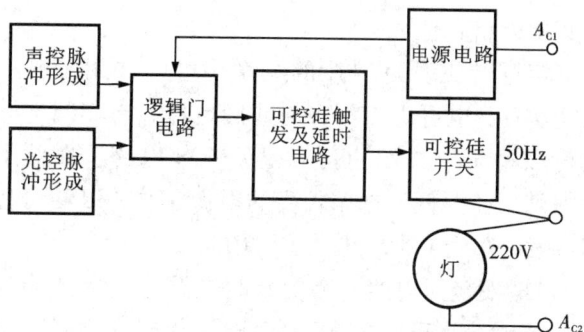

图 4 - 4 - 2　声光控延时自熄电开关原理结构图

（1）电源电路方案。

①可以用变压器经变压后，整流、滤波、稳压获得，此法要用到变压器，体积大、重；

②可以用电容降压法，经整流、滤波、稳压后获得；此法用电容降压，体积小、重量轻，但要独立取电源，不方便；

③可以通过负载在回路中串联，直接经整流、滤波、稳压后获得，因在该系统中电路是当开关来用的，要求灯灭时耗电小。

通过比较三种方案，最后选择方案 3 来给电路提供电源。

（2）声控脉冲形成电路方案。

①声控传感器采用压电片来实现对声音的采集，价廉，体薄，但灵敏度较低。

②采用驻极体话筒来实现对声音的采集，灵敏度高。

经比较后，采用方案 2 来实现对声音信息的采集。

（3）声音放大电路方案选择。

①采用三极管单级放大，电路简单。

②采用运放集成块构成放大电路，成本较高。

经比较后，采用三极管单级放大电路来对声音信号进行放大。

（4）光控脉冲形成电路。

①光敏传感器可以采用光敏二极管、光敏电阻等敏感元件。

②光敏脉冲形成电路可以先放大，后比较，或直接和电阻分压形成。

经比较后选择光敏电阻经电阻分压来形成光信息脉冲。

（5）开关元件选择。开关元件可以采用继电器、三极管、单向可控硅和双向可控硅等执行元件。由于电源电路采用整流桥整流后和负载灯泡一起串联构成通路，开关元件和整流桥形成并联电路，有高压，不宜采用三极管做开关，考虑到体积不宜采用继电器，选择单向可控硅较好。

（6）逻辑控制电路（与非门）方案。根据灯的亮灭控制条件要求：①有光时，不管是否有声音灯都不亮。②无光时，有声音达到一定响度灯就亮。其逻辑功能按照数字电子技术中介绍的方法。

首先明确输入变量和输出变量；设光信号为输入变量 A，且设有光为 0，无光为 1；声音信号为输入变量 B，且有声音为 1，无声音为 0；灯为输出变量 Y，且灯亮为 1，灯灭为 0。

其次列出真值表；

确定逻辑关系为"与"的关系。可以选用二输入与门电路实现，也可用二输入与非门电路，与非门电路集成块可以是 TTL 电路也可以是 CMOS 电路。在此电路中考虑到功耗要低且选用较高的电源工作，以便可控硅可靠触发，选用 CMOS 电路 CD4011。

表 4 – 4 – 1　真值表

A	B	Y
0	0	0
0	1	0
1	0	0
1	1	1

(7)触发延时电路。触发延时电路主要完成当亮灯的条件满足时使开关导通，并延时一段时间之后自动关断；而有声音条件和无光的条件是很短暂的，也就是说，当开灯前环境无光，但当开灯后，就有光了，此时灯要保持亮一段时间；所以延时电路可以采用 RC 放电实现延时目的；从与非门输出的脉冲信号只有很短的时间为高电平，之后就变为低电平了，为了防止电容上的电荷通过与非门放电，要有防止电流倒流的开关。

3. 电路设计

根据声光控延时自熄节电开关原理结构框图来对电路进行具体的设计。

(1)电源电路。电源电路原理图如图 4 – 4 – 3 所示。电路由整流桥 $D_1 \sim D_4$，电阻 R_1、稳压二极管 DW_1、电解电容 C_1、灯泡 LAMP 及可控硅等组成。

220 V 50 Hz 的交流电加在 AC_1 和 AC_2 之间，声光控开关通过 K1 – 1 和 K1 – 2 与电路连接，使灯泡和整流桥构成串联。可控硅和整流桥并联连接，当可控硅不导通时，整流桥和灯泡构成通路，有微弱的电流流过整流桥形成控制电路所需要的直流电源，经大电阻 R_1 降压，二极管 DW_1 稳压，电容 C_1 滤波后输出 7.5 V 的直流信号，供控制电路工作。

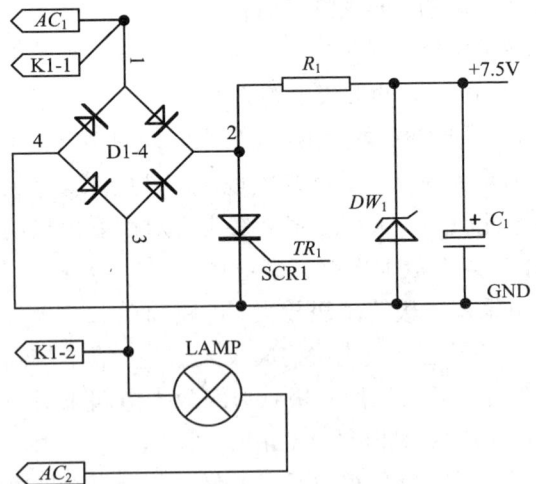

图 4 – 4 – 3　电源电路原理图

(2)声控脉冲形成电路。声控脉冲形成电路原理如图 4 – 4 – 4 所示。

电路由驻极体话筒 MIC，电阻 R_2、R_3、R_4，电容 C_2，三极管 VT_1 等组成。

电阻 R_2 是驻极体话筒的偏置电阻，阻值选择以使 MIC 的 1 脚电平为中间值较好，一般配用电阻为 10k。电容 C_2 为隔直耦合电容，其值取 0.1 μF；R_3、R_4、VT_1 构成单级放大电路，根据不同放大倍数的三极管调整 R_3 的值，使没有声音信号时三极管处于导通状态；此时，要

求三极管 VT_1 集电极（INS）为低电平。

工作原理：静态时，VT_1 处于导通状态，INS 为低电平，当有声音，且大于 30 dB 时，驻极体话筒将声音信号拾取，并转换成电信号，经电容 C_2 耦合一个低电平脉冲到三极管 VT_1 的基极，使三极管进入截止状态，此时，INS 端输出高电平供后续电路用。

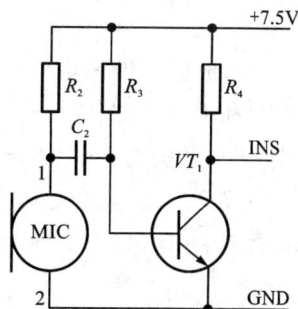

图 4-4-4　声控脉冲形成电路原理图

（3）光控脉冲形成电路。光控脉冲形成电路由光敏电阻和电阻 R_5 分压给与非门提供一个电平信号，当有光照时，输出低电平，无光时变为高电平。选择 R_5 的阻值为 1M。

（4）逻辑控制电路。逻辑控制电路要求为与非门，选择 CMOS 集成电路（CD4011）构成，因一片芯片中有四组与非门，多余的门用于构成延时和增加输入阻抗。具体电路见图 4-4-5 所示。

（5）可控硅开关。开关元件选择单向可控硅 MCR100-6，可允许通过的电流为 1 A。

（6）可控硅触发和延时电路。延时电路采用 R_6 和电容 C_3 构成，延时时间可根据需要，通过调整电阻和电容的参数可在 20s～3min 之间调节。按公式 $T=RC$ 估算，试验时再细调。

4. 仿真与制作

电子电路的仿真按模块进行，可采用 Multisim 7 或 MAX+plus Ⅱ 等软件。参见附录 1、2。

（1）硬件电路图绘制。根据前面对各模块的设计，采用 PROTEL 99 软件，画出电子系统的原理图，如图 4-4-5 所示。

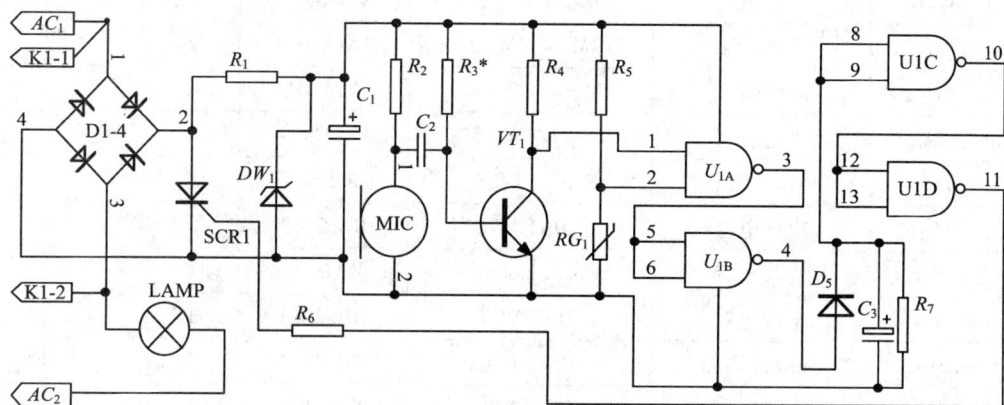

图 4-4-5　声光控延时自熄节电开关原理图

由原理图绘制 PCB 板图，如图 4-4-6 所示。

制板可以把电路板图发到专业制板厂家去加工，对于样机电路单面板也可以自己制作。参见 4.1.2 节说明。

（2）列写元器件清单。元器件清单见表4－4－2。

（3）焊接。根据元件清单准备元件，按原理图和PCB板图进行焊接。声光控延时节电开关焊好后的电路板如图4－4－7所示。注意二极管、三极管和可控硅的引脚。

5. 调试

该电路的调试分为静态工作点的调试和现场调试。

（1）先用直流稳压电源供电来调试声音控制、光控制和延时触发电路。声音控制电路的调试，用示波

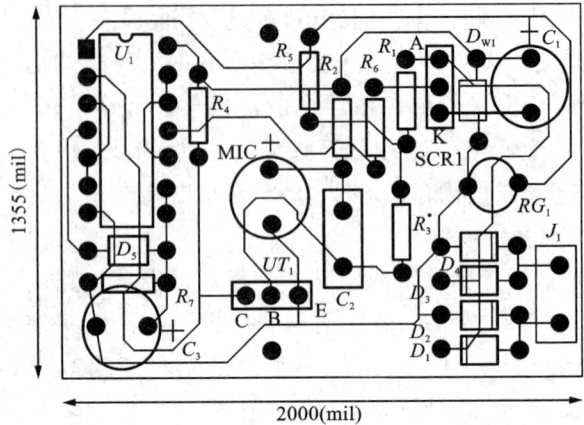

图4－4－6　声光控延时自熄节电开关 PCB 板图

器或万用表检测 U_1 的 1 脚电平信号，当环境声音较小时，1 脚电平为低电平；离驻极体话筒约2m处用掌声检测，在 U_1 的 1 脚有高脉冲出现就说明声控电路工作正常。

表4－4－2　声光控延时自熄节电开关元件清单

序号	代　号	名　　称	型号/规格	封装形式	数量	单价	备注
1	$D_1 \sim D_4$	二极管	IN4007	DIODE0.3	4		
2	D_5	二极管	IN4148	DIODE0.3	1		
3	SCR_1	可控硅	MCR100－6	TO－126	1		
4	R_1	电阻	270k, 1/4W, 5%	AXIAL0.4	1		
5	R_2, R_4	电阻	10k, 1/4W, 5%	AXIAL0.4	2		
6	R_3, R_7	电阻	2.7M, 1/4W, 5%	AXIAL0.4	2		
7	R_5	电阻	1M, 1/4W, 5%	AXIAL0.4	1		
8	R_6	电阻	56k, 1/4W, 5%	AXIAL0.4	1		
9	DW_1	稳压二极管	7.5V, 1/2W	DIODE0.3	1		
10	C_1	电解电容	220μF/25V	RB.2/.3	1		
11	C_2	瓷片电容	0.1μF	RAD0.2	1		
12	C_3	电解电容	10μF/25V	RB.2/.3	1		
13	MIC	驻极体话筒	直径10 mm	RB.2/.3	1		
14	VT_1	三极管	9013, NPN	TO－126	1		
15	RG_1	光敏电阻		RB.2/.2	1		
16	U_1	4－2 输入与非门	CD4011	DIP14	1		
17	J_1	导线	120 mm	RAD0.2	2		

图 4 - 4 - 7　声光控开关成品外形图

　　光控电路用示波器或万用表监测 U_1 的 2 脚电平,遮住光敏电阻不让见光,此时 2 脚应该为高电平,当有光照时,2 脚为低电平。

　　触发延时电路的调试,用示波器监测 U_1 的 4 脚和 11 脚,先遮住光敏电阻的光,当有声音时 4 脚输出高电平脉冲,声音消失之后立即变为低电平;11 脚输出高电平后,维持高电平 20 s 至 3 min,之后再变为低电平。

　　(2)现场调试。主要解决声音和光的灵敏度以及延时时间的长短。调整 R_3 的阻值大小可调节声音的灵敏度;调整 R_5 的阻值可以调整光的灵敏度;改变电阻 R_7 的阻值或电容 C_3 的电容值可以调节灯亮后的延时时间。调试好的电路装入一个塑料外壳里就完成了,可以投入使用。装好之后的产品外形如图 4 - 4 - 7 所示。

　　注意:该产品主要用于楼梯过道、走廊、仓库、地下室及一些需要短时间自动照明的公共场所。

4.4.2　亚超声遥控开关

1. 设计要求

　　研制一种遥控开关,要求通过接收气笛发出的频率约为 18 kHz 的亚超声信号,来达到控制电器开关的目的。当捏一下气囊时,使开关接通,再捏一次时使开关关闭,研制该遥控器的接收电路。具体指标要求:①气笛频率约 18 kHz。②遥控距离大于 5 m。③控制负载:不小于 1 kW。④断电后再来电时,保证开关处于断开状态。⑤具有防止频繁开关电器的功能。

2. 方案论证

　　亚超声是指一种声音信号,其频率处在人耳可听见的频率的高端,即 20 kHz 附近。比超声信号的频率低。住家环境一般较少出现,所以可用来作为控制信号。该信号可由特制的专用气笛产生。

　　经对功能要求分析,该遥控开关的接收电路可由电源电路、声音检测传感器、选频放大电路、脉冲展宽、锁存电路以及继电器开关电路等几个模块构成。系统结构框图如图 4 - 4 - 8 所示。

　　电源电路选用电容降压,经整流、滤波、稳压后得到 12 V 的直流电供后续电路使用。

　　声音检测传感器选用直径为 27 mm 的谐振频率为 18 kHz 的压电陶瓷片。

　　选频放大电路采用 LC 振荡器和三极管放大器构成。

　　为了提高该遥控器的抗频繁开关能力,设计了一个对遥控信号的脉冲展宽电路,使在一

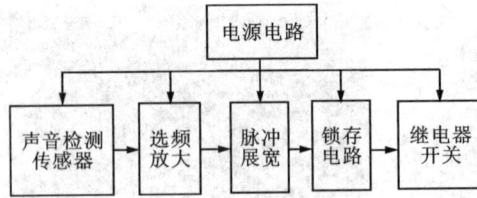

图 4 - 4 - 8 亚超声遥控开关结构框图

定时间内连续来的多个脉冲信号只当作一次动作，大大高了控制的可靠性。

锁存电路主要实现按一次遥控器，开关闭合并保持，再按一次遥控器，开关断开并保持，所以要锁存功能，采用 D 触发器构成二分频器来锁存，加上上电复位功能。

开关电路采用 12V5A 的继电器控制，保证带载能力。

3. 电路设计

(1)电源电路。电源电路如图 4 - 4 - 9 所示。

由电容 C_1、R_1、$D_1 \sim D_4$、R_2、DW_1 及 C_2 组成。AC_1、AC_2 直接接入市电，经电容 C_1 耦合进来的电能经 $D_1 \sim D_4$ 整流后，通过稳压滤波得到 12V 的直流电，供后续电路使用。

该电路的特点是通过电容 C_1 的降压作用获得恒流电源，电路输出的电流较小，只能达到几十个毫安。只能用于对负载较小的小电子产品供电。

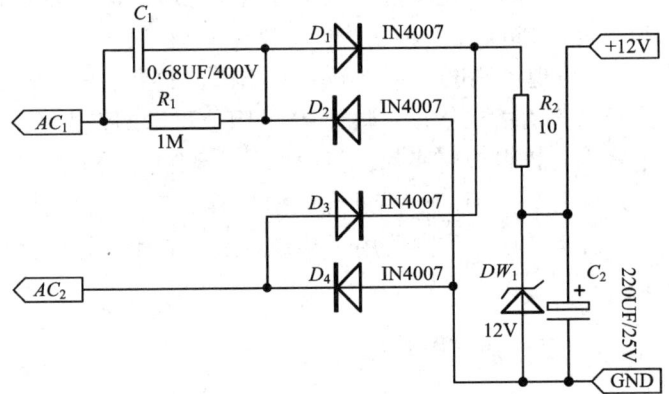

图 4 - 4 - 9 电源电路

电阻 R_1 的作用是当 AC_1、AC_2 断电后，给电容 C_1 提供一个放电回路，其阻值取 1 MΩ。电阻 R_2 是稳压二极管的调整电阻，阻值根据电路负载大小可进行调整。电容 C_2 为滤波电容，取 220 μF，25 V 的电解电容。

(2)超声检测及选频放大电路。超声检测及选频放大电路原理如图 4 - 4 - 10 所示。超声检测传感器选用直径为 27 mm 的压电陶瓷，接在三级管 B、E 之间。电感 L_1 和 C_3 电容构成谐振电路，其谐振频率为 $f = \dfrac{1}{2\pi \sqrt{LC}}$；取谐振频率为 18 kHz，电感取 22 mH，求得电容 C_3 的值为 0.1 μF。

当有声音时，压电片在声音信号的作用下，形成微弱的电信号，经三极管放大、选频后，得到 18 kHz 的信号经电容 C_4 耦合到 VT_2，通过 VT_2 的开关，使电容 C_5 快速充电，IN_1 变为高电平。当声音消失后，电容 C_5 上的电荷通过 R_4、R_5 快速放电，使 IN_1 变为低电平。

(3)脉冲展宽与锁存电路。脉冲展宽电路的作用是为了防止小孩使用遥控器频繁开关电器，以及当气笛操作时防止误开关动作。

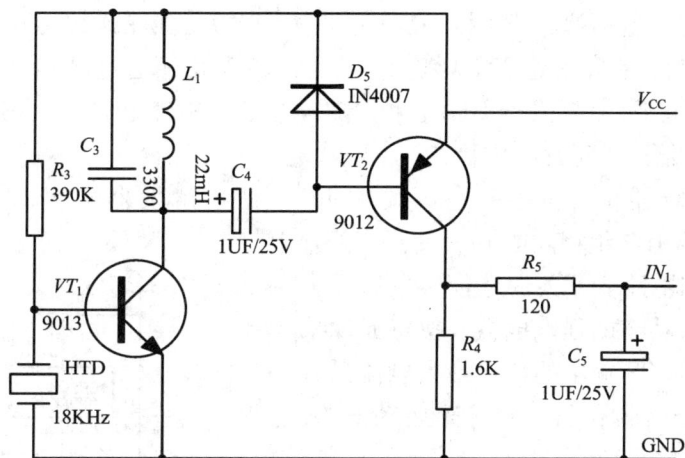

图 4 – 4 – 10　选频放大电路

脉冲展宽电路原理如图 4 - 4 - 11 所示。电路由 D 触发器 U1A、电阻 R_6、电容 C_7 组成。把 D 端(即 5 脚)接到高电平，Q 端通过电阻 R_6 和电容 C_7 充电控制复位端 R(即 4 脚)，根据 D 触发器的工作特征方程 $Q^{n+1} = D$ 可描述脉冲展宽电路的工作原理。当从 IN_1 输入一个高电平后，U_{1A} 的 1 脚输出高电平，之后当再来脉冲信号时，由于 Q 端已经是高电平，一直保持高电平不变，直到复位；

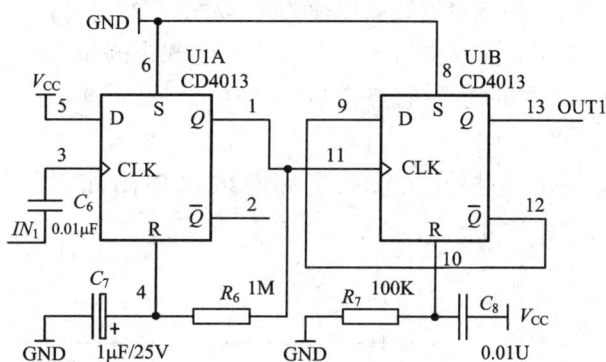

图 4 – 4 – 11　脉冲展宽电路

输出的高电平经 R_6 对电容 C_7 充电，当充到 U_1 的 R 端为高电平时，电路复位，U_1 的 Q 端输出变为低电平，为接收下一次遥控信号做好准备。延时时间按公式 $T = R \cdot C$ 计算，如定时时间为 1 s，先取 $C_7 = 1\ \mu F$，可计算出电阻 $R_6 = 1\ M\Omega$。

锁存电路的功能是保证当按一次遥控器后开关接通，当遥控信号消失后，保证开关接通不变。当再按一次遥控器后锁存电路输出翻转，并保持。锁存电路通过把 D 触发器 U1B 的 9 脚和 12 脚相连，构成二分频器，时序关系如图 4 - 4 - 12 所示。

U_1 的 3 脚信号是遥控器发出的控制信号，可能会多次连续出现。U_1 的 1 脚为经过脉冲展宽后的波形。其输出高电平的宽度是一样的，在此期间，所来的遥控信号都被屏蔽掉。直到复位后再

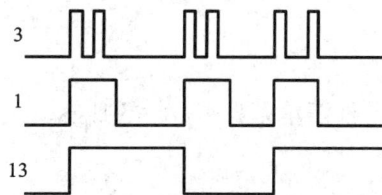

图 4 – 4 – 12　锁存信号时序图

来遥控信号时才会再次变为高电平。U_1 的 13 脚输出的是控制动作,也是对 1 脚输出的信号进行二分频后的信号。这样就保证了按一次开,再按一次关,第三次按再开,……

上电复位电路由电容 C_8 和电阻 R_7 组成。上电后 12 V 电源通过电容 C_8 耦合到电阻 R_7,使复位端 10 脚为高电平,D 触发器 U1B 复位,随着 C_8、R_7 的充电作用,经过一段时间 10 脚变为低电平,D 触发器进入正常工作状态。

考虑到开关执行器件,使用的电源要求 12V,所以触发器选用 CMOS 器件,选择 CD4013,该芯片中含有 2 组相同的 D 触发器。

(4)继电器控制电路。开关弱电信号最后要去控制高压大电流、大功率的强电电器。执行元件采用继电器,由于从 CMOS 输出的信号最大电流只有 0.5 mA,所以,弱点控制信号要加一个驱动电路,再去控制继电器。继电器控制电路如图 4 - 4 - 13 所示。

当 D 触发器 13 脚输出高电平时,三极管 VT_5 饱和导通,继电器 RJ_1 得电吸合,使电器座 CZ_1 通电。12V5A 继电器的线圈电流为 30 mA,二极管 D_8 主要是为了防止三极管 VT_5 在由导通变截止的瞬间被线圈产生的感应电势击穿而提供的一个续流通路。

亚超声遥控开关接收电路总的原理图如图 4 - 4 - 14 所示。

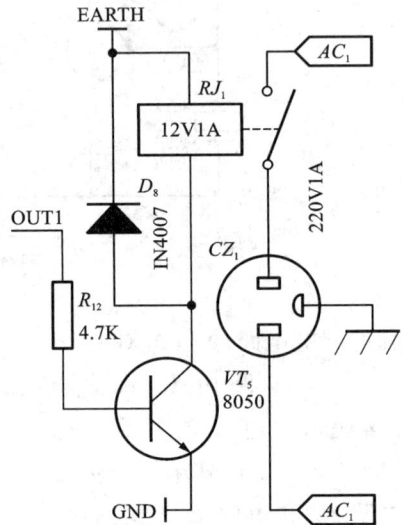

图 4 - 4 - 13   继电器控制电路

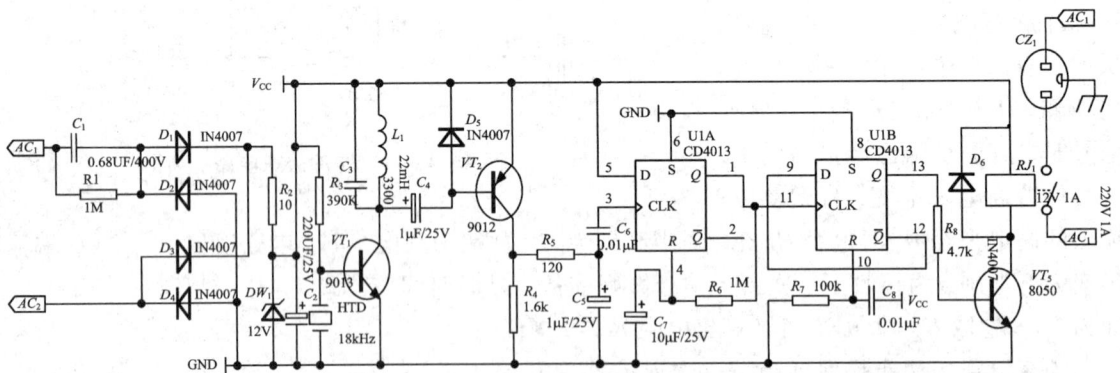

图 4 - 4 - 14   亚超声遥控开关接收电路原理总图

元件清单见表 4 - 4 - 3 所示。

表 4－4－3　亚超声遥控开关元件清单

序号	代号	名称	型号/规格	封装形式	数量	单价	备注
1	U_1	双 D 触发器	CD4013	DIP14	1		
2	VT_1	NPN 三极管	9013	TO－92B	1		
3	VT_2	PNP 三极管	9012	TO－92B	1		
4	VT_5	NPN 三极管	8050	TO－92B	1		
5	$D_1 \sim D_6$	二极管	IN4007	DIODE0.3	6		
6	DW_1	稳压二极管	12V, 0.5W	DIODE0.3	1		
7	HTD	压电片	直径 27mm, 18kHz	RAD0.2	1		
8	L_1	电感	22mH	RB.1/.2	1		
9	C_1	电容	0.68μF, 400V	RAD0.6	1		
10	C_2	电解电容	220μF/25V	RB.2/.3	1		
11	C_3	瓷片电容	0.1μF	RAD0.2	1		
12	C_4, C_5, C_7	电解电容	1μF/25V	RB.1/.2	3		
13	C_8	瓷片电容	0.01μF	RAD0.2	1		
14	R_1, R_6	电阻	1/4W, 1M, 5%	AXIAL0.4	2		
15	R_2	电阻	1/4W, 10, 5%	AXIAL0.4	1		
16	R_3	电阻	1/4W, 390k, 5%	AXIAL0.4	1		
17	R_4	电阻	1/4W, 1.6k, 5%	AXIAL0.4	1		
18	R_5	电阻	1/4W, 120, 5%	AXIAL0.4	1		
19	R_7	电阻	1/4W, 100k, 5%	AXIAL0.4	1		
20	R_8	电阻	1/4W, 4.7k, 5%	AXIAL0.4	1		
21	RJ_1	继电器	DC12V, 5A	RELAY－5	1		
22	CZ_1	插座	三孔座	RAD0.4	1		

4．仿真与制作

根据亚超声遥控开关的原理图，分别对模拟电路和数字电路进行仿真。仿真无误后再绘制 PCB 板图，制板，并按照元件清单准备材料。之后开始焊接。其过程参见 4.2 节，就不再细说。

5．调试

亚超声遥控开关的调试也分为两步进行：弱电部分的调试和现场调试。

（1）弱电部分调试：采用直流稳压电源供电。

①先调节声音检测和选频放大部分电路。用示波器（或万用表）监测两端的电压。用遥控器发声，看示波器（或万用表）上监测到的信号的变化。

②再调试脉冲展宽和锁存电路。用示波器监测的 1 脚和 13 脚信号的变化。并检测复位

电路的工作情况。

（2）现场调试。电路焊接粗调之后，接入现场接上负载，用遥控器控制观察电器的工作是否正常，检测遥控距离。对于灵敏度不够的可以通过调节的参数来调整。

思考题：在亚超声遥控电路中如何设计一个指示灯指示开关的通断。

选做题：（要求写清楚方案论证、总体设计和硬件电路设计、安装调试步骤，做出样机板）

4－1　研制一个冬天温室温度双限温控器。

设计要求：温室温度控制范围在 36℃ ±1℃；主加热为燃煤，辅助加热为功率为 2 kW 的电炉，可保证温室温度超过 39℃；通过温室内外温差降温。（提示：采用热敏电阻测温。）

4－2　研制一个四路无线电遥控开关。

设计要求：遥控距离大于 30 m，控制功率 1 kW，可控制四路电器独立开关，采用编码电路，使多套产品在一起使用时，互不干扰。（提示：采用编、解码芯片。）

4－3　研制一个热释电红外自动开关。

设计要求：根据人体热释电来检测是否开关灯，有人来开灯，然后延时 30 s 自动熄灭，白天有光时灯不亮。（提示：采用热释电红外传感器。）

附录 1 Multisim 7 简介

随着电子技术的发展，20 世纪 80 年代后期，为适应电子产品越来越向多功能、智能化、小型化方向发展的需要，计算机技术在电子电路设计中发挥着越来越大的作用，优秀的电子设计自动化（EDA）软件推陈出新，如 PSPICE、EWB 等。这里介绍的 Multisim 7 就是最新的具有代表性的 EDA 软件。

1.1 EWB 与 Multisim 7

EWB 是加拿大 IIT 公司于 20 世纪 80 年代末推出的电子线路仿真软件。它可以对模拟、数字和模拟/数字混合电路进行仿真，克服了传统电子产品的设计受实验室客观条件限制的局限性，用虚拟的元件及虚拟的仪表代替实际的元器件和仪表对电路进行各种参数和性能指标的测试。与其他电路仿真软件相比，它具有以下特点：

1. 系统集成度高，界面直观，操作方便

EWB 软件把电路图的创建、电路的测试分析和仿真结果等内容都集成到一个窗口中。整个操作界面就像一个实验平台。创建电路所需的元器件、仿真电路所需的测试仪器均可以直接从电路窗口中选取，而且虚拟的元器件、仪器与实物外形非常相似。

2. 具备模拟、数字及模拟/数字混合电路的仿真

在电路窗口中既可以对模拟或数字电路进行仿真，也可以对模拟/数字电路进行仿真。

3. 提供较为丰富的元器件库

EWB 的元器件库提供了数千种类型的元器件及各类元器件的理想参数。用户还可以根据需要修改元器件参数或创建新元件。

4. 电路分析手段完备

EWB 除了用 7 种常用的测试仪器来对仿真电路进行测试之外，还提供了电路的直流工作点分析、瞬态分析、傅里叶分析等 14 种常用的分析方法。

5. 输出方式灵活

对电路进行仿真时，它可以储存测试点的数据、测试仪器的工作状态、显示的波形以及电路元件的统计清单等内容。

6. 兼容性好

EWB 的元件库与 SPICE 的元件库完全兼容，电路文件可以直接输出到常见印刷电路板设计软件中，如 Protel、OrCAD 等。

Multisim 7 是 IIT 公司对 Multisim 2001 的改进升级版，它增加了 3D 元件以及安捷伦的万用表、示波器、函数信号发生器等仿实物的虚拟仪表，使得虚拟电子工作平台更加接近实际的实验平台。Multisim 7 具有以下特点：

1. 用户界面直观

Multisim 7 沿袭了 EWB 界面的特点，提供了一个灵活的、直观的工作界面来创建和定位

电路。

2. 种类繁多的元件和模型

Multisim 7 提供的元件库拥有 13000 个元件。而且元件被分为不同的系列，可以很方便地找到所需要的元件。

Multisim 7 元件库含有所有的标准器件及当今最先进的数字集成电路。数据库中的每一个器件都有具体的符号、仿真模型和封装，用于电路图的建立、仿真和印刷电路板的制作。

Multisim 7 还含有大量的交互元件、指示元件、虚拟元件、额定元件和三维立体元件。除了 Multisim 7 软件自带的主元件库外，用户还可以建立"公司元件库"。Multisim 7 与其他软件相比，能提供更多方法向元件库中添加个人建立的元件模型。

3. 元件放置迅速，连线简捷方便

Multisim 7 可以使学生几乎不需要指导就可以轻易地完成元件的放置。元件的连线也非常简单，只需单击源引脚和目的引脚就可以完成元件的连接。

4. 进行 SPICE 仿真

SPICE 仿真可以快速了解电子电路的功能和性能。Multisim 7 为模拟、数字以及模拟/数字混合电路提供了快速、精确的仿真，Multisim 7 的界面对最为陌生的用户来说也非常直观。这样用户运用 SPICE 的功能时不必去担心其复杂的句法。

5. 虚拟仪器

Multisim 7 提供了逻辑分析仪、安捷伦仪器、波特图仪、失真分析仪、频率计数器、数字万用表等 18 种虚拟仪器。其功能与实际仪表完全相同，甚至有些仪表的面板及旋钮和按键的功能也和实际仪表一样。这样用户就可以毫无风险地使用这些仪器，掌握实际仪表的使用方法。

6. 强大的电路分析功能

Multisim 7 提供了诸如直流工作点分析、3dB 点分析、批处理分析、失真分析、噪声分析、用户自定义分析等 19 种分析。

7. 强大的作图功能

Multisim 7 提供了强大的作图功能，可将仿真分析结果进行显示、调节、储存、打印和输出。

8. 后处理器

利用后处理器，可以对仿真结果和波形进行传统的数学和工程运算。

9. RF 电路的仿真

Multisim 7 提供了专门用于射频电路仿真的元件模型库和仪表，以此搭建射频电路并进行实验，提高了射频电路仿真的准确性。

10. HDL 仿真

利用 Multi HDL 模块，Multisim 7 还可以进行 HDL 硬件描述语言仿真。在 Multi HDL 环境下，可以编写与 IEEE 标准兼容的 VHDL 或 Verilog HDL 程序，该软件环境具有完整的设计入口、高度自动化的项目管理、强大的仿真功能、高级的波形显示和综合调试功能。

1.2 Multisim 7 的安装

Multisim 7 教育版的安装可分为单机用户版和网络版安装。单机用户版用于在一台没有联网的计算机上安装 Multisim 7。网络版则用于在网络或者几台独立的计算机上安装 Multisim 7。这里以单机用户版为例来说明 Multisim 7 的安装过程。

安装 Multisim 7 的第一阶段为升级 Windows 系统文件。首先在 Windows 系统下，将 Multisim 7 的系统光盘放入光驱内，系统将自动启动安装程序。安装程序的启动画面如图 1 – 1 所示。图 1 – 1 中的右下角为安装程序检查系统是否可以安装 Multisim 7 的过程。

图 1 – 1　Multisim 7 软件安装的启动画面

检查完成后，先后出现程序安装说明、版权声明、系统升级等对话框，最后出现如图 1 – 2 所示的"系统文件更新完成"对话框。

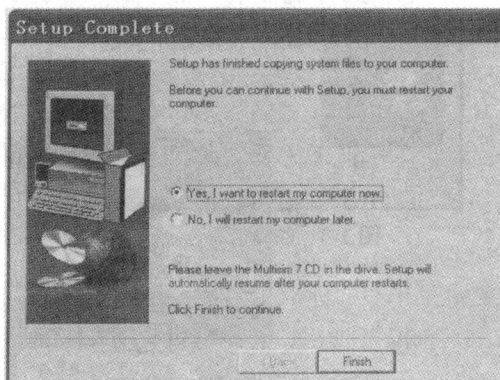

图 1 – 2　"系统文件更新完成"对话框

第二阶段为正式安装 Multisim 7 的系统程序。与大多数应用软件的安装不同，重新开机后不能自行启动安装程序，需要单击 Windows "开始"菜单中的"程序"级联菜单中的 Startup 下 Continue Setup 命令，安装程序重新启动。出现安装界面、简要安装说明及版权声明等对话框，只要单击其中的 Next 或者 Yes 按钮即可。

完成第二阶段的安装之后，就可以使用 Multisim 7 软件了。但有时间限制，只能使用 15 天，过期就不能打开 Multisim 7 软件。要想不受时间限制长期使用下去，还必须输入一个交付码来激活 Multisim 7，该过程也就是 Multisim 7 安装的第三阶段。登录 Electronics Workbench 网站，获取交付码。其网址是 www. electronics workbench. com。

1.3 Multisim 7 用户界面

单击 Windows"开始"菜单中"程序"下的 Multisim 7，弹出如图 1 - 3 所示的 Multisim 7 用户界面。

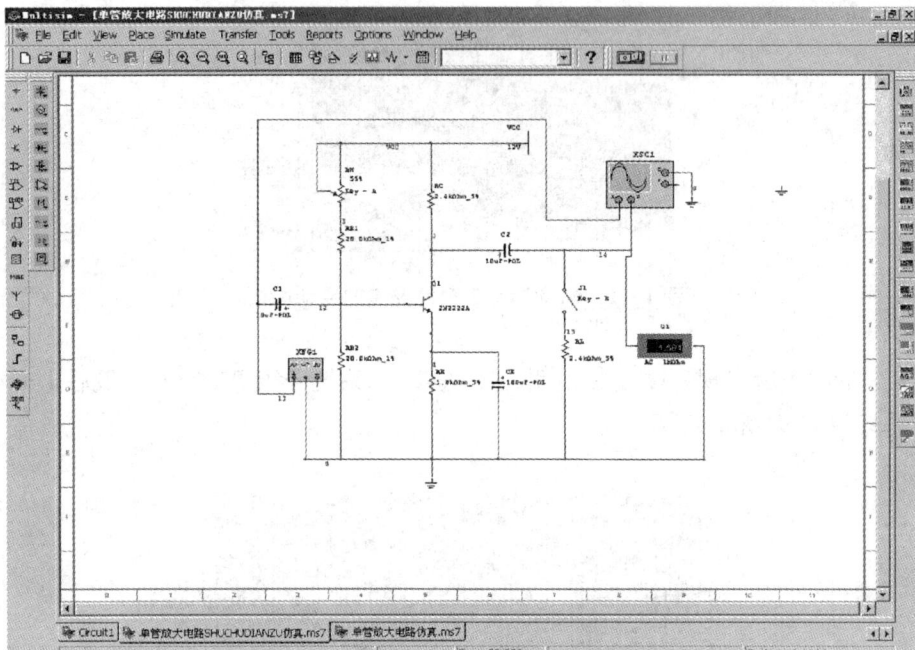

图 1 - 3 Multisim 7 用户界面

Multisim 7 用户界面主要由菜单栏、标准工具栏、使用的元件列表、仿真开关、图形注释工具栏、项目栏、元件工具栏、虚拟工具栏、电路窗口、仪表工具栏、电路标签、状态栏和电路元件属性视窗等组成。

1. 菜单栏

Multisim 7 软件的菜单栏提供了绝大多数的功能命令。菜单栏从左向右依次为文件菜单、编辑菜单、窗口显示菜单、放置菜单、仿真菜单、文件输出菜单、工具菜单、报告菜单、选项菜单、窗口菜单和帮助菜单。

2. 标准工具栏

该工具栏包含了有关电路窗口基本操作的按钮，从左向右依次为新建、打开、保存、剪切、复制、粘贴、打印、放大、缩小、100%放大、全屏显示、项目栏、电路元件属性视窗、数据库管理、创建元件、仿真启动、图表、分析、后处理、使用元件列表和帮助按钮。

3. 仿真开关

仿真开关如图 1 - 4 所示，主要用于仿真过程的控制。

4. 图形注释工具栏

图形注释工具栏如图 1 - 5 所示。该工具栏主要用于在电路

图 1 - 4 仿真开关

窗口中放置各种图形,从左向右依次为文本、直线、
折线、矩形、椭圆、圆弧、多边形和图片。

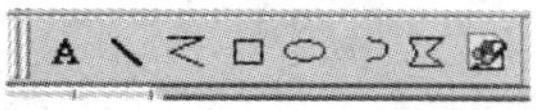

图 1-5　图形注释工具栏

5. 项目栏

利用项目栏可以把有关电路设计的原理图、PCB 版图、相关文件、电路的各种统计报告分类管理,还可以观察分层电路的层次结构。

6. 元件工具栏

Multisim 7 把所有的元件分成 13 类库,再加上放置分层模块、总线、登录网站共同组成元件工具栏。

7. 虚拟工具栏

虚拟工具栏由 10 个按钮组成,单击每个按钮可以打开相应的工具栏,利用工具栏可以放置各种虚拟元件。

8. 电路窗口

电路窗口是创建、编辑电路图,仿真分析波形显示的地方。

9. 仪表工具栏

Multisim 7 提供了 18 种虚拟仪表。

10. 电路标签

Multisim 7 可以调用多个电路文件,每个电路文件在电路窗口的下方都有一个电路标签,用鼠标单击哪个标签,哪个电路标签就被激活。

11. 状态栏

在电路窗口中电路标签的下方就是状态栏,状态栏主要用于显示当前的操作及鼠标所指条目的有关信息。

12. 电路元件属性视窗

该视窗是当前电路文件中所有元件属性的统计窗口,可通过该视窗改变部分或全部元件的某一属性。

1.4　Multisim 7 应用实例

通过前面的介绍,我们对 Multisim 7 的使用已经有了一个初步的认识。现在,我们以三极管单级放大电路图 1-6 为例,简要介绍利用 Multisim 7 来创建电路图和仿真的过程。

1. 创建电路图

(1)启动 Multisim 7 软件。单击 Windows"开始"菜单下"程序"中的 Multisim 7,就会打开 Multisim 7 的用户界面,并在电路窗口中自动建立一个文件名为"Circuitl"的电路文件。

(2)放置元件。Multisim 7 将若干元件模型分门别类地存放在元件工具栏中,元件模型是电路仿真的基础。所需的元件可以从元件工具栏或虚拟元件工具栏中提取。两者不同的是,从元件工具栏中提取的元件都与具体型号的元件相对应,在"元件属性"对话框中不能更改元件的参数(制造元件的性能参数),只能用另一型号的元件来代替。从虚拟元件工具栏中提取的元件的大多数参数都是该种类元件的典型值,部分参数可由用户根据需要自行确定,且虚拟元件没有元件封装,故制作电路板时,虚拟元件将不会出现在 PCB 文件中。下面以放置电阻元件为例来说明放置元件的过程。

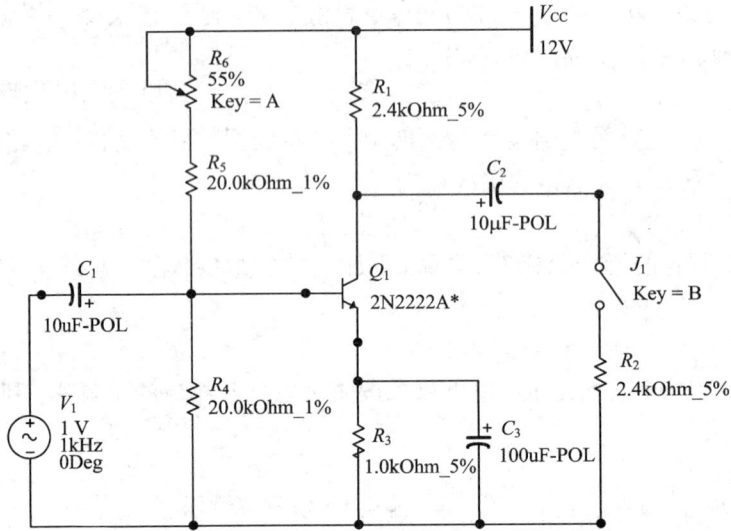

图 1-6　三极管单级放大电路

用鼠标单击 Multisim 7 用户界面的元件工具栏的 Basic 元件库按钮，弹出"Select a Component"对话框，再单击该对话框左侧"Family"滚动窗口中的"RESISTOR"。"Select a Component"对话框变成如图 1-7 所示的界面。

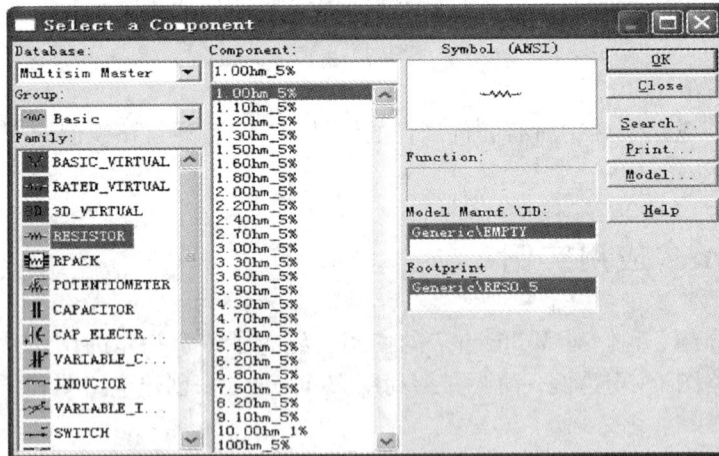

图 1-7　提取电阻

该对话框中显示了元件的许多信息，在"Component"滚动框中，列出了许多现实的电阻元件。拖动滚动条，找到 1.0 kΩ 电阻，单击"OK"按钮或双击所选中的电阻，就会选中找到的电阻。选中的电阻会随着鼠标的移动在电路窗口中移动，移到合适的位置后，单击左键就可将该电阻放到指定的位置上。再单击 Edit 菜单中的"90 Clockwise"或"90 CounterCW"命令，将它们垂直放置。

参照上述方法，将其余元件依次放置到电路窗口中。

（3）连接电路。在 Multisim 7 的电路窗口中连接元件非常简单方便，通常有以下两种类型：

①元件与元件的连接。将鼠标指针移动到所需要连接元件的引脚上，鼠标指针就会变成中间有黑点的十字。单击鼠标并移动，就会拖出一条实线，将它移动到所要连接元件的引脚上，再次单击鼠标，就会将两个元件的引脚连接起来。

②元件与连线的连接。从元件引脚开始，将鼠标指针移动到所要连接元件的引脚上，单击鼠标并移动，移动到所要连接的连线时，再次单击鼠标，就会将元件与连线连接起来，同时在连线的交叉点上，自动放置一个节点。

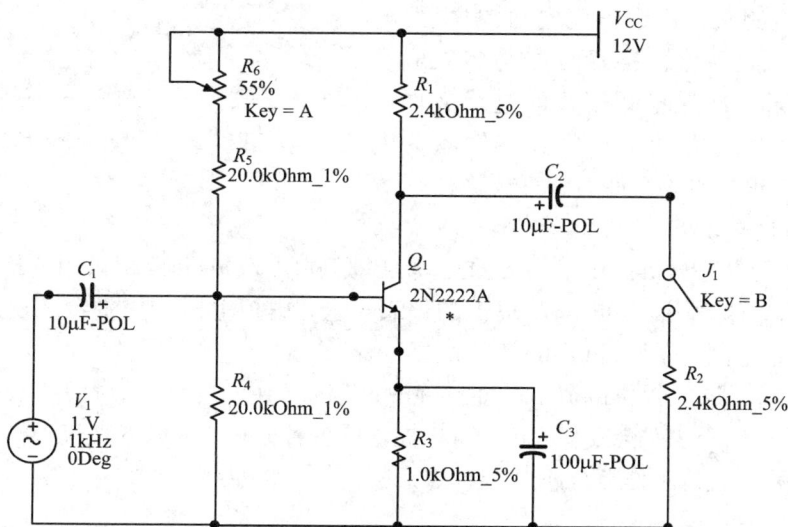

图 1 - 8　连接完成后的电路图

（4）编辑元件。为了使创建完成的电路符合工程习惯，便于仿真，可以对创建完成后的电路图作进一步的编辑。常用的编辑如下：

①调整元件。如果对某个元件放置的位置不满意，可以调整其位置。具体方法是：首先用鼠标指向所要移动的元件，选中元件，此时元件的 4 个角上出现 4 个小方块。然后按住鼠标左键不放，将选中的元件拖至所要移动的位置即可。若选中多个元件，则可将多个元件一起移动。

②调整导线。如果对某条导线放置的位置不满意，可以调整其位置。具体方法是：首先用鼠标单击所要移动的导线，选中导线，此时导线两端和拐角处出现黑色小方块。若将鼠标放在选中的导线中间，鼠标会变成一个双向箭头。按住鼠标左键，拖动导线至理想位置松开鼠标左键即可；若鼠标放在选中导线拐角处的小方块上，按住鼠标左键，就可改变导线拐角的形状。

③修改元件的参考序号。元件的参考序号是从元件库中提取时自动产生的，但有时与我们的工程习惯不相符。这时我们可以双击该元件，在弹出的属性对话框中修改元件的参考序号。

④修改虚拟元件的数值。电路窗口中的虚拟元件，其数值大小都为默认值。可通过其属性对话框修改数值大小。

（5）显示电路节点。电路元件连接后，为了区分电路不同节点的波形和电压，通常给每个电路节点起一个序号。初次使用 Multisim 7 仿真软件,所建立的电路不会自动显示节点序号,可单击 Multisim 7 的"Options"菜单中的"Preferences"命令,弹出"Preferences"对话框,如图 1-9 所示。

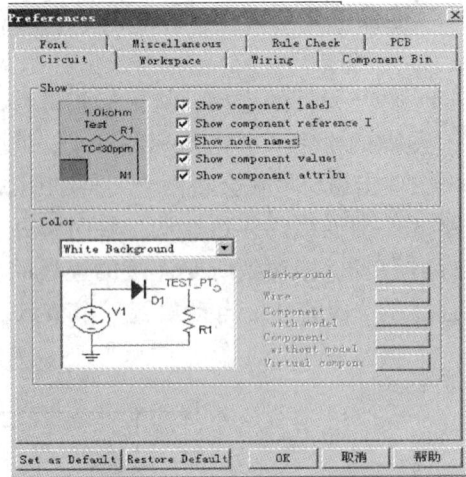

图 1-9 Preferences 对话框

在"Circuit"标签中,选中"Show"框中的"Show node names"选项。选择完毕后单击"OK"按钮,就会返回 Multisim 7 用户界面,电路图中的节点全部显示出来。

(6)保存电路文件。编辑完电路图之后,就可以将电路文件存盘。存盘方法与多数应用程序相同,第一次保存新创建的电路文件时,弹出"另存为"对话框,默认文件名为"Circuit. ms7",也可更改文件名和存放路径。

2. 电路的仿真分析

Multisim 7 为电路分析提供了强大的工具,一是利用 Multisim 7 提供的分析功能,仿真电路的各种性能;二是利用 Multisim 7 提供的仪表,建立虚拟电子工作平台。现以前述的三极管单级放大电路为例,说明 Multisim 7 的仿真过程。

(1)利用 Multisim 7 提供的分析功能。在 Multisim 7 用户界面中,打开"Simulate"主菜单中的"Analysis"子菜单,就会发现 Multisim 7 提供的各种分析,下面以直流工作点分析为例来说明仿真的过程。直流工作点分析的步骤如下所述:

①创建电路原理图。

②显示电路的节点序号。

③设置显示电压的节点。单击"Simulate"主菜单中的"Analysis"子菜单下的"DC Operating Point"命令,弹出如图 1-10 所示的"DC Operating Point Analysis"对话框。

在"Output"标签中,选择需要仿真的变量。可供选择的变量全部罗列在"Variables in circuit"列表栏中,选中的变量全部列在"Selected

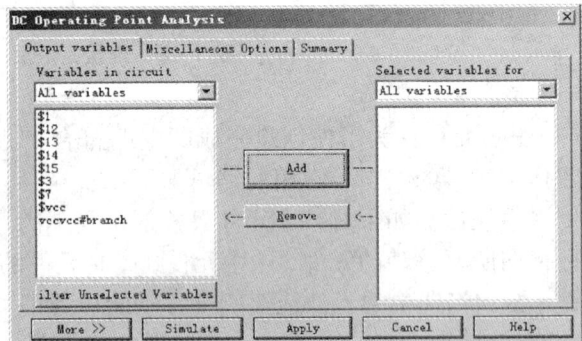

图 1-10 "DC Operating Point Analysis"对话框

variables for"列表栏中,单击"Add"或"Remove"按钮,就可选择或撤销某个变量。

④启动仿真按钮。单击图 1-10 中的"Simulate"按钮,仿真的结果如图 1-11 所示。

(2)利用 Multisim 7 提供的仪表进行仿真分析。在电路窗口右侧的仪表工具栏中,Multisim 7 提供了 18 种仪表,基本上能满足虚拟电子工作平台的需要,甚至还包括一些贵重仪表。下面以实验室最常用的双踪示波器为例,具体说明如何利用仪表进行电路节点的波形仿真。利用示波器显示输出波形的步骤如下:

①连接示波器。单击仪表工具栏中的"Oscilloscope"按钮,鼠标指针处就出现一个示波器

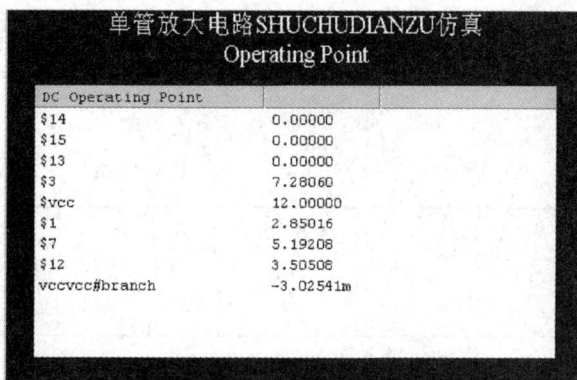

图 1-11   直流工作点分析仿真结果

的图标,移动鼠标到合适位置,再次单击,就可将示波器放到指定位置。示波器的图标上有
4 个端子,底部水平位置分别是 A、B 通道信号输入端,右侧垂直方向由上而下分别是接地端
和外触发信号输入端。连接后的电路图如图 1-12 所示。

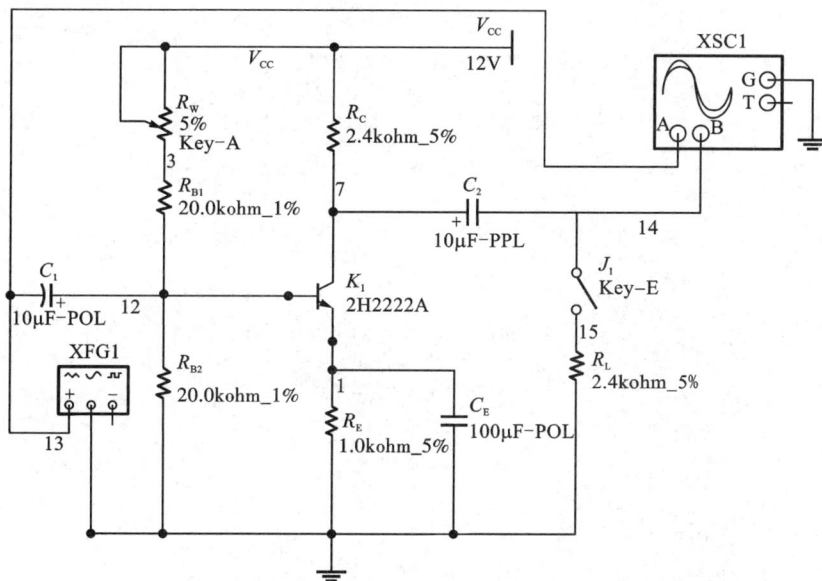

图 1-12   连接示波器后的电路图

②观察波形。单击"仿真"按钮,双击示波器图标,就会在示波器的显示屏上显示输入、
输出的信号波形。若显示波形不理想,可分别调整时间刻度、A/B 通道的幅度刻度和垂直偏
差,就会显示清晰可辨的波形。调整后的波形图如图 1-13 所示。

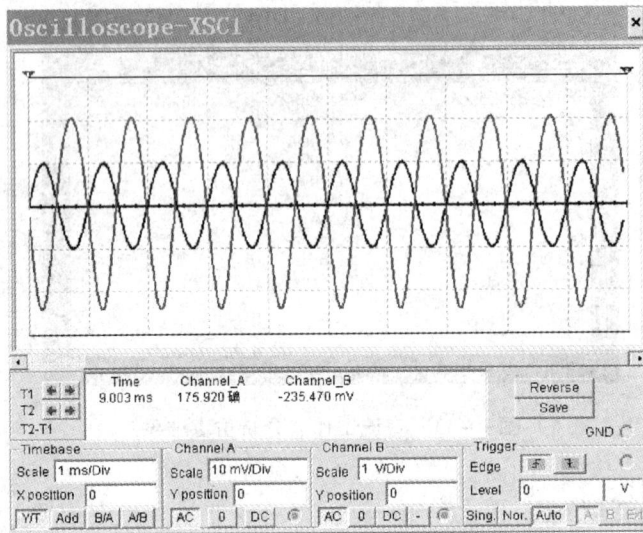

图 1 – 13   示波器显示的波形

附录 2　MAX + plus Ⅱ 简介

MAX + plus Ⅱ 是 Altera 公司提供的 EDA 设计工具，它提供了一种与结构无关的设计环境。MAX + plus Ⅱ 具有开放式的界面，可以方便地与其他标准的 EDA 设计输入、综合及校验工具连接，设计者无需精通器件内部的复杂结构，即可用自己熟悉的标准的设计描述方式进行设计，MAX + plus Ⅱ 把这些设计转换成最终结构所需的格式。同时 MAX + plus Ⅱ 提供了丰富的逻辑功能库供设计人员调用，还允许设计人员自定义宏功能模块，充分利用已有的设计，大大减少设计的工作量，成倍缩短开发周期，设计效率非常高。下面以半加器为例，介绍使用 MAX + plus Ⅱ 10.2 进行图形输入设计的步骤。

（1）双击桌面上的 MAX + plus Ⅱ 10.2 快捷图标，打开如图 2 - 1 所示的"MAX + plus Ⅱ Manager"窗口。

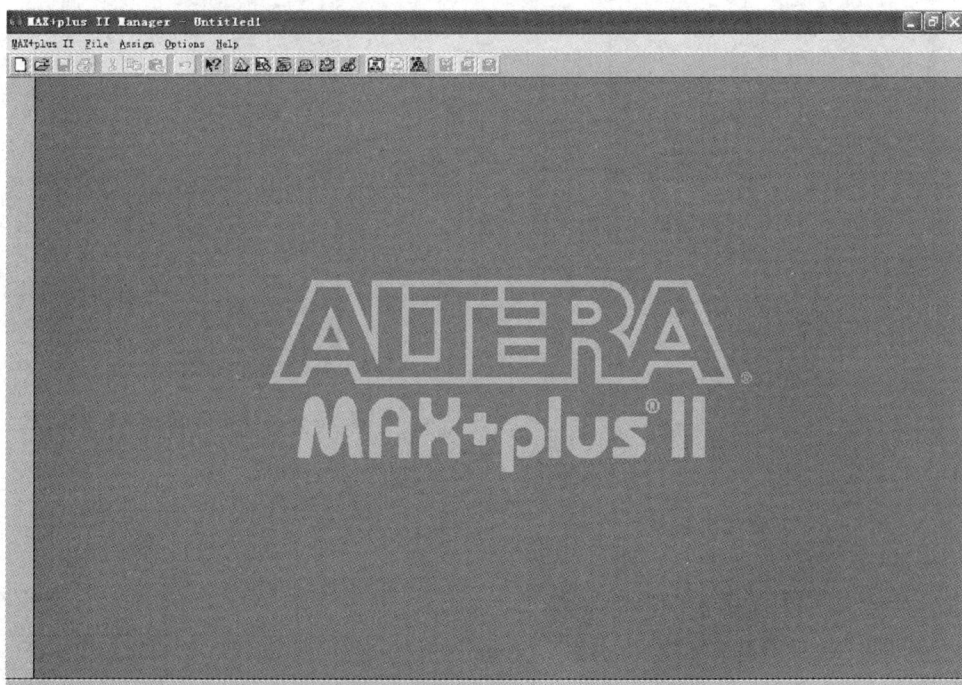

图 2 - 1　MAX + plus Ⅱ Manager 窗口

（2）选择如图 2 - 2 所示的"File"→"New"命令，打开如图 2 - 3 所示的"New"对话框。

（3）在如图 2 - 3 所示的"New"对话框的"File Type"区域内，选择"Graphic Editor file"单选项，单击"OK"按钮，打开"Graphic Editor"窗口。

（4）在"Graphic Editor"窗口的空白部分单击右键，在弹出的如图 2 - 4 所示的菜单中选择"Enter Symbol"项，或直接双击"Graphic Editor"窗口中的空白部分，打开如图 2 - 5 所示的

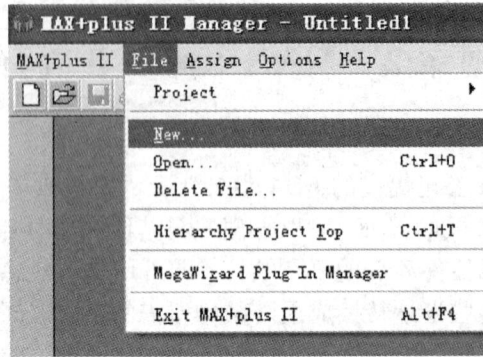

图 2 - 2　选择"File"→"New"命令

"Enter Symbol"对话框。

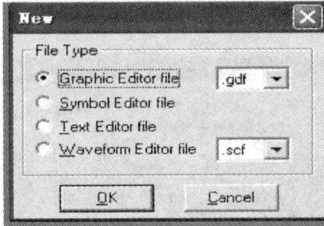

图 2 - 3　"New"对话框

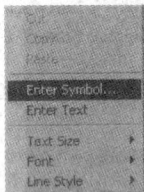

图 2 - 4　右键弹出菜单

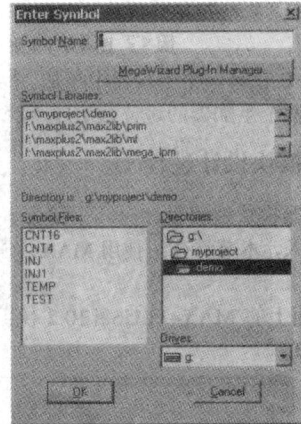

图 2 - 5　"Enter Symbol"对话框

（5）在"Enter Symbol"对话框的"Symbol Libraries"列表框中双击基本逻辑元件库"prim"的路径，"Symbol Files"列表中将显示该库中所有的符号文件。

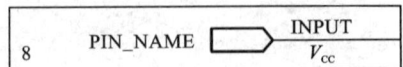

图 2 - 6　输入管脚符号

（6）在"Symbol Files"列表中选择"INPUT"符号文件，单击"OK"按钮，在出现的"Graphic Editor"窗口中添加如图 2 - 6 所示的"INPUT"元件符号。

（7）按照步骤 4 ~ 6 中的方法，分别在"Graphic Editor"窗口中再添加一个"INPUT"、"AND2"、"NOT"和"XNOR"元件符号，以及两个"OUTPUT"元件符号，添加元件符号后的"Graphic Editor"窗口如图 2 - 7 所示。

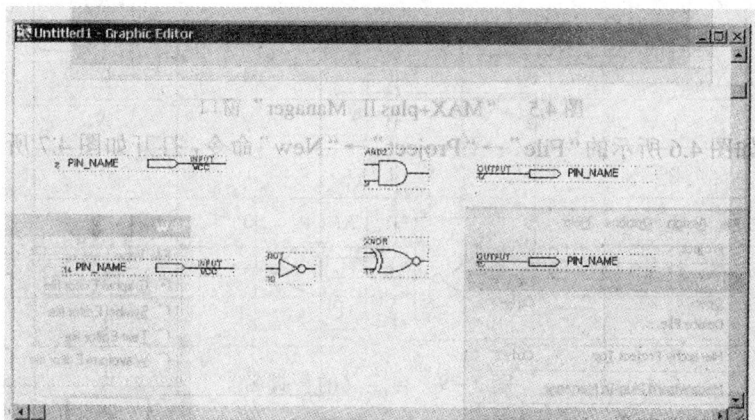

图 2 - 7　添加元件符号后的"Graphic Editor"窗口

当需要重复添加元件时，按住"Ctrl"键，用鼠标单击并拖动需要重复添加的元件符号至另一个位置即可。

（8）将鼠标移动到元件的管脚端，鼠标形状将自动变成十字形，单击并拖动鼠标至另一个元件符号的管脚端，将生成一条连线将这两个元件管脚连接起来。按照如图 2 - 8 所示半加器原理图，将"Graphic Editor"窗口中的元件连接起来。

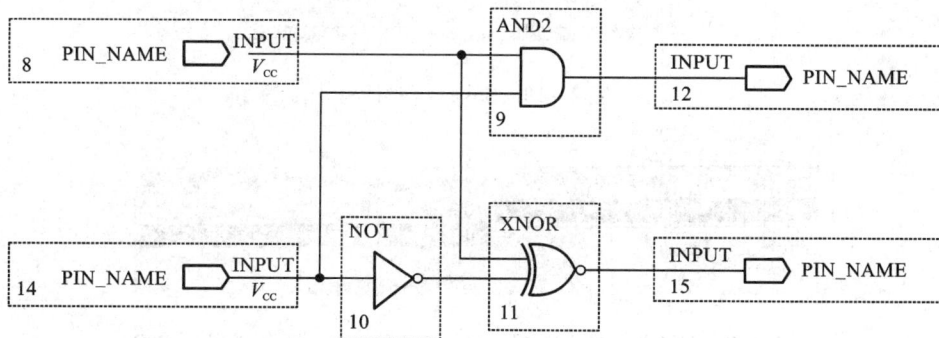

图 2 - 8　半加器原理图

（9）双击左上角的"INPUT"元件，选中"INPUT"元件中的"PIN_NAME"文本，将其改为自定义的管脚名"a"。

（10）按照步骤 9 中的方法，将其他元件的名称改为如图 2 - 9 所示的自定义的管脚名。

（11）选择"File"→"Save"命令，打开如图 2 - 10 所示的"Save As"对话框。

（12）在"Save As"对话框中设置工作目录，并将已设计好的图文件命名为"has. gdf"，单击"OK"按钮，将文件存盘。

（13）选择如图 2 - 11 所示的"File"→"Project"→"Set Project to Current File"命令，或者按"Ctrl + Shift + j"热键，将"test. gdf"文件设置为当前项目。

当设置一个文件为当前项目时，MAX + plus Ⅱ 窗体标题栏将显示该文件的完整路径。

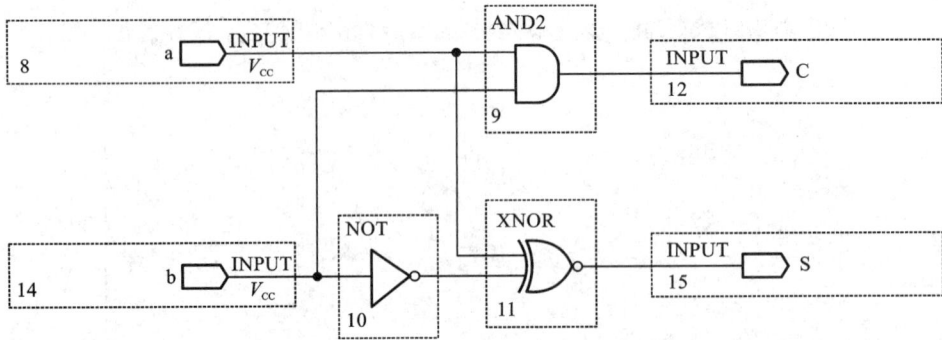

图 2 - 9 自定义的管脚名

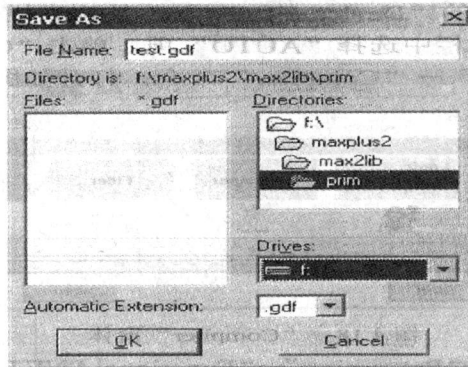

图 2 - 10 Save As 对话框

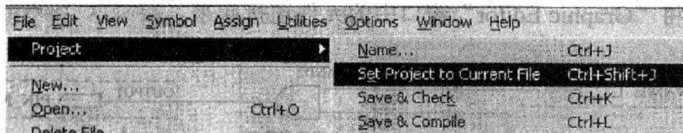

图 2 - 11 "File"→"Project"→"Set Project to Current File"命令

(14)选择如图 2 - 12 所示的"Assign"→"Device"命令，打开如图 2 - 13 所示的"Device"对话框。

(15)在"Device"对话框的"Device Family"下拉列表栏中选择 MAX3000A 系列芯片，然后在"Device"列表栏中选择"AUTO"项，单击"OK"按钮。

(16)选择"MAX + plus Ⅱ - compiler"命令，打开如图 2 - 14 所示的"Compiler"窗口。

(17)选择"Processing"→"Functional SNF Extractor"命令，将"Compiler"窗口设置为功能仿真编译器。

(18)在"Compiler"窗体中单击"Start"按钮，开始对半加器文件"has. gdf"进行编译。编译过程结束后将弹出"MAX + plus Ⅱ→Compiler"信息框，单击"确定"按钮。

在完成设计文件的编译后，为检验设计的正确性，还要对设计进行功能校验。

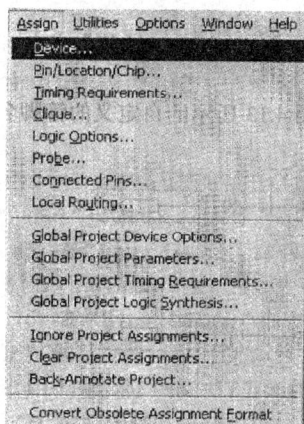

图 2 – 12　"Assign"→"Device"命令

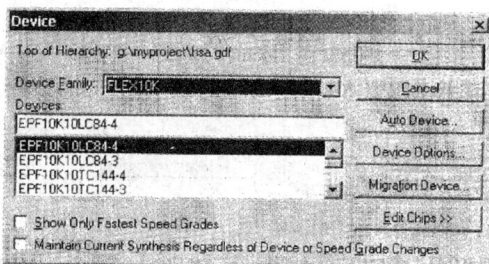

图 2 – 13　"Device"对话框

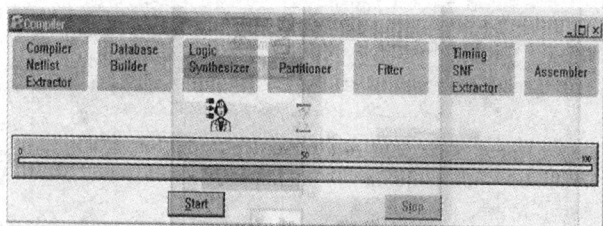

图 2 – 14　"Compiler"窗口

（19）选择"MAX + plus Ⅱ – Waveform Editor"命令，打开"Waveform Editor"窗口。

（20）选择如图 2 – 15 所示的"Node"→"Enter Nodes from SNF…"命令，打开如图 2 – 16 所示的"Enter Nodes from SNF"对话框。

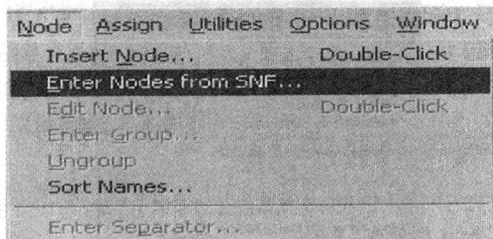

图 2 – 15　"Node"→"Enter Nodes from SNF…"命令

（21）在"Enter Nodes from SNF…"对话框中单击"List"按钮，将设计的节点都调入 "Available Nodes & Groups"列表中，然后单击对话框中的" = >"按钮，将所有节点选中，单 击"OK"按钮，将这些节点添加到"Waveform Editor"窗口，添加节点后的"Waveform Editor"窗 口如图 2 – 17 所示。

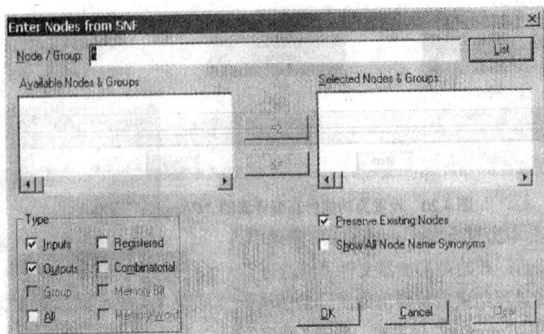

图 2－16　"Enter Nodes from SNF"对话框

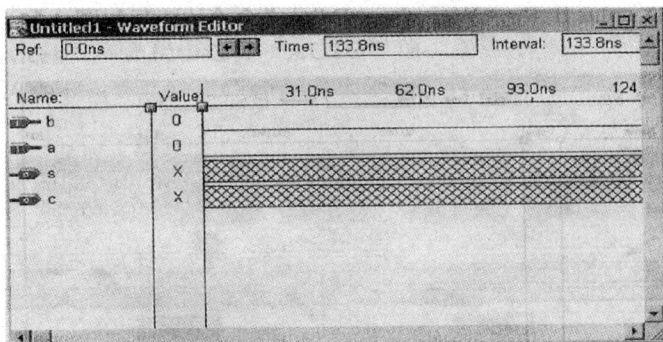

图 2－17　添加节点后的"Waveform Editor"窗口

（22）选择如图 2－18 所示的"File"→"End Time"命令，打开如图 2－19 所示的"End Time"对话框。

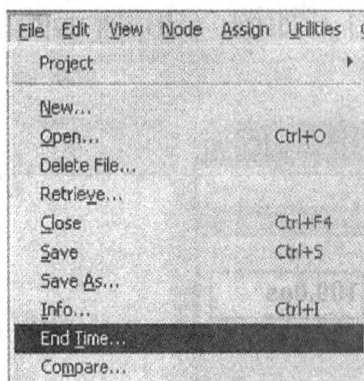

图 2－18　"File"→"End Time"命令

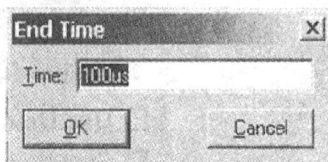

图 2－19　"End Time"对话框

（23）在"End Time"对话框的"Time"编辑框中输入 100μs，单击"OK"按钮，设置仿真时间为 100μs。

（24）在左侧的工具栏中单击缩小按钮，将窗口中的显示比例缩小。拖动选择节点的一段波形，使其变黑，然后单击左侧工具栏的波形按钮，使选中的一段波形状态变为1。采用同样的方法，将输入节点波形设置为如图 2 - 20 所示的状态。

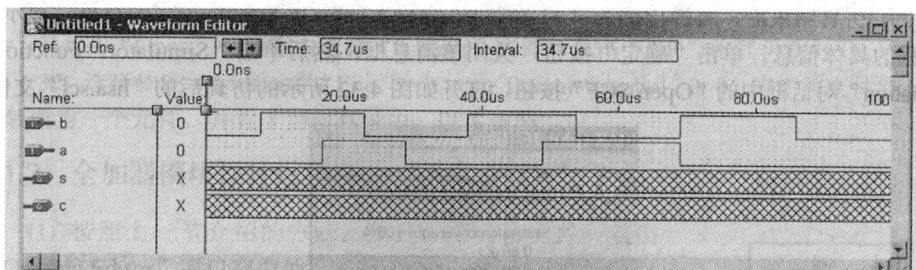

图 2 - 20   调整节点波形

（25）选择"File"→"Save"命令，或者单击保存按钮，或按"Ctrl + S"快捷键，打开如图 2 - 21 所示的"Save As"对话框。

（26）接受系统的默认名称"hsa. scf"，单击"OK"按钮，将波形文件存盘。

（27）选择"MAX + plus Ⅱ - Simulator"命令，打开如图 2 - 22 所示的"Simulator：Functional Simulator"对话框。

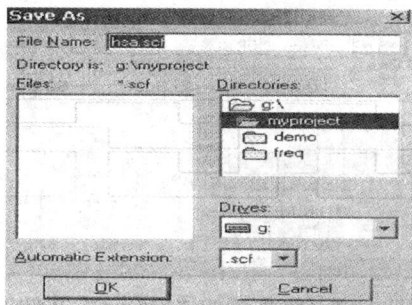

图 2 - 21   "Save As"对话框

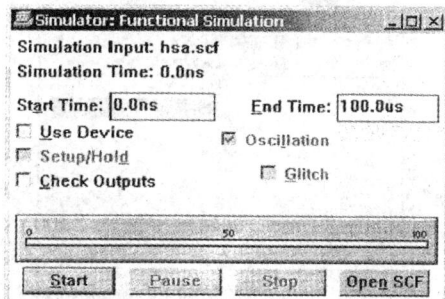

图 2 - 22   "Simulator：Functional Simulator"对话框

（28）单击"Simulator：Functional Simulator"对话框中的"Start"按钮，开始进行仿真。

（29）仿真结束后，将弹出如图 2 - 23 所示的"MAX + plus Ⅱ - Simulator"消息框，显示仿真过程的具体信息。单击"确定"按钮，关闭该消息框，然后单击"Simulator：Functional Simulator"对话框中的"Open SCF"按钮，打开如图 2 - 24 所示的仿真后的"hsa. scf"文件。

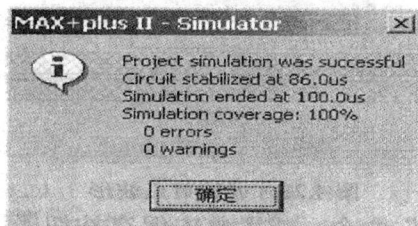

图 2 - 23   MAX + plus Ⅱ - Simulator 消息框

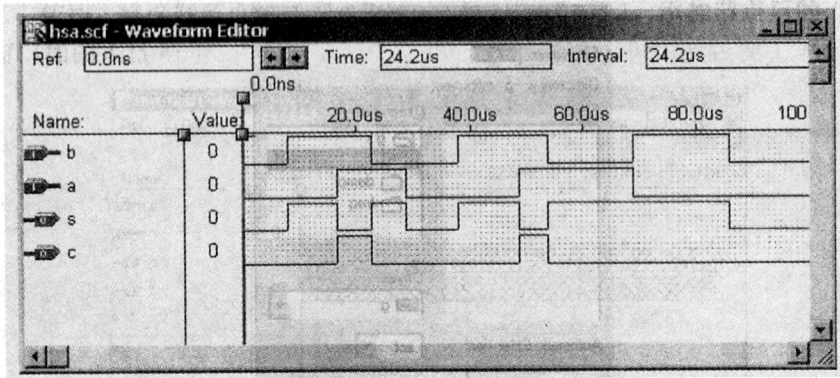

图 2 - 24　仿真后的 hsa. scf 文件

（30）选择"File" – "Open"命令，打开如图 2 - 25 所示的"Open"对话框。

（31）在"Open"对话框内选择"hsa. gdf"文件，单击"OK"将其再次打开。

（32）选择如图 2 - 26 所示"File"→"Create Default Symbol"命令，将当前文件"hsa. gdf"包装成一个元件，并置于当前目录中，以备调用。

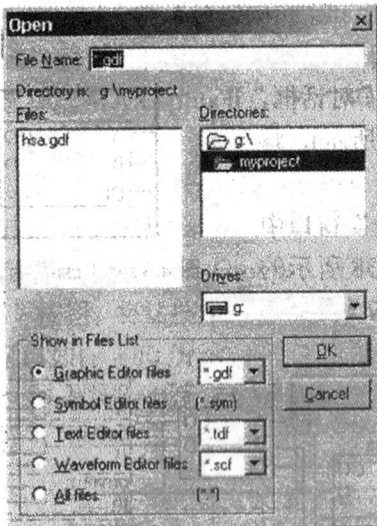

图 2 - 25　"Open"对话框

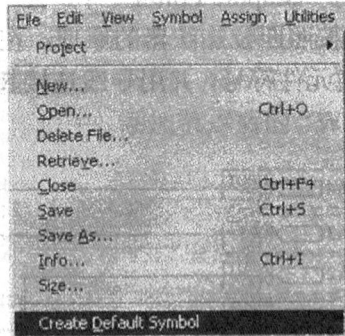

图 2 - 26　"File"→"Create Default Symbol"命令

附录 3　表面安装技术的认知

3.1　贴片手工焊接工具简介

1. 热风机

向热风枪提供温度可调、风量可调的熔锡温度。

2. 热风枪

用以向被焊接集成芯片输送一定温度和风量的热风，适用于多焊点大面积焊接。

3. 台灯放大镜

台灯罩上带有放大镜，便于观察焊接过程，观察模板和芯片的定位。

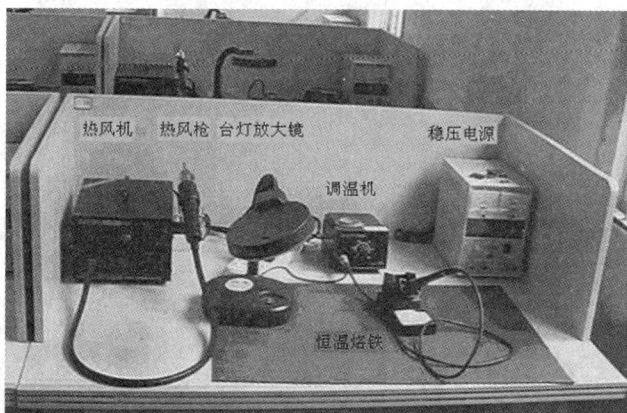

图 3 - 1

4. 调温机

向点焊烙铁提供恒温所需电源，恒温的温度值可调。

5. 恒温烙铁

与普通电烙铁相似，由调温机提供恒温所需电源。

6. 稳压电源

提供输出电压、电流可调的稳定电源。

3.2　贴片焊接辅助工具

图 3 - 2　钢网模板

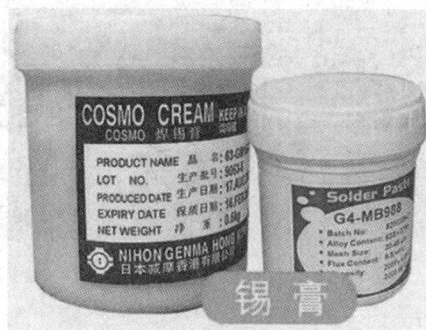

图 3 - 3　助焊剂

图 3-4 贴片红胶

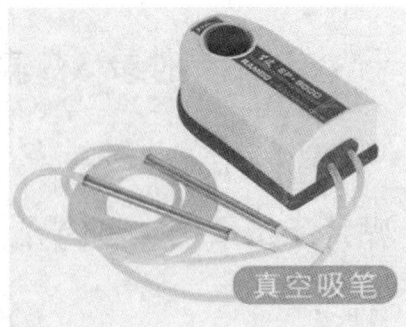

图 3-5 真空吸笔

3.3 贴片式元器件简介

图 3-6 二端贴片元件的一般外形

图 3-7 贴片元件的包装盘

图 3-8 贴片元件的包装带

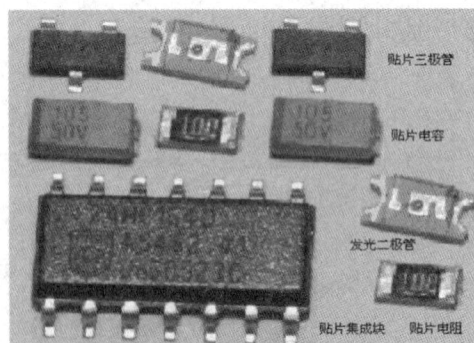

图 3-9 贴片元件的放大图

1. 二极管

(1)贴片(SMD)二极管：包括开关管、整流管、稳压关、肖特基、达林顿、变容二极管等。

体积有：SOT – 23、SOT – 89、DL34、DL35、圆柱、方形等。

（2）贴片发光管。（0603、0805、1206、1210、1812 等，）

颜色：红、绿、蓝、黄、白、深绿、翡翠绿、单双色、普亮、高亮、超亮型等。

2．三极管

（1）贴片（SMD）三极管。品牌有：Motorola、Nec、St、Rohm、Toshiba 等。

体积有：SOT – 2、3SOT – 34、SOT – 89 等。

（2）直插（DIP）二、三极管。规格有：整流管、检波管、可控硅、稳压管、肖特基、变容管、高频管、低频管达林顿、三端稳压管等。

封装形式有：D034、D035、D041、T0 – 92、T0 – 220 等。

3．集成电路

SMD 集成电路 IC（74、LM/LF、4000、4500、MAX、HP、SI、FDS⋯⋯）

4．电阻

（1）贴片（SMD）电阻。阻值：0 ~ 22MΩ。误差：F = ± 1%，J = ± 5%。体积：0402、0603、0805、1206、1210、1812 等。

（2）贴片（SMD）可调电阻：阻值为：50Ω ~ 2.2MΩ。体积为：2 × 2，3 × 3，4 × 4，5 × 5 等。

（3）贴片（SMD）网络排阻：阻值为 10Ω ~ 10MΩ。误差：J = ± 5%，K = ± 10%，M = ± 20%。

体积为：2E，3E，4E，5E，8E 等。

5．电容

（1）贴片（SMD）钽质电容。容量：0.1μF ~ 470μF。误差：K = ± 10%，M = ± 20%。电压：6.3V – 50V。

体积：A 型（3.2 × 1.6），B 型（3.5 × 2.8），C 型（6.0 × 2.5），D 型（7.3 × 4.3），E 型（7.8 × 4.5）。

（2）贴片（SMD）电容。容量：0.2pF ~ 4.7μF。误差：C = ± 0.25pF = ± 80% ~ 20%。材料以 NPO，X7R，Y5V 为主。体积：0402、0603、0805、1206、1210、1812 等。

（3）贴片（SMD）可调电容：红色（3 P ~ 20 P）、绿色（3 P ~ 30 P）、棕色（3 P）、蓝色（3 P ~ 60 P）、白色（3 P ~ 10 P）。

（4）SMD 固体钽质电容器（0805、A、B、C、D、E 型，0.1 ~ 1000μF/4 ~ 50V）。

（5）SMD 钽质铝电解电容器（Φ3、4、5、6、8、10、12mm，0.1 ~ 1000μF/4 ~ 50V）。

SMD 陶瓷独石电容器（0402、0603、0805、1206、1210、1812、2220⋯1P ~ 20μF/10 ~ 5000V。

6．电感

（1）贴片（SMD）磁珠/电感。规格有 0603、0805、1206、1210、1812 等。

（2）SMD 电感器（0402、0603、0805、1008、1206、1225、2520、3225、4532、5650/1nH ~ 2mH）。

（3）功率电感（CD32、CD43、CD75⋯/1nH ~ 2mH）。

（4）SMD 陶瓷滤波器、晶体振荡器。

3.4　贴片式印制电路板

贴片元件没有直插式引脚，元件端钮直接焊接在印刷电路板的焊盘上。贴片式印刷电路板分为纯贴片式印制电路板和贴片直插混装式印制电路板。

3.5　贴片元件安装的控制电路板

图 3 – 10　电路板

附录4　电子设计竞赛

电子设计竞赛分为全国大学生电子设计竞赛和全省大学生电子设计竞赛两种：全国的电子竞赛为单数年，每两年举办一次；全省的电子竞赛为每年一次。从2007年开始，全国大学生电子设计竞赛把本科和专科分开设题，单独评奖。为配合全国大学生电子设计竞赛，提高高职学生的电子技能水平，湖南省高职教育与成人教育学会从2007年开始，每年举行一次全省范围的高职学生电子技能竞赛活动。有关大学生电子设计竞赛的相关内容包括如下：

4.1　赛前准备

1. 明确大学生电子设计竞赛目的

全国大学生电子设计竞赛是面向大学生的群众性科技活动，目的在于按照紧密结合教学实际，着重基础、注重前沿的原则，促进电子信息类专业和课程的建设，引导高等学校在教学中注重培养大学生的创新能力、协作精神；加强学生动手能力的培养和工程实践的训练，提高学生针对实际问题进行电子设计、制作的综合能力；吸引、鼓励广大学生踊跃参加课外科技活动，为优秀人才脱颖而出创造条件。

2. 了解大学生电子设计竞赛命题原则及征题要求

(1)命题范围。应以电子技术(包括模拟和数字电路)应用设计为主要内容。可以涉及单片机、可编程逻辑器件、EDA软件工具的应用。题目包括"理论设计"和"实际制作与调试"两部分。竞赛题目应具有实际意义和应用背景，并考虑到目前教学基本内容和新技术应用趋势。

(2)命题要求。竞赛题目应能测试学生运用基础知识的能力、实际设计能力和独立工作能力。题目原则上应包括基本要求部分和发挥部分，从而使绝大多数参赛学生既能在规定时间内完成基本要求部分的设计工作，又能便于优秀学生有发挥与创新的余地。命题应充分考虑到竞赛评审的操作性。

(3)题目类型。①综合题，应涵盖模—数混合电路，可涉及单片机和可编程逻辑器件的应用，并尽可能适合不同类型学校和专业的学生选用；②侧重于某一专业(如电子信息、计算机、通信、自控、电子技术应用等)的题目；③侧重于模拟电路、数字电路、电力电子技术等课程内容的题目；④侧重于新型集成电路应用的题目；⑤侧重于常用电子产品和电子仪器初步设计的题目。

(4)命题格式。①题目名称：要求简明扼要；②设计任务和要求：需对题目作必要说明，明确提出设计任务和对功能指标的要求，文字描述准确，避免含混不清；③评分标准：按设计报告、实际制作两部分提出具体评分细则。④命题意图与知识范围：命题人应对命题的意图、涉及的主要知识范围及其他问题予以必要的说明，供全国专家组选题时参考。

3. 在赛前培训

在明确大赛目的和出题原则的基础上，对参赛学生进行赛前培训。培训时主要针对知识点和各自专业有针对性地进行，不一定面面俱到。主要知识点包括：《模拟电子技术》、《数字电子技术》、《传感器原理及应用》、《单片机原理及应用》、《EDA 技术》等。要求学生能使用 PROTEL 99 软件进行电子电路设计；要求学生能够运用所学的电子技术的基本理论进行常用电子电路设计；要求学生能够熟练地运用电子技术对电子线路进行分析和解决调试中遇到的实际问题。培训时强调实践动手能力和学生独立工作及团队协作能力的培养。

4.2　大赛期间

1. 竞赛的规则

每队由 3 名学生组成，除研究生以外所有具有正式学籍的在校本科生、专科生都有资格参加。参赛队员必须是高校具有正式学籍的全日制在校本、专科学生。正式进入赛场的每个参赛队由 3 名学生组成，正式的参赛队员以当年《大学生电子设计竞赛登记表》中填写的 3 名队员姓名为准，参赛队员正式进入赛场时，应向赛场巡视员交验本人学生证，竞赛期间不得随意更换参赛队员。

2. 竞赛的组织方式

竞赛采用"半封闭、相对集中"的组织方式进行。竞赛期间学生可以查阅有关文献资料，队内学生集体商讨设计思想，确定设计方案，分工负责、团结协作，以队为基本单位独立完成竞赛任务；竞赛期间不允许任何教师或其他人员进行任何形式的指导或引导；竞赛期间参赛队员不得与队外任何人员讨论商量。参赛学校应将参赛学生相对集中在一个或几个实验室内进行竞赛，便于组织人员巡查。为保证竞赛工作，竞赛所需设备、元器件等均由各参赛学校负责提供。

3. 竞赛内容

(1) 从 2007 年开始，竞赛题目为两套，即本科生组题目和高职高专学生组题目。

(2) 竞赛题目包括"理论设计"和"实际制作"两部分，以电子电路（含模拟和数字电路）设计应用为基础，可以涉及模—数混合电路、单片机、可编程器件、EDA 软件的应用。参赛队的个人计算机、移动式存储介质、开发装置或仿真器等不得带入测试现场（实际制作实物中凡需软件编程的芯片必须事先下载、可脱机工作）。

(3) 竞赛题目应具有实际意义和应用背景，并考虑到目前教学的基本内容和新技术的应用趋势，以期对教学内容和课程体系改革起到一定的引导作用。

(4) 竞赛题目着重考核参赛学生综合运用基础知识进行理论设计的能力、实践创新和独立工作的基本能力、实验综合技能（制作与调试），并鼓励参赛学生发扬团队协作的人文精神。

(5) 竞赛题目在难易程度上，既要考虑使一般参赛学生能在规定时间内完成基本要求，又能使优秀学生有充分发挥与创新的余地。竞赛特点与特色：大学生电子设计竞赛与课程体系和课程内容改革密切结合，与培养学生全面素质紧密结合，与理论联系实际学风建设紧密结合。竞赛内容既有理论设计，又有实际制作，可以全面检验和促进参赛学生的理论素养和实践动手能力。

4. 竞赛的实施安排

竞赛时间为 4 天 3 夜，第一天上午 8 点开题，开题后学生才选题，题目一般都有 4~7

个，选题时注意专业方向，选择熟悉的题，还要考虑到元器件能保障。竞赛中，首先要保证做出基本部分。智能小车设计得再好如果不能行走，那就是砸了，得不上分；功放电路设计得再好，如果不能发声，就是失败。在有时间和精力的情况下，再做发挥部分。大赛时间短，要做好元器件的采购保障工作；大赛期间，参赛队员吃住都在竞赛现场，所以学校要事先做好后勤服务工作。

竞赛的过程中要注意分工合作：一起根据题目讨论方案，然后分工制作：一个主要负责硬件设计和制作，一个负责软件编程，另一个最好擅长撰写设计报告。

5. 设计报告格式要求

设计报告每页上方必须留出 3 厘米以上空白，空白内不得书写任何内容，每页下端注明页码，如需绘图，应尽量绘制在报告纸上；如采用别的方式绘制，则应将图纸剪下，粘贴在报告纸的相应位置上；如有计算机打印的程序，也要粘贴在报告纸的相应位置上。

4.3　赛后评审

1. 设计报告与制作实物收交时的密封要求

竞赛结束时，各参赛队需密封上交的材料包括：①设计报告；②制作实物；③当年《大学生电子设计竞赛登记表》。上述材料封入由各参赛学校自备的纸箱内。密封后的纸箱外部不得出现任何校名、参赛队代号、参赛队员姓名及其他暗记，否则视为违规，作品无效。纸箱封条统一由赛区组委会制备。设计报告的密封方法：按页码顺序整理好并装订，第一页为设计题目、400 字以内的中文设计摘要及对应的英文摘要，并将"设计报告封纸"在距设计报告上端约 2 厘米处装订，然后将参赛队的代码(代码由赛区组委会统一编制)，在发放题目时通知各参赛队写在设计报告密封纸的最上方。设计报告装订好后将密封纸掀起并折向报告背后，最后用胶水在后面粘牢。设计报告用纸由各参赛学校自行解决。要求统一使用 A4 复印纸。

2. 评审工作

各赛区负责本赛区竞赛的评审工作，需按照统一评分及测试标准执行，赛区在统一评分及测试标准基础上制定赛区的评分标准及测试细则，每位评审专家的原始评分及测试记录必须保留在赛区组委会，赛区向组委会推荐申请上一级奖代表队时，必须将报奖队的设计报告、有赛区评审组每位评阅人签字的各项详细原始测试数据及评分记录、登记表和推荐表一并上报，否则不受理评奖。各赛区评分及测试细则需要上报上一级组委会秘书处备案，以备上一级评审时参考。

评审包括两部分内容：①设计论文答辩；②设计制作的作品测试。先答辩，后测试。

3. 评奖工作。

评奖工作采用"校为基础、一次竞赛、二级评奖"的方式进行，即竞赛建立在学校广泛开展课外科技活动的基础上，积极组织学生参加各种大学生电子设计竞赛活动，每次竞赛后，经各赛区级评奖(第一级评奖)后再推荐出赛区优秀参赛队参加上一级评奖(第二级评奖)。各赛区组委会聘请专家组成赛区评委会，评选本赛区的一、二、三等奖，获奖比例一般不超过总参赛队数的三分之一。此外，对参赛成功者，赛区可酌情颁发"成功参赛证书"。各赛区向上一级组委会推荐申报上一级奖的参赛队比例由上一级竞赛组委会届时通知，上一级竞赛组委会在上一级专家组责任专家的基础上根据实际需要聘请有关专家组成上一级评委会，评选上一级奖。上一级奖设立一、二等奖。按教育部、信息产业部的指示精神，全国一、二等奖颁发全国统一的获奖证书，竞赛成绩记入学生档案，对成绩优秀的参赛学生，各校根据实际情况在评选优秀学生、奖学金及推荐免试研究生时予以适当考虑。对于赛前辅导教师的辛勤工作应予以一定形式的承认，但辅导教师的工作应纳入学校教改和教学基础建设的整体中予以考虑。各赛区将不超过本赛区实际参赛队总数12%的优秀代表队材料，集中用特快专递（EMS）寄往全国竞赛组委会秘书处，参加全国评审。上报材料包括：①《设计报告》，报告正文前需附一篇400字以内的中文摘要及对应英文摘要。②《赛区优秀代表队推荐表》，表中的"专家组评语"需有赛区专家组组长签字，赛区教育厅（委、局）主管该项竞赛的领导签字并加盖公章。③《测评表》，该表上必须有赛区专题测试组每位专家的签字。④《总评表》。上报材料不全者，全国专家组不受理评奖。

全国大学生电子设计竞赛网址为：www. nuedc. com. cn。全国大学生电子设计竞赛组委会秘书处仍然设在北京理工大学，联系人及联系方式如下：

全国大学生电子设计竞赛组委会秘书处：

闫达远（电话：010－68912309）

谷千军（电话：010－68912911）

组委会秘书处电子邮件：secretary@ nuedc. com. cn

组委会秘书处通信地址：北京理工大学后勤管理办公室，谷千军，100081

附录 5　常用电容器、电阻器、电感器及电子仪表

5.1　常用电容器

色环电容

金属化纸介电容器

瓷管密封纸介电容

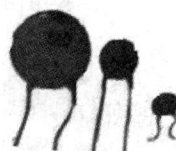
瓷介电容

云母电容

独石电容

聚丙烯电容

聚脂电容

聚苯乙烯电容

钽电容

钽电解电容

电解电容

高压电容

高压电容

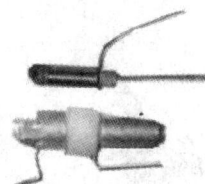
拉线电容

半可变电容

可变电容

5.2 常用电阻器、电感器

碳膜电阻

四环电阻

五环电阻

金属膜电阻

氧化膜电阻

精密电阻

绕绕电阻

排阻

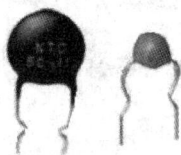
热敏电阻

光敏电阻

熔断电阻

压敏电阻

微型可调变电阻　　　　　　　　　　　半可调电位器

电位器

带开关电位器

色环电感

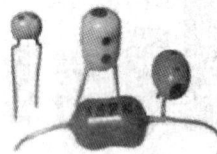
色码电感

可变电感

中频变压器

磁棒

电源变压器

5.3　常用电子仪表

万用表

交流毫伏表

万用表

直流稳压电源

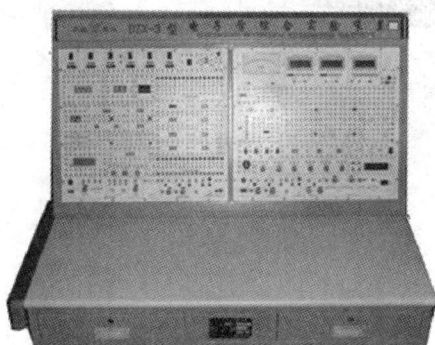

频率计

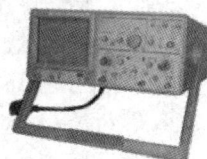

电子学综合实验装置

双踪示波器

低频信号发生器

数字万用表

电容表

电容电感表

兆欧表

5.4　常用二极管、三极管

整流二极管　　　　　普通二极管　　　　　普通二极管　　　　　变容二极管

大功率整流管　　　　　稳压二极管　　　　　带屏蔽的二极管

开关二极管　　　　双基极二极管　　　　双向二极管　　　　阻尼二极管

光电二极管　　　　　发光二极管　　　　　　全桥

结型场效应管　　　绝缘栅场效应管　　　低频小功率管　　　高频小功率管

9014　　　带屏蔽的高频管　　　　大功率三极管

参 考 文 献

[1] 周良权. 数字电子技术基础. 北京：高等教育出版社, 2002

[2] 侯建军. 数字电路实验一体化教程. 北京：清华大学出版社, 2005

[3] 朱力恒. 数字技术仿真实验教程. 北京：电子工业出版社, 2003

[4] 周凯. EWB 虚拟电子实验室——Multisim 7& Ultiboard 7 电子电路设计与应用. 北京：电子工业出版社, 2005

[5] 熊伟. Multisim 7 电路设计及仿真应用. 北京：清华大学出版社, 2005

[6] 王廷才. 电工电子技术 EDA 仿真实验. 北京：机械工业出版社, 2003

[7] 王行. EDA 技术入门与提高. 西安：西安电子科技大学出版社, 2005

[8] 臧春华. 电子线路设计与应用. 北京：高等教育出版社, 2004

[9] 陈梓城. 电子技术实训. 北京：机械工业出版社, 1999

[10] 任为名. 电子技术基础课程设计. 北京：中央广播电视大学出版社, 1997

[11] 陈振源. 电子技术基础. 北京：高等教育出版社

[12] 康华光. 电子技术基础. 北京：高等教育出版社

[13] 毕满清. 电子技术实验与课程设计. 北京：机械工业出版社, 2005

[14] 王海群. 电子技术实验与实训. 北京：机械工业出版社, 2005

[15] 李振声. 实验电子技术. 北京：国防工业出版社, 2001

[16] 杨碧石. 电子技术实训教程. 北京：电子工业出版社, 2005

[17] 李敬伟. 电子工艺训练教程. 北京：电子工业出版社, 2005

[18] 沈小丰. 电子技术实践基础. 北京：清华大学出版社, 2005

[19] 杨承毅. 电子技能实训基础. 北京：人民邮电出版社, 2005

[20] 杨圣. 电子技术实践基础教程. 北京：清华大学出版社, 2006

[21] 吴慎山. 电子线路设计与实践. 北京：电子工业出版社, 2005

[22] 黄永定. 电子线路实验与课程设计. 北京：机械工业出版社, 2005

[23] 黄智伟. 基于 Multisim 2001 的电子电路计算机仿真设计与分析. 北京：电子工业出版社, 2005

[24] 廖爽. 电子技术工艺基础. 北京：电子工业出版社, 2005

[25] 谢自美. 电子线路设计、实验、测试. 武汉：华中科技大学出版社, 2000

[26] 胡宴如. 模拟电子技术. 北京：高等教育出版社, 2006

[27] 李银华. 电子线路设计指导. 北京：北京航空航天出版社

[28] 许胜辉. 电子技能实训. 北京：人民邮电出版社, 2005

图书在版编目(CIP)数据

电子技术实验与实训教程／陈惠,洪志刚主编.
—长沙:中南大学出版社,2007.8(2021.1重印)
ISBN 978-7-81105-543-6

Ⅰ.电… Ⅱ.①陈…②洪… Ⅲ.电子技术—实验—教材
Ⅳ.TN—33

中国版本图书馆 CIP 数据核字(2007)第 115246 号

电子技术实验与实训教程
(第2版)

主编 陈 惠 洪志刚

□**责任编辑** 陈应征
□**责任印制** 易红卫
□**出版发行** 中南大学出版社

社址:长沙市麓山南路　　　　邮编:410083
发行科电话:0731-88876770　　传真:0731-88710482

□**印　　装** 长沙市宏发印刷有限公司

□**开　　本** 787 mm×1092 mm 1/16　□**印张** 16.5　□**字数** 394 千字
□**版　　次** 2014 年 1 月第 2 版　□2021 年 1 月第 4 次印刷
□**书　　号** ISBN 978-7-81105-543-6
□**定　　价** 38.00 元